"十二五"普通高等教育本科国家级规划教材

iCourse·教材

 新世纪土木工程系列教材

土木工程地质

（第4版）

主　编　胡厚田　白志勇

副主编　赵晓彦

修　订　胡厚田　白志勇　赵晓彦　王　鹰

高等教育出版社·北京

内容提要

本书为"十二五"普通高等教育本科国家级规划教材,是"新世纪土木工程系列教材"之一,是在2017年第3版的基础上修订而成的。

全书共9章,可分为两大部分。第一部分为基础地质(前3章),系统地阐述了地质学的基础理论,包括矿物和岩石、地层与地质构造、水的地质作用等;第二部分为工程地质(后6章),主要讲述工程地质理论与方法,包括岩石及特殊土的工程性质、不良地质现象及防治、地下工程地质问题、地基工程地质问题、边坡工程地质问题、工程地质勘察等。

本书紧密联系实际,采用了工程地质和岩土工程等领域的新标准、新规范,反映了土木工程地质的新成果和新进展。

本书是新形态教材,纸质教材与数字课程一体化设计,紧密配合,充分运用多种形式媒体资源,极大地丰富了知识的呈现形式、拓展了教材内容,在提升课程教学效果的同时,为学生学习提供了思维与探索空间。

本书响应和体现了一流课程建设高阶性、创新性、挑战度的标准,可作为高等学校土木工程专业的教材,也可作为水利工程、采矿工程等相关专业的教材或参考书,还可供各相关专业的工程技术人员参考。

图书在版编目(CIP)数据

土木工程地质 / 胡厚田,白志勇主编. --4 版. --北京:高等教育出版社,2022.1(2023.12重印)

ISBN 978-7-04-057424-1

Ⅰ.①土… Ⅱ.①胡… ②白… Ⅲ.①土木工程-工程地质-高等学校-教材 Ⅳ.①P642

中国版本图书馆 CIP 数据核字(2021)第 248808 号

TUMU GONGCHENG DIZHI

| 策划编辑 葛 心 | 责任编辑 葛 心 | 封面设计 姜 磊 | 版式设计 杨 树 |
| 插图绘制 于 博 | 责任校对 王 雨 | 责任印制 耿 轩 | |

出版发行	高等教育出版社	网　　址	http://www.hep.edu.cn
社　　址	北京市西城区德外大街 4 号		http://www.hep.com.cn
邮政编码	100120	网上订购	http://www.hepmall.com.cn
印　　刷	山东韵杰文化科技有限公司		http://www.hepmall.com
开　　本	787mm×1092mm 1/16		http://www.hepmall.cn
印　　张	19	版　　次	2001 年 12 月第 1 版
字　　数	430 千字		2022 年 1 月第 4 版
购书热线	010-58581118	印　　次	2023 年 12 月第 4 次印刷
咨询电话	400-810-0598	定　　价	40.80 元

土木工程地质
（第4版）

1　计算机访问http://abook.hep.com.cn/1251792，或手机扫描二维码、下载并安装Abook应用。

2　注册并登录，进入"我的课程"。

3　输入封底数字课程账号（20位密码，刮开涂层可见），或通过Abook应用扫描封底数字课程账号二维码，完成课程绑定。

4　单击"进入课程"按钮，开始本数字课程的学习。

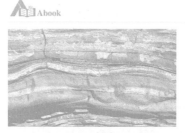

土木工程地质（第4版）

土木工程地质（第4版）数字课程与纸质教材一体化设计，紧密配合。数字课程配置丰富的数字资源，内容涵盖教学课件、拓展资源、工程实例、知识点、自测题等，充分运用多种形式媒体资源。极大地丰富了知识的呈现形式，拓展了教材内容。

用户名：　　　密码：　　　验证码：　　2692　忘记密码？　登录　注册　记住我(30天内免登录)

　　课程绑定后一年为数字课程使用有效期。受硬件限制，部分内容无法在手机端显示，请按提示通过计算机访问学习。

　　如有使用问题，请发邮件至abook@hep.com.cn。

扫描二维码
下载Abook应用

常见岩浆岩

第2章自测题

http://abook.hep.com.cn/1251792

出版者的话

根据 1998 年教育部颁布的《普通高等学校本科专业目录(1998 年)》,我社从1999 年开始进行土木工程专业系列教材的策划工作,并于 2000 年成立了由具丰富教学经验、有较高学术水平和学术声望的教师组成的"高等教育出版社土建类教材编委会",组织出版了新世纪土木工程系列教材,以适应当时"大土木"背景下的专业、课程教学改革需求。系列教材推出以来,几经修订,陆续完善,较好地满足了土木工程专业人才培养目标对课程教学的需求,对我国高校土木工程专业拓宽之后的人才培养和课程教学质量的提高起到了积极的推动作用,教学适用性良好,深受广大师生欢迎。至今,共出版 37 本,其中 22 本纳入普通高等教育"十一五"国家级规划教材,10本纳入"十二五"普通高等教育本科国家级规划教材,5 本被评为普通高等教育精品教材,2 本获首届全国教材建设奖,若干本获省市级优秀教材奖。

2020 年,教育部颁布了新修订的《普通高等学校本科专业目录(2020 年版)》。新的专业目录中,土木类在原有土木工程,建筑环境与能源应用工程,给排水科学与工程,建筑电气与智能化等 4 个专业及城市地下空间工程和道路桥梁与渡河工程 2 个特设专业的基础上,增加了铁道工程,智能建造,土木、水利与海洋工程,土木、水利与交通工程,城市水系统工程等 5 个特设专业。

为了更好地帮助各高等学校根据新的专业目录对土木工程专业进行设置和调整,利于其人才培养,与时俱进,编委会决定,根据新的专业目录精神对本系列教材进行重新审视,并予以调整和修订。进行这一工作的指导思想是:

一、紧密结合人才培养模式和课程体系改革,适应新专业目录指导下的土木工程专业教学需求。

二、加强专业核心课程与专业方向课程的有机沟通,用系统的观点和方法优化课程体系结构。具体如,在体系上,将既有的一个系列整合为三个系列,即专业核心课程教材系列、专业方向课程教材系列和专业教学辅助教材系列。在内容上,对内容经典、符合新的专业设置要求的课程教材继续完善;对因新的专业设置要求变化而必须对内容、结构进行调整的课程教材着手修订。同时,跟踪已推出系列教材使用情况,以适时进行修订和完善。

三、各门课程教材要具有与本门学科发展相适应的学科水平,以科技进步和社会发展的最新成果充实、更新教材内容,贯彻理论联系实际的原则。

四、要正确处理继承、借鉴和创新的关系,不能简单地以传统和现代划线,决定取舍,而应根据教学需求取舍。继承、借鉴历史和国外的经验,注意研究结合我国的现实情况,择善而从,消化创新。

五、随着高新技术、特别是数字化和网络技术的发展,在本系列教材建设中,要充分考虑纸质教材与多种形式媒体资源的一体化设计,发挥综合媒体在教学中的优势,提高教学质量与效率。在开发研制数字化教学资源时,要充分借鉴和利用精品课程建设、精品资源共享课建设和一流本科课程尤其是线上一流本科课程建设的优质课程教学资源,要注意纸质教材与数字化资源的结合,明确二者之间的关系是相辅相成、相互补充的。

六、融入课程思政元素,发挥课程育人作用。要在教材中把马克思主义立场观点方法的教育与科学精神的培养结合起来,提高学生正确认识问题、分析问题和解决问题的能力。要注重强化学生工程伦理教育,培养学生精益求精的大国工匠精神,激发学生科技报国的家国情怀和使命担当。

七、坚持质量第一。图书是特殊的商品,教材是特殊的图书。教材质量的优劣直接影响教学质量和教学秩序,最终影响学校人才培养的质量。教材不仅具有传播知识、服务教育、积累文化的功能,也是沟通作者、编辑、读者的桥梁,一定程度上还代表着国家学术文化或学校教学、科研水平。因此,遴选作者、审定教材、贯彻国家标准和规范等方面需严格把关。

为此,编委会在原系列教材的基础上,研究提出了符合新专业目录要求的新的土木工程专业系列教材的选题及其基本内容与编审或修订原则,并推荐作者。希望通过我们的努力,可以为新专业目录指导下的土木工程专业学生提供一套经过整合优化的比较系统的专业系列教材,以期为我国的土木工程专业教材建设贡献自己的一份力量。

本系列教材的编写和修订都经过了编委会的审阅,以求教材质量更臻完善。如有疏漏之处,恳请读者批评指正!

高等教育出版社
高等教育工科出版事业部
力学土建分社
2021 年 10 月 1 日

新世纪土木工程系列教材

第 4 版前言

近年来,随着我国工程建设和交通运输建设在高速铁路、重载铁路、城际铁路、市域铁路等方面取得的重大突破性进展,以及"一带一路"倡议、高铁"走出去"的深度实施,工程实践面临更加艰险、复杂、敏感的建设环境和工程地质问题,我国积累了大量成功经验,也遇到新的技术难题。中国工程教育加入《华盛顿协议》,土木工程本科专业评估也从评估体系向工程教育专业认证体系并轨,教育部明确提出了"高阶性、创新性、挑战度"的一流课程标准,这对工程地质人才的培养提出了更高的要求。本书在上述背景下,面向新时代工程教育教学要求,结合历年使用过程中得到的宝贵建议,在第 3 版基础上修订而成。

土木工程建筑与工程地质有着非常密切的关系。土木工程建筑的结构形式和稳定性常常受到建筑场地和环境的工程地质条件的制约,工程地质问题始终贯穿于土木工程建筑勘察、设计、施工、运营的整个过程。本书旨在使学生能够正确认识和有效处理设计、施工、运营中出现的复杂工程地质问题,保障工程建筑的安全稳定和高效运营。

"工程地质"是土木工程专业的专业基础课,旨在培养学生和谐的人地关系认知和情怀、系统的工程地质思想和方法论、深厚的工程地质技能和素养。作为土木工程专业系列教材之一,本书力求理论联系实际,系统地阐述了工程地质的基本理论、主要工程地质问题及防治措施,适用于土木工程专业本科教学,也可供相关专业技术人员参考。本次修订结合相关学科的新规范和新规定,反映了工程地质学科的新发现、新认识、新成果,完善了相关概念、数据、工程地质图件、工程地质问题处置措施等方面的内容。同时,为落实立德树人根本任务,本次修订注重"培根铸魂",有机融入我国工程建设、环境生态保护重大成就等思政元素。

本书的绪论、第 1 章、第 4 章、第 5 章由胡厚田教授修订,第 2 章、第 3 章、第 6 章、第 7 章由白志勇教授修订,第 8 章由赵晓彦教授修订,第 9 章由王鹰教授修订。全书由胡厚田、白志勇、赵晓彦修改、统稿。

本书是西南交通大学重点立项教材,在编写过程中得到高等教育出版社、西南交通大学的大力支持,在此一并表示感谢。

由于作者水平所限,疏漏在所难免,欢迎广大读者批评指正。

编 者

2021 年 6 月

第 3 版前言

"工程地质"是土木工程专业的专业基础课。作为土木工程专业系列教材之一，本书系统地阐述了工程地质的基本理论、主要问题及防治措施，适用于土木工程专业本科教学，也可供相关专业技术人员参考。

土木工程建筑与工程地质有着非常密切的关系。土木工程建筑的结构形式和稳定性常常制约于建筑场地和环境的工程地质条件，工程地质问题始终贯穿于土木工程建筑勘察、设计、施工、运营的整个过程。

本课程旨在使学员掌握工程地质基本知识，合理利用勘察成果，正确认识和有效处理设计、施工、运营中出现的工程地质问题，保障工程建筑的安全稳定。

本书力求理论联系实际，反映工程地质学科的新理论、新成果，反映相关学科的新规范和新规定，并增加了地质灾害链等内容。

鉴于地质条件复杂多变，基本知识掌握困难的特点，本书通过二维码链接相关图像、动画、视频、文稿、知识点、练习题、实习素材、工程实例等内容，以丰富教材，开阔视野。

本书共分 9 章，可以分为两大部分。第一部分（前 3 章）是地质学基础知识，主要讲述矿物和岩石、地层与地质构造、水的地质作用；第二部分（后 6 章）是工程地质内容，主要讲述岩石及特殊土的工程性质、不良地质现象及防治、地下工程地质问题、地基工程地质问题、边坡工程地质问题和工程地质勘察。

本书的绪论、第 1 章、第 4 章、第 5 章由胡厚田教授修订，第 2 章、第 3 章、第 6 章、第 7 章由白志勇教授修订，第 8 章由赵晓彦副教授修订，第 9 章由王鹰教授修订。全书由胡厚田、白志勇修改、统稿。

本书是西南交通大学重点立项教材项目，在编写过程中得到高等教育出版社、西南交通大学的大力帮助，在此一并表示感谢。

由于编写时间仓促，疏漏在所难免，欢迎广大读者批评指正。

编　者

2016 年 9 月

第 2 版前言

本书作为新世纪土木工程系列教材之一,自 2001 年出版以来,得到了广大土木工程专业师生的重视。在此期间,我国工程地质实践和理论发展较快,各种技术标准都进行了修订,并颁发了一些新的规范、规程,已有新版《工程地质手册》出版,以及作为普通高等教育"十一五"国家级规划教材,都对本书提出了更高的要求。为了适应新形势的发展,拓宽专业基础,提高综合素质,增强创新能力的要求,我们对本书第 1 版做了修订,并作为普通高等教育"十一五"国家级规划教材出版。

本次修订对第 1 版中的疏漏、不足进行了全面的修改补充,此外主要做了以下工作:

第 3 章:从淋滤作用及残积层、洗刷作用及坡积层、冲刷作用及洪积层三个方面,加强了对暂时流水地质作用的阐述,加强了地下水的地质作用,增加了地下水水质评价的内容。

第 5 章:为了提高学生的实际应用能力,加强了有关崩塌、滑坡稳定性评价和防治的内容。

第 6 章:增加了岩体结构面类型;从错动松弛、剪出滑移、张裂塌落、劈裂剥落、弯折内鼓、岩爆、塑性挤出、膨胀内鼓等八个方面,阐述了岩质围岩变形破坏的地质问题;增加了隧道施工地质超前预报方法。

第 7 章:对常见的地基变形破坏进行原理分析,加强了地基承载力确定方法,增加了有关地基处理的内容。

第 8 章:精简了赤平极射投影分析边坡稳定性的内容,增加了边坡破坏的防治措施和铁路路堑岩石边坡参考数值表。

第 9 章:精简了各类工程勘察要求的内容,增加了航空工程地质勘察及遥感技术的应用。

本次修订分工如下:绪论、第 1 章、第 4 章、第 5 章中§5.1、§5.2 由胡厚田修订,第 2 章、第 5 章中§5.3、§5.4、§5.5 和第 6 章由白志勇修订,第 3 章、第 8 章由谢强修订,第 7 章由魏安修订,第 9 章由吕小平修订。全书由胡厚田、白志勇修改定稿。

本次修订得到了高等教育出版社、西南交通大学教务处及土木工程学院的大力支持和帮助,在此表示感谢。

本书可作为土木工程专业本科生的教材,也可供相关专业的工程技术人员参考。

由于编者水平所限,不妥之处在所难免,恳请广大读者批评指正。

编　者
2008 年 8 月

第 1 版前言

工程地质是土木工程专业的专业基础课。作为土木工程专业系列教材之一，本书系统地阐述了工程地质理论、问题及防治措施，适合于土木工程专业本科教学，也可供专业技术人员参考和应用。

学习本课程的目的在于使学生了解工程建设中的工程地质现象和问题，以及这些现象和问题对工程建筑设计、施工和使用各阶段的影响；能正确处理各种工程地质问题，并能合理利用自然地质条件；了解各种工程地质勘察要求和方法，布置勘察任务，合理利用勘察成果解决设计和施工中的问题。为此，本书在编写过程中力求理论联系实际，在内容上反映工程地质学科的新理论、新成果，反映相关学科的新规范和新规定。本书共9章，可以分为两大部分。第一部分（前3章）是地质学基础知识，主要讲述矿物和岩石、地层与地质构造、地表水及地下水的地质作用；第二部分（后6章）是工程地质理论，主要讲述岩土的工程性质、不良地质现象及防治、地下工程地质问题、地基工程地质问题、边坡工程地质问题和工程地质勘察。

本书的绪论，第1章，第4章，第5章§5.1、§5.2由胡厚田编写；第2章，第5章§5.3、§5.4、§5.5由白志勇编写；第3章，第6章由吴继敏编写；第7~9章由王健、何高毅编写；全书由胡厚田、吴继敏修改、统稿。书稿承张咸恭先生审阅并提出了宝贵的意见。

本书在编写过程中得到高等教育出版社、西南交通大学土木工程学院的大力帮助，在此一并表示感谢。

由于编写时间仓促，疏漏在所难免，欢迎广大读者批评指正。

编　者

2001 年 7 月

目　录

绪　　论

一、工程地质学的主要研究内容

工程地质学是地质学的一个分支,是研究与工程建筑活动有关的地质问题的学科。工程地质学的研究目的在于查明建设地区、建筑场地的工程地质条件,分析、预测和评价可能存在和发生的工程地质问题及其对建筑环境的影响和危害,提出相应的防治措施,为保证工程建设的规划、设计、施工和运营提供可靠的地质依据。

工程地质学的主要研究内容有:

1. 岩土体的分布规律及其工程地质性质的研究

在进行工程建设时人们最关心的是建筑地区和建筑场地的工程地质条件,特别是岩体、土体的空间分布及其工程地质性质,以及在自然因素和工程作用下这些性质的变化趋势。

2. 不良地质现象及其防治的研究

分析、预测在建筑地区和场地可能发生的各种不良地质现象和问题,例如崩塌、滑坡、泥石流、地面沉降、地表塌陷、地震等的形成条件、发展过程、规模和机制,评价它们对工程建筑物的危害,保证建筑工程和人身安全,研究防治不良地质现象的有效措施。

3. 工程地质勘察技术的研究

为了查清各种不同类型的建筑地区和场地的工程地质条件,分析预测不良地质作用,评价工程地质问题,为建筑物的设计、施工、运营提供可靠的地质资料,就需要进行工程地质勘察,选择勘察方法,研究勘察理论和新的勘察技术,特别是随着国民经济的发展,大型、特大型工程越来越多,如跨流域的南水北调工程、大型水电站、深部采矿、超高层建筑、海峡隧道、海洋工程等,都需要对勘察技术进行研究。

4. 区域工程地质研究

研究工程地质条件的区域分布和规律,如岩土类型的分布规律,各种不良地质现象的分布规律,特别是地质构造的变化等。研究范围可以是全国性的,也可以是地区性的。还可以按照工程地质条件的相似性和差异性进行分区,可以分级划分。区域工程地质研究为规划工作提供地质依据,也为进一步的工程地质勘察和研究打下基础。

上述工程地质研究,都是围绕人类工程活动的地质环境或工程地质条件进行的。工程地质条件包括地形地貌、岩土类型及其工程地质性质、地质构造、水文地质、不良地质现象及天然建筑材料六个条件。因此,工程地质条件是一个综合概念,是指六个条件的总体,单独一两个条件不能称之为工程地质条件。

二、工程地质工作在土木工程中的作用

土木工程包括工业民用建筑工程、铁路和公路工程、水运工程、水利水电工程、矿山工程、海港工程、机场工程、近海石油开采工程及国防工程等。这些工程在设计、施工和运营

阶段都离不开工程地质工作。大量的国内外工程实践证明,在工程设计和施工阶段进行详细周密的工程地质勘察工作,设计、施工就能顺利进行,运营阶段工程建筑的安全就有保证。相反,对工程地质工作重视不够或工程地质工作不详细,致使一些严重的工程地质问题未被发现或即使被发现,其治理措施也与地质问题不相适宜,都会给工程带来不同程度的隐患,轻者不得不修改原设计方案,增加投资,延误工期;重者造成灾害,使工程建筑物完全破坏,甚至造成人员伤亡。

例如,成(都)昆(明)铁路沿线地形险峻,地质构造极为复杂,大断裂纵横分布,新构造运动十分强烈,有约 200 km 的地段位于 8、9 度地震烈度区,岩层十分破碎,加上沿线雨量充沛,山体不稳,各种不良地质现象充分发育,被誉为“世界地质博物馆”。当时,中央和原铁道部[①]对成昆线的工程地质勘察十分重视,提出了地质选线的原则,动员和组织全路工程地质专家和技术人员进行大会战,并多次组织全国工程地质专家进行现场考察和研究,解决了许多工程地质难题,保证了成昆铁路顺利建成通车。相反,不重视工程地质工作的工程,就会出现大量问题。如新中国成立前修建的宝(鸡)天(水)铁路,由于当时不重视工程地质工作,设计开挖了许多高陡路堑,致使发生了大量崩塌、落石、滑坡、泥石流病害,使线路无法正常运营,被称为西北铁路线中的盲肠。再如,湖北盐池河磷矿,在采矿时对岩体崩塌认识不足,1980 年 6 月突然发生 10^6 m^3 的大崩塌,冲击气浪将四层大楼抛至河对岸撞碎,造成建筑物毁坏,307 人丧生。又如,意大利瓦依昂水库,由于设计阶段对滑坡认识不足,1963 年 10 月 9 日突然发生高速滑动,将水库中 $3×10^6$ m^3 的水体挤出,激起 250 m 高的涌浪,高 150 m 的洪峰溢过坝顶冲向下游,导致 1 900 多人丧生。上述实例都说明,土木工程建筑必须重视工程地质工作,进行高质量的工程地质勘察工作,应用地质资料和评价做出合理的规划、设计和施工,才能保证土木工程建筑经济合理、安全可靠。

三、本课程的主要内容及学习要求

“土木工程地质”是土木工程专业的一门专业基础课,它是应用工程地质的基础理论和知识,解决土木工程建筑在勘察、设计、施工和运行使用阶段中的工程地质问题的一门学科。本书共 9 章,包括基础地质(第 1~3 章)和工程地质(第 4~9 章)两大部分。

第 1 章矿物和岩石,重点介绍主要造岩矿物的类型特征,三大岩类(岩浆岩、沉积岩、变质岩)的成因、成分、结构、构造、分类及其特征。第 2 章地层与地质构造,介绍地壳运动及地质作用概念、地层的概念、岩层及岩层产状、褶皱构造、断裂构造、地质构造对工程建筑物稳定性的影响、地质图。第 3 章水的地质作用,讲述地表流水及地下水的地质作用。第 4 章岩石及特殊土的工程性质,主要介绍岩石的工程性质、岩石的风化作用、岩土的工程分类、特殊土的工程性质。第 5 章不良地质现象及防治,主要介绍崩塌与落石、滑坡、泥石流、岩溶、地震、山地灾害链等不良地质现象及防治。第 6 章地下工程地质问题,主要讲述岩体及地应力的概念,洞室围岩变形及破坏的主要类型,地下洞室特殊地质问题,围岩工程分级及其应用等。第 7 章地基工程地质问题,主要介绍地基变形及破坏的基本类型、地基承载力、地基处理。第 8 章边坡工程地质问题,包括边坡变形破坏的基本类

---

① 2013 年,国务院将铁道部拟定铁路发展规划和政策的行政职责划入交通运输部,不再保留铁道部。

型、影响边坡稳定性的因素、边坡稳定性分析方法、边坡变形破坏的防治措施。第9章工程地质勘察,包括勘察的目的、任务、分级与阶段,工程地质测绘和勘探,测试及长期观测,工程地质文件的编制。

本课程对土木工程专业本科生有以下要求:

1. 掌握工程地质的基本理论和知识,能正确运用工程地质勘察资料进行土木工程的设计和施工。

2. 了解不良地质现象的形成条件和机制,根据勘察数据和资料,能有效地进行防治设计。

3. 了解土木工程的工程地质问题,能在工程设计、施工、运营中解决实际的工程地质问题。

4. 了解地质勘察的内容、方法及勘察成果,对中小型工程能进行工程地质勘察工作。

 思　考　题

1. 什么是工程地质学? 它的主要内容是什么?

2. 什么是工程地质条件?

3. 土木工程和工程地质间的联系如何? 如何把握和谐的人地关系?

第1章

矿物和岩石

§1.1　地球的概况

地球是太阳系中的八大行星之一,它绕太阳公转,并绕自转轴由西向东旋转。

1.1.1　地球的形状和大小

地球是一个不规则的扁球体。赤道半径略长,约为 6 378 km,极地半径略短,约为 6 356.8 km;平均半径约为 6 371 km。地球总表面积约为 $5.1×10^8$ km^2,大陆面积约为 $1.48×10^8$ km^2,约占总表面面积的 29%;海洋面积约为 $3.6×10^8$ km^2,约占 71%。地球质量为 $5.976×10^{24}$ kg,地球体积为 $1.083×10^{21}$ m^3,平均密度为 $5.518×10^3$ kg/m^3。

1.1.2　地球外部圈层

地球外部有水圈、大气圈和生物圈三个圈层。

一、水圈

水圈是地球表层水体的总称。地球表层水的总体积为 $1.4×10^{18}$ m^3。其中,海洋水占 97.3%,两极固态水占 2.1%,其余约占 0.6% 的水以河流、湖泊及地下水的形式存在。海水平均含溶解的盐类约 0.35%,主要为氯化钠,呈弱碱性。雨水和河水中的溶解物大部分为碳酸氢钙($CaHCO_3$),略呈酸性。水圈与地壳上部有较大程度的重叠,地下水可以环流到地壳内数公里的深度,受到地热影响与岩石产生反应后可以再回到地面。

二、大气圈

大气圈主要成分为氮、氧、氩、二氧化碳、水蒸气等。其中,氮占 78.1%,氧占 21%,二氧化碳占 0.03%,水汽占 0~2%,在距地表 100 km 范围内气体成分较稳定。地表的大气密度为 1.2 kg/m^3,在 100 km 高度的大气密度为 10^{-6} kg/m^3。

由地面至 15 km 高度为对流层;其上至 50 km 为平流层;平流层顶至 80~85 km 为中间层;再向上至 500 km 以上为外逸层。平流层中有大量臭氧,臭氧可以滤去来自太阳的大部分紫外线辐射。

　　大气圈与水圈相互作用。太阳的热能使海水蒸发,水汽凝结成云,形成降水。降到陆地上的水,形成径流,由地面或地下返回海洋,造成水不断循环。

　　三、生物圈

　　生物圈是地表生物活动地带所构造的圈层。包括地表到 200 m 高空及水下 200 m 的水域空间。通过新陈代谢等方式,形成生物地质作用,促使地壳表层物质成分和结构的改变。地壳的煤、石油、泥炭和腐殖质等都是生物的生成性物质。

1.1.3　地球内部构造

　　地球是由不同状态、不同物质的圈层构成的,地球的内部由地壳、地幔和地核三个圈层组成(图 1-1)。

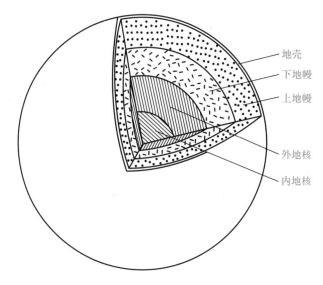

图 1-1　地球的内部构造

　　一、地壳

　　地壳是地球表面固体的薄壳,平均厚度为 33 km。洋壳较薄,约 2~11 km,密度为 3~3.1×10^3 kg/m^3,主要由镁、铁质岩浆岩,即玄武岩和辉长岩组成。陆壳较厚,约 15~80 km,平均密度为 2.7~2.8×10^3 kg/m^3。人类的工程活动多在地壳的表层进行,一般不超过 1~2 km 的深度,但石油、天然气井钻探深度可达 7 km 以上。

　　二、地幔

　　地幔是位于地壳与地核之间的中间构造层。地幔与地壳的分界面称莫霍面;地幔与地核的分界面叫古登堡面。地幔可以划分为三部分:① 上地幔,由莫霍面至 400 km 深度;② 过渡层,深度在 400~670 km;③ 下地幔,深度在 670~2 891 km。上地幔的物质成分由含铁、镁多的硅酸盐矿物组成,与超基性盐类似,称橄榄质层。地幔中在 60~400 km 处为地震波传播"低速带",特别是在 100~150 km 深处,波速降低最多,分析为液态区,可能是岩浆的发源地。

三、地核

地核位于地幔以下,是地球的核心部分。其半径约为 3 489 km,靠近地幔的外核主要由液态铁组成,含约 10% 的镍,15% 的较轻的硫、硅、氧、钾、氢等元素;内核由在极高压 $(3.3×10^5～3.6×10^5 MPa)$ 下结晶的固体铁镍合金组成,其刚性很高。

1.1.4　地壳的组成

地球表层温度较低、刚性较大的地壳和地幔顶部称为岩石圈。岩石圈的厚度在地球各部分不一致:大洋部分岩石圈厚 6～100 km,大陆部分岩石圈厚约在 100～400 km 之间。岩石由矿物组成,矿物由各种化合物或化学元素组成。在地壳中已发现化学元素 90 多种,它们的含量和分布不均衡,其中氧、硅、铝、铁、钙、钠、钾、镁、钛和氢十种元素含量较多,占元素总量的 99.96%(表 1-1)。这些元素多以化合物的形式出现,少数以单质元素的形式存在。

表 1-1　地壳主要元素质量百分比

元素	质量比/%	元素	质量比/%
氧(O)	46.95	钠(Na)	2.78
硅(Si)	27.88	钾(K)	2.58
铝(Al)	8.13	镁(Mg)	2.06
铁(Fe)	5.17	钛(Ti)	0.62
钙(Ca)	3.65	氢(H)	0.14

矿物是在地壳中天然形成的,具有一定化学成分和物理性质的自然元素或化合物,通常是无机作用形成的均匀固体。例如,石英(SiO_2)、方解石($CaCO_3$)、石膏($CaSO_4 \cdot 2H_2O$)等是以自然化合物形态出现的;石墨(C)、金(Au)等矿物是以自然元素形态出现的。构成岩石的矿物称为造岩矿物。

岩石是矿物的天然集合体。多数岩石是一种或几种造岩矿物按一定方式结合而成的,部分为火山玻璃或生物遗骸。岩石按成因可分为岩浆岩、沉积岩和变质岩三大类。本章着重讲述主要的造岩矿物和常见的三大类岩石。

§1.2　主要造岩矿物

目前,人类已发现的矿物有 3 000 多种,其中构成岩石的主要成分、明显影响岩石性质、对鉴定岩石类型起重要作用的矿物称为主要造岩矿物。常见的主要造岩矿物有 20 余种。

1.2.1　矿物的物理性质

矿物的物理性质包括形态、颜色、条痕、光泽、透明度、解理、断口、硬度、密度等,都是肉眼鉴定矿物的依据。

一、矿物的形态

绝大多数矿物呈固态,只有极个别的矿物呈液态,如自然汞(Hg)等。大多数固体矿物是晶质,少数为非晶质。晶质矿物内部质点(原子、分子或离子)在三维空间有规律地重复排列,形成空间格子构造,如食盐为立方晶体格架(图 1-2)。结晶质矿物只有在晶体生长速度较慢,周围有自由空间时,才能形成有规则的几何外形,这种晶体称自形晶体,如石英、金刚石等的自形晶体(图 1-3)。

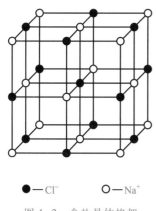

●—Cl⁻   ○—Na⁺

图 1-2　食盐晶体格架

(a) 石英晶体　　　(b) 金刚石晶体

图 1-3　矿物自形晶体

非晶质矿物的内部质点排列无规律性,故没有规则的外形。常见的非晶质矿物有玻璃矿物和胶体矿物两种,如火山玻璃是高温熔融状的火山物质经迅速冷却而成,蛋白石是由硅胶凝聚而成。

晶质矿物由于化学成分不同,生成条件不同,因此矿物单体的晶形千姿百态。常见的矿物单体形态有:

片状、鳞片状——如云母、绿泥石等。

板状——如斜长石、板状石膏等。

柱状——如角闪石(长柱状)、辉石(短柱状)等。

立方体状——如岩盐、方铅矿、黄铁矿等。

菱面体状——如方解石、白云石等。

常见的晶质和非晶质矿物集合体形态有:

粒状、块状、土状——矿物在三维空间接近等长的集合体。颗粒界限较明显的称粒状(如橄榄石等),颗粒界限不明显的称块状(如石英等),疏松的块状称土状(如高岭石等)。

鲕状、豆状、肾状——矿物集合体形成近圆球形结核构造。如鱼卵大小的称鲕状(方解石、赤铁矿等),有时呈现豆状、肾状(如赤铁矿等)。

纤维状——如石棉、纤维石膏等。

钟乳状——如方解石、褐铁矿等。

二、颜色

矿物的颜色是多种多样的,主要取决于矿物的化学成分和内部结构。按矿物成色原因可分为自色、他色和假色。矿物固有的颜色比较稳定的称自色,如正长石是肉红色,橄榄石是橄榄绿色。矿物中混有杂质时形成的颜色称他色。他色不固定,与矿物本身性质无关,对鉴定矿物意义不大,如纯石英晶体是无色透明的,而当石英含有不同杂质时,就可能出现乳白色、紫红色、绿色、烟黑色等多种颜色。由于矿物内部裂隙或表面氧化膜对光的折射、散射形成的颜色称假色,如方解石解理面上常出现的虹彩。

三、条痕

矿物在白色无釉的瓷板上划擦时留下的粉末痕迹色,称为条痕。条痕可消除假色,减弱他色,常用于矿物鉴定。例如,角闪石为黑绿色,条痕是淡绿色;普通辉石为黑色,条痕是浅棕色;黄铁矿为铜黄色,条痕是黑色等。

四、光泽

指矿物表面反射光线的能力。根据矿物平滑表面反射光的强弱,可分为:

1. 金属光泽

矿物平滑表面反射光强烈闪耀,如金、银、方铅矿、黄铁矿等。

2. 半金属光泽

矿物表面反射光较强,如磁铁矿等。

3. 非金属光泽

一般造岩矿物多呈非金属光泽。据反光程度和特征又可划分为:

(1) 金刚光泽

矿物平面反光较强,状若钻石,如金刚石。

(2) 玻璃光泽

状若玻璃板反光,如石英晶体表面。

(3) 油脂光泽

状若染上油脂后的反光,多出现在矿物凹凸不平的断口上,如石英断口。

(4) 珍珠光泽

状若珍珠或贝壳内面出现的乳白色彩光,如白云母薄片等。

(5) 丝绢光泽

出现在纤维状矿物集合体表面,状若丝绢,如石棉、绢云母等。

(6) 土状光泽

矿物表面反光暗淡如土,如高岭石和某些褐铁矿等。

五、透明度

指矿物透过可见光的程度。根据矿物透明程度,将矿物划分为透明矿物、半透明矿物和不透明矿物。大部分金属、半金属光泽矿物都是不透明矿物(如方铅矿、黄铁矿、磁铁矿);玻璃光泽纯净的晶体矿物均为透明矿物(如石英晶体和方解石晶体冰洲石);介于二者之间的矿物为半透明矿物,很多浅色的造岩矿物都是半透明矿物(如石英、滑石)。用肉眼进行矿物鉴定时,应注意观察等厚条件下的矿物碎片边缘,用来确定矿物的透明度。

六、硬度

指矿物抵抗外力作用(如压入、研磨)的能力。由于矿物的化学成分和内部结构的不同,其硬度也不相同。所以,硬度是进行矿物鉴定的一个重要特征,目前常用 10 种已知矿物组成的摩氏硬度计(表1-2)作为标准。为了方便鉴定矿物的相对硬度,还可以用指甲(2.5)、小钢刀(5~5.5)、玻璃(5.5)作为辅助标准,确定待鉴定矿物的相对硬度。

表 1-2　摩氏硬度计

硬度	矿物	硬度	矿物
1	滑石	6	长石
2	石膏	7	石英
3	方解石	8	黄玉
4	萤石	9	刚玉
5	磷灰石	10	金刚石

七、解理

矿物受锤击后沿一定结晶平面破裂的固有特性称为解理。开裂的平面称为解理面,由于矿物晶体内部质点间的结合力在不同方向上不均一,解理面方向和完全程度都有差异。如果某个矿物晶体内部几个方向上结合力都比较弱,那么这种矿物就具有多组解理(如方解石)。

根据矿物产生解理面的完全程度,可将解理分为四级:

1. 极完全解理

矿物极易裂开成薄片,解理面大而完整,平滑光亮(如云母)。

2. 完全解理

矿物易沿三组劈开面裂开成块状、板状,解理面平坦光亮(如方解石)。

3. 中等解理

矿物常在两个方向上出现两组不连续、不平坦的解理面,第三个方向上为不规则断裂面,如长石和角闪石。

4. 不完全解理

矿物很难出现完整的解理面,如橄榄石、磷灰石等。

八、断口

矿物受锤击后沿任意方向产生不规则断裂,其断裂面称为断口。常见的断口形状有贝壳状断口(如石英)、平坦状断口(如蛇纹石)、参差粗糙状断口(如黄铁矿、磷灰石等)、锯齿状断口(如自然铜等)。

九、密度

矿物的密度取决于组成元素的相对原子质量和晶体结构的紧密程度。石英的相对密度为2.65,正长石的相对密度为2.54,普通角闪石的相对密度为3.1~3.3。矿物的相对密度一般可以实测。

矿物的物理性质还表现在其他很多方面,例如磁性、压电性、发光性、弹性、挠性、脆性、延展性和可塑性等,都可以用来鉴定矿物。

1.2.2 主要造岩矿物及鉴定特征

常见的主要造岩矿物有 20 多种。它们的共生组合规律及其含量不仅是鉴定岩石名称的依据,而且显著地影响岩石的物理力学性质。准确地鉴定矿物需要借助于偏光显微镜、电子显微镜等仪器,也可以用化学分析等方法。对于常见的造岩矿物可以用简易鉴定法(肉眼鉴定法)进行初步确定。简易鉴定法通常借助小刀、放大镜、条痕板等简易工具,对矿物进行直接观察测试。为了便于鉴定,现把常见的 18 种主要造岩矿物的鉴定特征说明如下。

1.2-1 常见主要造岩矿物

一、石英 SiO_2

石英是岩石中最常见的矿物之一。石英结晶常形成单晶或丛生为晶簇。纯净的石英晶体为无色透明的六方双锥,称为水晶。一般岩石中的石英多呈致密的块状或粒状集合体。一般为白色、乳白色,含杂质时呈紫红色、烟色、黑色、绿色等颜色;无条痕;晶面为玻璃光泽,断口为油脂光泽;无解理;断口呈贝壳状(图 1-4);硬度为 7;相对密度为 2.65。

二、正长石 $KAlSi_3O_8$

单晶为柱状或板状(图 1-5),在岩石中多为肉红色或淡玫瑰红色,条痕白色,两组正交完全解理或一组完全解理和一组中等解理;粗糙断口;解理面为玻璃光泽;硬度为 6;相对密度为 2.54~2.57;常和石英伴生于酸性花岗岩中。

图 1-4 石英晶体贝壳状断口

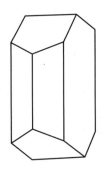

图 1-5 正长石单晶

三、斜长石 $Na(AlSi_3O_8)$,$Ca(Al_2Si_2O_8)$

晶体多为板状或柱状,晶面上有平行条纹,多为灰白、灰黄色,条痕白色玻璃光泽,有两组近正交 86°(94°)完全解理或一组中等解理和一组完全解理,粗糙断口,硬度为 6~6.5,相对密度为 2.61~2.75,常与角闪石和辉石共生于较深色的岩浆岩(如闪长岩、辉长岩)中。

四、白云母 $KAl_2(AlSi_2O_{10})(OH)_2$

单晶体为板状、片状,横截面为六边形,有一组极完全解理,易剥成薄片,薄片无色透明,具玻璃光泽;集合体常呈浅黄、淡绿色,具珍珠光泽;条痕白色;薄片有弹性,硬度为 2~3,相对密度为 2.76~3.12。

五、黑云母　$K(Mg,Fe)_3(AlSi_3O_{10})(OH,F)_2$

单晶体为板状、片状，横截面为六边形；有一组完全解理，易剥成薄片，薄片有弹性，颜色为棕褐至棕黑色，条痕白色、淡绿色；珍珠光泽，半透明，硬度为2~3，相对密度为3.02~3.12。

六、普通角闪石　$Ca_2Na(Mg,Fe)_4(Al,Fe)[(Si,Al)_4O_{11}]_2(OH)_2$

多以单晶体出现，一般呈长柱状或近三向等长状，横截面为六边形，见图1-6。集合体为针状、粒状，多为深绿色至黑色；条痕淡绿色，玻璃光泽；两组完全解理，解理交角为56°(124°)，平行柱面，硬度为5.5~6，相对密度为3.1~3.6。

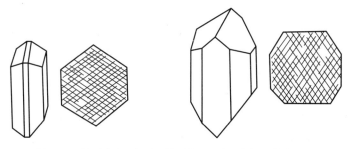

图1-6　普通角闪石(左)普通辉石(右)单晶及横截面图

七、普通辉石　$(Ca,Mg,Fe,Al)(Si,Al)_2O_6$

晶体常呈短柱状，横截面为近八角形。集合体为块状、粒状，暗绿，黑色，有时带褐色，条痕浅棕色，玻璃光泽，两组完全解理，解理交角为87°(93°)，硬度为5.5~6.0，相对密度为3.2~3.6。普通辉石是颜色较深的基性和超基性岩浆岩中很常见的矿物，多有斜长石伴生。

八、橄榄石　$(Mg,Fe)_2SiO_4$

晶体为短柱状，多不完整，常呈粒状集合体。颜色为橄榄绿、黄绿、绿黑色，含铁越多颜色越深。晶面玻璃光泽，不完全解理，断口油脂光泽，硬度为6.5~7，相对密度为3.3~3.5，常见于基性和超基性岩浆岩中。

九、方解石　$CaCO_3$

晶体为菱形六面体，在岩石中常呈粒状，纯净方解石晶体无色透明，因含杂质多呈灰白色，有时为浅黄、黄褐、浅红等色，条痕白色，三组完全解理，玻璃光泽，硬度为3，相对密度为2.6~2.8，遇冷稀盐酸剧烈起泡，是石灰岩和大理岩的主要矿物成分。

十、白云石　$CaMg(CO_3)_2$

晶体为弯曲的菱形六面体，岩石中多为粒状，白色，含杂质为浅黄、灰褐、灰黑等色，完全解理，玻璃光泽，硬度为3.5~4，相对密度为2.8~2.9，遇热稀盐酸有起泡反应，遇镁试剂变蓝，是白云岩的主要矿物成分。

十一、滑石　$Mg_3[Si_4O_{10}](OH)_2$

完整的六方菱形晶体很少见，多为板状或片状集合体，多为浅黄色、浅褐或白色；条痕白色；半透明；有一组完全解理，断口油脂光泽，解理面上为珍珠光泽，薄片有挠性，手摸有滑感，硬度为1，相对密度为2.7~2.8。

十二、绿泥石　$(Mg,Fe,Al)_6[(Si,Al)_4O_{10}](OH)_8$

绿泥石是一族种类繁多的矿物,多呈鳞片状或片状集合体状态,颜色暗绿,条痕绿色,珍珠光泽,有一组完全解理,薄片有挠性,硬度为 2~3,相对密度为 2.6~2.85,常见于温度不高的热液变质岩中,由绿泥石组成的岩石强度低,易风化。

十三、硬石膏　$CaSO_4$

晶体为近正方形的厚板状或柱状,一般呈粒状,纯净晶体无色透明,一般为白色,玻璃光泽,有三组完全解理,硬度为 3~3.5,相对密度为 2.8~3.0。硬石膏在常温常压下遇水能生成石膏,体积膨胀近 30%,同时产生膨胀压力,可能引起建筑物基础及隧道衬砌等变形。

十四、石膏　$CaSO_4 \cdot 2H_2O$

晶体多为板状,一般为纤维状和块状集合体,颜色灰白,含杂质时有灰、黄、褐色,纯晶体无色透明,玻璃光泽,有一组极完全解理,能劈裂成薄片,薄片无弹性,硬度为 2,相对密度 2.3。在适当条件下脱水可变成硬石膏。

十五、黄铁矿　FeS_2

单晶体为立方体或五角十二面体,晶面上有条纹,在岩石中黄铁矿多为粒状或块状集合体,颜色为铜黄色,金属光泽,参差状断口,条痕为绿黑色,硬度为 6~6.5,相对密度为 4.9~5.2。黄铁矿经风化易产生腐蚀性硫酸。

十六、赤铁矿　Fe_2O_3

显晶质矿物为板状、鳞片状、粒状,隐晶质矿物为块状、鲕状、豆状、肾状等集合体。多为赤红色、铁黑色和钢灰色,条痕砖红色。半金属光泽,无解理,硬度 5~6,相对密度 5.0~5.3,土状赤铁矿硬度很低,可染手。

十七、高岭石　$Al_2Si_2O_5(OH)_4$

通常为疏松土状或鳞片状、细粒土状矿物集合体,纯者白色,含杂质时为浅黄、浅灰等色,条痕白色,土状或蜡状光泽,硬度为 1~2,相对密度为 2.60~2.63。吸水性强,潮湿时可塑,有滑感。

十八、蒙脱石　$(Na,Ca)_{0~33}(Al,Mg)_2(Si_4O_{10}(OH)_2 \cdot nH_2O$

通常为隐晶质土状,有时为鳞片状集合体,浅灰白、浅粉红色,有时带微绿色,条痕白色,土状光泽或蜡状光泽,鳞片状集合体有一组完全解理,硬度为 2~2.5,相对密度为 2~2.7,吸水性强,吸水后体积可膨胀几倍,具有很强的吸附能力和阳离子交换能力,具有高度的胶体性、可塑性和黏结力,是膨胀土的主要成分。

§1.3　岩浆岩

1.3.1　岩浆岩的成因

岩浆岩是由岩浆冷凝固结而形成的岩石。岩浆是以硅酸盐为主要成分,富含挥发性物质(CO_2、CO、SO_2、HCl 及 H_2S 等),在上地幔和地壳深处形成的高温高压熔融体。

岩浆的温度约为 700~1 200 ℃,岩浆的化学成分十分复杂,它囊括了地壳中的所有元素。根据岩浆的成分可以划分为两大类:一是基性岩浆,富含铁、镁氧化物,黏性较小,流动性较大;二是酸性岩浆,富含钾、钠和硅酸,黏性较大,流动性较小。

岩浆可以在上地幔或地壳深处运移或喷出地表。根据岩浆岩形成时的岩浆运动特征把岩浆岩分为两大类。一为侵入岩,当岩浆沿地壳中薄弱地带上升时逐渐冷凝,这种作用称为岩浆的侵入作用,侵入作用所形成的岩石称为侵入岩。侵入岩又可按成岩部位的深浅分成深成岩和浅成岩,深度大于 3 km 的为深成岩,小于 3 km 的为浅成岩。二是喷出岩,当岩浆沿构造裂隙上升时溢出地表或通过火山喷出到地表,称为岩浆的喷出作用,由岩浆喷出而形成岩石称为喷出岩。喷出岩又可细分为两类:一类是溢出地表岩浆冷凝而成的岩石,称为熔岩;另一类是岩浆或它的碎屑物质被火山猛烈地喷发到空中,又从空中落到地面堆积形成的岩石,称为火山碎屑岩。

1.3.2 岩浆岩的产状

岩浆岩的产状是指岩浆岩在空间的产出状态。岩浆岩的产状与岩浆的成分、物理化学条件密切相关,还受冷凝地带的环境影响,因此它的产状是多种多样的,见图 1-7。

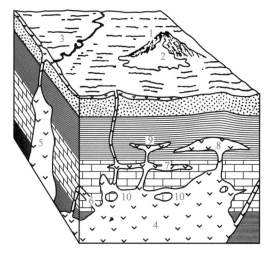

图 1-7 岩浆岩的产状

1—火山锥;2—熔岩流;3—熔岩被;4—岩基;5—岩株;6—岩墙;7—岩床;8—岩盘;9—岩盆;10—捕虏体

一、侵入岩的产状

1. 岩基

岩基是岩浆侵入到地壳内凝结形成的岩体中最大的一种,分布面积一般大于 60 km^2,常见的岩基多是由酸性岩浆凝结而成的花岗岩类岩体。岩基内常含有围岩的崩落碎块,称为捕虏体。岩基埋藏深,范围大,岩浆冷凝速度慢,晶粒粗大,岩性均匀,是良好的建筑地基,如长江三峡坝址区就选在面积约二百平方公里的花岗岩-闪长岩岩基的南端。

2. 岩株

岩株是分布面积较小,形态又不规则的侵入岩体,与围岩接触面较陡直,有的岩株是岩基的突出部分,常为岩性均一、稳定性良好的地基。

3. 岩盘(岩盖)

岩盘是中间厚度较大,呈伞形或透镜状的侵入体,多是酸性或中性岩浆沿层状岩层面侵入后,因黏性大,流动不远所致。

4. 岩床

黏性较小、流动性较大的基性岩浆沿层状岩层面侵入,充填在岩层中间,常常形成厚度不大、分布范围广的岩体,称为岩床。岩床多为基性浅成岩。

5. 岩墙和岩脉

岩墙和岩脉是沿围岩裂隙或断裂带侵入形成的狭长形的岩浆岩体,与围岩的层理和片理斜交。通常把岩体窄小的称为岩脉,长数厘米到数十米;把岩体较宽厚且近于直立的称为岩墙,通常长数米至数千米,宽数米至数十米。岩墙和岩脉多在围岩构造裂隙发育的地方,由于它们岩体薄,与围岩接触面大,冷凝速度快,岩体中形成很多收缩裂隙,所以岩墙、岩脉发育的岩体稳定性较差,地下水较活跃。

二、喷出岩的产状

喷出岩的产状受岩浆的成分、黏性、通道特征、围岩构造及地表形态的影响。常见的喷出岩产状有熔岩流、火山锥及熔岩台地。

1. 熔岩流

岩浆多沿一定方向的裂隙喷发到地表。岩浆多是基性岩浆,黏度小、易流动,形成厚度不大、面积广大的熔岩流,如我国西南地区广泛分布有二叠纪玄武岩流。由于火山喷发具有间歇性,所以岩流在垂直方向上往往具有不同喷发期的层状构造。在地表分布的一定厚度的熔岩流也称熔岩被。

2. 火山锥(岩锥)及熔岩台地

黏性较大的岩浆沿火山口喷出地表,流动性较小,常和火山碎屑物黏结在一起,形成以火山口为中心的锥状或钟状的山体,称为火山锥或岩钟,如我国长白山顶的天池就是熔岩和火山碎屑物凝结而成的火山锥或岩钟。当黏性较小时,岩浆较缓慢地溢出地表,形成台状高地,称熔岩台地,如黑龙江省的德都县一带就有玄武岩形成的熔岩台地,它把讷谟尔河截成几段,形成五个串珠状分布的堰塞湖,这就是著名的五大连池。

1.3.3　岩浆岩的化学成分和矿物成分

一、岩浆岩的化学成分

岩浆岩的主要化学成分有 SiO_2、Al_2O_3、Fe_2O_3、FeO、MgO、CaO、Na_2O、K_2O 和 H_2O 等氧化物。其中,SiO_2 含量最多,它的含量大小直接影响岩浆岩矿物成分的变化,并直接影响岩浆岩的性质。按 SiO_2 的含量可将岩浆岩划分为以下四类:

① 酸性岩(SiO_2 含量>65%);
② 中性岩(SiO_2 含量 = 52%~65%);
③ 基性岩(SiO_2 含量 = 45%~51%);
④ 超基性岩(SiO_2 含量<45%)。

从酸性岩到超基性岩,SiO_2 含量逐渐减少,FeO、MgO 含量逐渐增加,K_2O、Na_2O 含量逐渐减少。

二、岩浆岩的矿物成分

组成岩浆岩的主要矿物有 30 多种,但常见的矿物只有十几种。按矿物颜色深浅可划分为浅色矿物和深色矿物两类,其中浅色矿物富含硅、铝,有正长石、斜长石、石英、白云母等;深色矿物富含铁、镁,有黑云母、辉石、角闪石、橄榄石等。长石含量占岩浆岩成分60%以上,其次为石英,所以长石和石英是岩浆岩分类和鉴定的重要依据。

根据造岩矿物在岩石中的含量及其在岩石分类命名中所起的作用,可把岩浆岩的造岩矿物划分为主要矿物、次要矿物和副矿物三类。

1. 主要矿物

是岩石中含量较多,对划分岩石大类、鉴定岩石名称有决定性作用的矿物,如显晶质钾长石和石英是花岗岩中的主要矿物,二者缺一不能定为花岗岩。

2. 次要矿物

在岩石中含量相对较少,对划分岩石大类不起决定性作用,但在本大类岩石的定名中起重要作用。如花岗岩中含少量角闪石,可据此将岩石定名为角闪石花岗岩。

3. 副矿物

在岩石中含量很少,通常小于1%,它们的有无不影响岩石的类型和定名,如花岗岩中含有的微量磁铁矿、萤石等。

1.3.4　岩浆岩的结构

岩浆岩的结构是指岩石中矿物的结晶程度、晶粒的大小、形状及它们之间的相互关系。岩浆岩的结构特征与岩浆的化学成分、物理化学状态及成岩环境密切相关,岩浆的温度、压力、黏度及冷凝的速度等都影响岩浆岩的结构。如深成岩是缓慢冷凝的,晶体发育时间较充裕,能形成自形程度高、晶形较好、晶粒粗大的矿物;相反,喷出岩冷凝速度快,来不及结晶,多为非晶质或隐晶质。

一、按结晶程度分类

按结晶程度把岩浆岩结构划分成三类。

1. 全晶质结构

岩石全部由结晶矿物组成,岩浆冷凝速度慢,有充分的时间形成结晶矿物,多见于侵入岩,如花岗岩。

2. 半晶质结构

同时存在结晶质和玻璃质的一种岩石结构,常见于喷出岩,如流纹岩。

3. 非晶质结构

岩石全部由非结晶玻璃质组成,是岩浆迅速上升到地表,温度骤然下降至岩浆的凝结温度以下,来不及结晶形成的,是喷出岩特有的结构,如黑曜岩、浮岩等。

二、按矿物颗粒绝对大小分类

按矿物颗粒的绝对大小,可把岩浆岩结构分成显晶质和隐晶质两种类型。

1. 显晶质结构

岩石的矿物结晶颗粒粗大,用肉眼或放大镜能够分辨。按颗粒直径的大小,可将显晶质结构分为:

（1）粗粒结构（颗粒直径>5 mm）。

（2）中粒结构（颗粒直径为<1~5 mm）。

（3）细粒结构（颗粒直径为<0.1~1 mm）。

（4）微粒结构（颗粒直径≤0.1 mm）。

2. 隐晶质结构

矿物颗粒细微，肉眼和一般放大镜不能分辨，但在显微镜下可以观察矿物晶粒特征，是喷出岩和部分浅成岩的结构特点。

三、按矿物晶粒相对大小分类

按矿物晶粒的相对大小，可将岩浆岩的结构划分为三类。

1. 等粒结构

岩石中的矿物颗粒大小大致相等。

2. 不等粒结构

岩石中的矿物颗粒大小不等，但粒径相差不很大。

3. 斑状结构

岩石中两类矿物颗粒大小相差悬殊。大晶粒矿物分布在大量的细小颗粒中，大晶粒矿物称为斑晶，细小颗粒称为基质。基质为显晶质时，称为似斑状结构；基质为隐晶质或玻璃质时，称为斑状结构。似斑状结构为浅成岩和部分深成岩的结构，斑状结构是浅成岩和部分喷出岩的特有结构。

1.3.5 岩浆岩的构造

岩浆岩的构造是指岩石中矿物的空间排列和充填方式。常见的岩浆岩构造有四种。

1. 块状构造

矿物在岩石中分布均匀，无定向排列，结构均一，是岩浆岩中常见的构造。

2. 流纹状构造

岩浆在地表流动过程中，由于颜色不同的矿物、玻璃质和气孔等被拉长，沿熔岩流动方向上形成不同颜色条带相间排列的流纹状构造，常见于酸性喷出岩。

3. 气孔状构造

岩浆岩喷出后，岩浆中的气体及挥发性物质呈气泡逸出，在喷出岩中常有圆形或次圆形的孔洞，称为气孔状构造。

4. 杏仁状构造

具有气孔状构造的岩石，若气孔后期被方解石、石英等矿物充填，形如杏仁，称为杏仁状构造。

1.3.6 岩浆岩的分类及主要岩浆岩的特征

一、岩浆岩的分类

自然界中的岩浆岩种类繁多，相应的分类也很多。本节依据岩浆岩的化学成分、产状、构造、结构、矿物成分及其共生规律等特征，以岩石标本肉眼鉴定为基本前提，将岩浆岩分类如表 1-3 所示。

表 1-3　岩浆岩分类

颜色				浅 ←——————————————→ 深				
岩浆岩类型				酸性	中性		基性	超基性
SiO₂含量/%				>65	65~>52		52~>45	≤45
成因类型 — 主要矿物				石英 正长石 斜长石	正长石 斜长石	角闪石 斜长石	辉石 斜长石	橄榄石 辉石
次要矿物				云母 角闪石	角闪石 黑云母 辉石 石英 <5%	辉石 黑云母 正长石<5% 石英 <5%	橄榄石 角闪石 黑云母	角闪石 斜长石 黑云母
喷出岩	岩钟 岩流	杏仁 气孔 流纹 块状	非晶质（玻璃质）	火山玻璃:黑曜岩、浮岩等				少见
			隐晶质 斑状	流纹岩	粗面岩	安山岩	玄武岩	少见
侵入岩 浅成	岩床 岩墙	块状	斑状 全晶细粒	花岗 斑岩	正长 斑岩	闪长 玢岩	辉绿岩	少见
侵入岩 深成	岩株 岩基		结晶斑状 全晶中、粗粒	花岗岩	正长岩	闪长岩	辉长岩	橄榄岩 辉岩

（结构、构造、产状 为成因类型项下斜列标注）

二、主要岩浆岩的特征

1. 花岗岩

主要矿物为石英、正长石和斜长石,次要矿物为黑云母、角闪石等。颜色多为肉红、灰白色。全晶质粒状结构,是酸性深成岩,产状多为岩基和岩株,是分布最广的深成岩。花岗岩可作为良好的建筑地基及天然建筑材料。

2. 正长岩

正长岩属于中性深成岩,主要矿物为正长石、黑云母、辉石等。颜色为浅灰或肉红色。全晶质粒状结构,块状构造,多为小型侵入体。

3. 闪长岩

闪长岩属于中性深成岩。主要矿物为角闪石和斜长石,次要矿物有辉石、黑云母、正长石和石英。颜色多为灰或灰绿色。全晶质中、细粒结构,块状构造。常以岩株、岩床等小型侵入体产出。闪长岩分布广泛,多与辉长岩或花岗岩共生,也可呈岩墙产出,可作为各种建筑物的地基和建筑材料。

4. 辉长岩

辉长岩属于基性深成岩。主要矿物是辉石和斜长石,次要矿物为角闪石和橄榄石。

1.3-1　常
见岩浆岩

颜色为灰黑至暗绿色。具有中粒全晶结构,块状构造。多为小型侵入体,常以岩盆、岩株、岩床等产出。

5. 橄榄岩

橄榄岩属超基性深成岩。主要矿物为橄榄石和辉石,岩石是橄榄绿色,岩体中矿物全为橄榄石时,称为纯橄榄岩。全晶质中、粗粒结构,块状构造。橄榄岩中的橄榄石易风化转为蛇纹石和绿泥石,所以新鲜橄榄岩很少见。

6. 花岗斑岩

花岗斑岩为酸性浅成岩,矿物成分与花岗岩相同,具有斑状或似斑状结构,块状构造。斑晶体积大于基质,斑晶和基质均主要由钾长石、酸性斜长石、石英组成。产状多为岩株等小型岩体或为大岩体边缘。

7. 正长斑岩

正长斑岩属于中性浅成侵入岩,主要矿物与正长岩相同,有正长石、黑云母、辉石等。颜色多为浅灰或肉红色。斑状结构,斑晶多为正长石,有时为斜长石,基质为微晶或隐晶结构。块状构造。

8. 闪长玢岩

闪长玢岩属于中性浅成侵入岩,矿物成分同闪长岩,即主要矿物为角闪石和斜长石,次要矿物为辉石、黑云母、正长石和石英。颜色为灰绿色至灰褐色。斑状结构,斑晶多为灰白色斜长石,少量为角闪石,基质为细粒至隐晶质,块状构造。多为岩脉,相当于闪长岩的浅成岩。

9. 辉绿岩

辉绿岩属于基性浅成侵入岩,主要矿物为辉石和斜长石,二者含量相近,颜色为暗绿色和绿黑色。具有典型的辉绿结构,其特征是由柱状或针状斜长石晶体构成中空的格架,粒状微晶辉石等暗色矿物填充其中,块状构造。多以岩床、岩墙等小型侵入体产出。辉绿岩蚀变后易产生绿泥石等次生矿物,使岩石强度降低。

10. 脉岩类

是以呈脉状或岩墙产出的浅成侵入岩,经常以脉状充填于岩体裂隙中。据脉岩的矿物成分和结构特征可分为伟晶岩、细晶岩和煌斑岩。

（1）伟晶岩

常见的有伟晶花岗岩,矿物成分与花岗岩相似,但深色矿物含量较少。矿物晶体粗大,多在 2 cm 以上,个别可达几米以上。具有伟晶结构,块状构造,常以脉体和透镜体产于母岩及其围岩中,常形成长石、石英、云母、宝石及稀有元素矿床。

（2）细晶岩

主要矿物为正长石、斜长石和石英等浅色矿物,含量达 90% 以上,少量深色矿物有黑云母、角闪石和辉石。为均匀的细晶结构,块状构造。

（3）煌斑岩

SiO_2 含量约 40%,属超基性侵入岩,主要矿物为黑云母、角闪石、辉石等,间有长石。常为黑色或黑褐色。多为全晶质,具有斑状结构。当斑晶几乎全部由自形程度较高的暗色矿物组成时,称煌斑结构。煌斑结构是煌斑岩的特有结构。

11. 流纹岩

流纹岩属酸性喷出岩类,矿物成分与花岗岩相似。颜色常为灰白、粉红、浅紫色。斑状结构或隐晶结构,斑晶为钾长石、石英,基质为隐晶质或玻璃质。块状构造,具有明显的流纹和气孔状构造。

12. 粗面岩

粗面岩属于中性喷出岩。矿物成分同正长岩,颜色为浅红或灰白。斑状结构或隐晶结构,基质致密多孔,粗面岩为块状构造,含有气孔状构造。

13. 安山岩

属中性喷出岩。矿物成分同闪长岩,颜色为灰、灰棕、灰绿等色。斑状结构,斑晶多为斜长石,基质为隐晶质或玻璃质。块状构造,有时含气孔、杏仁状构造。

14. 玄武岩

属基性喷出岩。矿物成分同辉长岩,颜色为灰绿、绿灰或暗紫色。多为隐晶和斑状结构,斑晶为斜长石、辉石和橄榄石。块状构造,常有气孔、杏仁状构造。玄武岩分布很广,如二叠系峨眉山玄武岩广泛分布在我国西南各省。

15. 火山碎屑岩

火山碎屑岩是由火山喷发的火山碎屑物质在火山附近的堆积物,经胶结或熔结而成的岩石,常见的有凝灰岩和火山角砾岩。

（1）凝灰岩

凝灰岩是分布最广的火山碎屑岩,粒径小于 2 mm 的火山碎屑占 90% 以上。颜色多为灰白、灰绿、灰紫、褐黑色。凝灰岩的碎屑呈角砾状,一般胶熔不紧,宏观上有不规则的层状构造。易风化成蒙脱石黏土。

（2）火山角砾岩

碎屑粒径多在 2~100 mm,呈角粒状,经压密胶结成岩石。火山角砾岩分布较少,只见于火山锥。

§1.4　沉积岩

沉积岩是在地壳表层常温常压条件下,由先期岩石的风化产物、有机质和其他物质,经搬运、沉积、成岩等一系列地质作用而形成的岩石。沉积岩在体积上占地壳的 7.9%,覆盖陆地表面的 75%,绝大部分洋底也被沉积岩覆盖,它是地表最常见的岩石类型。

1.4.1　沉积岩的形成过程

沉积岩的形成,大体上可分为沉积物质的生成、搬运、沉积和成岩作用四个过程。

一、沉积物质的生成

沉积物质的来源主要是先期岩石的风化产物,其次是生物堆积。然而,单纯的生物堆积很少,仅在特殊环境中才能堆积形成岩石,如贝壳石灰岩等。

先期岩石的风化产物主要包括碎屑物质和非碎屑物质两部分。

碎屑物质是先期岩石机械破碎的产物,如花岗岩、辉长岩等岩石碎屑和石英、长石、白云母等矿物碎屑。碎屑物质是形成碎屑岩的主要物质。

非碎屑物质包括真溶液和胶凝体两部分,是形成化学岩和黏土岩的主要成分。

二、沉积物的搬运

先期岩石的风化产物除小部分残留在原地,形成富含 Al、Fe 的残留物之外,大部分风化产物在空气、水、冰和重力作用下,被搬运到其他地方。搬运方式有机械搬运和化学搬运两种。

流体是搬运碎屑物质的主要动力,搬运过程中碎屑物相互摩擦,碎屑颗粒变小,并形成浑圆状的颗粒。化学搬运将溶液和胶凝物质带到湖、海等低洼地方。

风化产物受自身重力的作用,由高处向低处运动,是重力搬运。由于搬运距离短,被搬运的碎屑物质形成无分选性的棱角状堆积。

三、沉积物的沉积

当搬运介质速度降低或物理化学环境改变时,被搬运的物质就会沉积下来。通常可分为机械沉积、化学沉积和生物沉积。机械沉积受搬运能力和重力控制,由于碎屑物的大小、形状、密度的不同,碎屑物质按一定顺序沉积下来,通常是按大小顺序先后沉积下来,这就是碎屑沉积的分选性,如河流沉积,从上游到下游沉积物的颗粒逐渐变小。化学沉积包括真溶液和胶体沉积两种,如碳酸盐和硅酸盐沉积。生物化学沉积主要是由生物活动引起的或生物遗体的沉积。

四、沉积物的成岩作用

由松散的沉积物转变为坚硬的沉积岩,所经历的地质作用叫成岩作用。硬结成岩作用比较复杂,主要包括固结脱水、胶结、重结晶和形成新矿物四个作用。

1. 固结脱水作用

下部沉积物在上部沉积物重力的作用下发生排水固结现象,称为固结脱水作用。该作用使沉积物空隙减少,颗粒紧密接触并产生压溶现象等化学变化,如砂岩中石英颗粒间的锯齿状接触,就是在压密作用下形成的。

2. 胶结作用

胶结作用是碎屑岩成岩作用的重要环节,其把松散的碎屑颗粒连接起来,固结成岩石。最常见的胶结物有硅质(SiO_2)、钙质($CaCO_3$)、铁质(Fe_2O_3)、黏土质等。

3. 重结晶作用

在压力和温度逐渐增大的条件下,沉积物发生溶解及固体扩散作用,导致物质质点重新排列,使非晶质变成结晶物质,这种作用称为重结晶作用,是各类化学岩和生物化学岩成岩过程中的重要作用。

4. 新矿物的形成

在沉积岩的成岩过程中,由于环境变化还会生成与新环境相适应的稳定产物,如常见的石英、方解石、白云石、石膏、黄铁矿等。

1.4.2　沉积岩的构造

沉积岩构造是指沉积岩的各个组成部分的空间分布和排列方式。沉积岩的构造特征主要表现在层理、层面、结核及生物构造等方面。

一、层理构造

沉积岩在产状上的成层构造具有与岩浆岩显著不同的特征。岩层是沉积岩沉积的基本单位,它在物质成分、结构、内部构造和颜色等特征上与相邻层不同,这样的沉积层称为岩层。岩层可以是一个单层,也可以是一组层。层理是指岩层中物质的成分、颗粒大小、形状和颜色在垂直方向发生变化时产生的纹理,每一个单元层理构造代表一个沉积动态的改变。

岩层与岩层之间的分界面称为层面。层面的形成标志着沉积作用的短暂停顿或间断,层面上往往分布有少量的黏土矿物或白云母等碎片,因而岩体容易沿层面裂开,构成了岩体在强度上的弱面。

上、下两个层面之间的一个层,是组成岩层的基本单元。它是在一定的范围内,生成条件基本一致的情况下形成的。它可以帮助我们确定沉积岩的沉积环境、划分地层层序、进行不同地层的层位对比。同一岩层上、下层面间的垂直距离为岩层的厚度。根据单层厚度通常把层厚划分为四种:巨厚层(层厚>1.0 m);厚层(0.5 m<层厚≤1.0 m);中厚层(0.1 m<层厚≤0.5 m);薄层(层厚≤0.1 m)。夹在厚层中间的薄层称为夹层。若岩层一侧逐渐变薄而消失,称为层的尖灭。若岩层两侧都尖灭则称为透镜体,见图1-8。

由于沉积环境和条件不同,层理构造有下列不同的形态和特征。

1. 水平层理

水平层理是在稳定的或流速很小的水流中沉积形成的,层理面平直,且与层面平行,见图1-9。

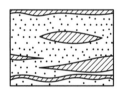 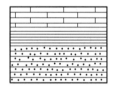

图 1-8　透镜体及尖灭层　　　　图 1-9　水平层理

2. 波状层理

波状层理是在流体波动条件下沉积形成的,层理的波状起伏大致与层面平行,见图1-10。

3. 单斜层理

单斜层理是由单向流体形成的一系列与层面斜交的细层构造。细层构造向同一方向倾斜,并且彼此平行(图1-11a),多见于河床和滨海三角洲沉积物中。

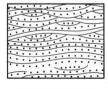 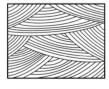 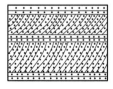 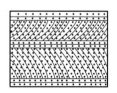

(a) 平行波状层理　(b) 斜交波状层理　　(a) 单斜层理　　(b) 交错层理

图 1-10　波状层理　　　　　　图 1-11　斜交层理

4. 交错层理

交错层理是由于流体运动方向频繁变化沉积而成的,多组不同方向斜层理相互交错重叠,见图 1-11b。

二、层面构造

层面构造是指在沉积岩层面上保留有沉积时水流、风、雨、生物活动等作用留下的痕迹,如波痕、泥裂、雨痕等。波痕是在沉积物未固结时,由水、风和波浪作用在沉积物表面形成的波状起伏的痕迹。泥裂是沉积物未固结时露出地表,由于气候干燥、日晒,沉积物表面干裂,形成张开的多边形网状裂缝,裂缝断面呈"V"字型,并为后期泥砂等物所充填,经后期成岩保存下来。雨痕是沉积物表面受雨点打击留下的痕迹,后期被覆盖得以保留,并固化成岩形成的。

三、结核

结核是指岩体中成分、结构、构造和颜色等不同于周围岩石的某些矿物集合体的团块。团块形状多为不规则形体,有时也有规则的圆球体。一般是在地下水活动及交代作用下形成的。常见的结核有硅质、钙质、石膏质等。结核在沉积岩层中有时呈不连续的带状分布,形成结核层构造。

四、生物构造

在沉积物沉积过程中,由于生物遗体、生物活动痕迹和生态特征埋藏于沉积物中,经固结成岩作用,保留在沉积岩中,形成生物构造,如生物礁体、虫迹、虫孔等。保留在沉积岩中的生物遗体和遗迹石化后称为化石。化石是沉积岩中特有的生物构造,对确定岩石形成环境和地质年代有重要意义。

1.4.3　沉积岩的结构

沉积岩的结构是指组成岩石成分的颗粒形态、大小和连接形式。它是划分沉积岩类型的重要标志。常见的沉积岩结构有三种。

一、碎屑结构

碎屑结构的特征主要反映在颗粒大小、颗粒形状及胶结物和胶结方式上。

1. 颗粒大小

按颗粒大小可划分为砾状结构和砂状结构两类。

(1)砾状结构

碎屑颗粒粒径大于 2 mm,称为砾状结构。

(2)砂状结构

0.005 mm ≤ 粒径 < 2 mm 称为砂状结构。0.005 mm ≤ 粒径 < 0.075 mm 为粉砂结构;0.075 mm ≤ 粒径 < 0.25 mm 为细砂结构;0.25 mm ≤ 粒径 < 0.5 mm 为中砂结构;0.5 mm ≤ 粒径 < 2 mm 为粗砂结构。

2. 颗粒形状

按颗粒形状可划分为棱角状结构、次棱角状结构、次圆状结构和圆状结构(图1-12)。碎屑颗粒磨圆程度受颗粒硬度、相对密度及搬运距离等因素的影响。

3. 胶结物和胶结类型

碎屑岩的物理力学性质主要取决于胶结物的性质和胶结类型。胶结物是沉积物沉积

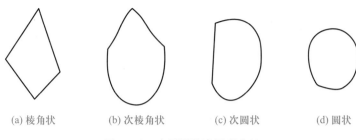

(a) 棱角状   (b) 次棱角状   (c) 次圆状   (d) 圆状

图 1-12　碎屑颗粒磨圆度分级

后滞留在空隙中的溶液经化学作用沉淀而成。胶结物主要有硅质、铁质、钙质和黏土质四种。胶结类型指的是胶结物在碎屑颗粒间的分布形式。常见的有以下三种类型：

（1）基底式胶结

胶结物含量大，碎屑颗粒散布在胶结物之中，是最牢固的胶结方式，通常是碎屑颗粒和胶结物同时沉积的。

（2）孔隙式胶结

碎屑颗粒紧密接触，胶结物充填在孔隙中间。这种胶结方式较坚固，胶结物是孔隙中的化学沉积物。

（3）接触式胶结

碎屑颗粒相互接触，胶结物很少，只存在于颗粒接触处，是最不牢固的胶结方式。

二、泥状结构

这种结构的沉积岩几乎全由小于 0.005 mm 的黏土颗粒组成，典型岩石是黏土岩。其特点是手摸有滑感，断口为贝壳状。

三、化学结构和生物化学结构

化学结构主要是由化学作用从溶液中沉淀的物质经结晶和重结晶形成的结构，如石灰岩、白云岩和硅质岩等。生物化学结构是由生物遗体和生物碎片组成的化学结构，如生物碎屑结构、贝壳结构和珊瑚状结构等。

1.4.4　沉积岩的分类及主要沉积岩的特征

一、沉积岩的分类

根据沉积岩的沉积方式、物质成分、结构构造等将沉积岩划分为碎屑岩、黏土岩和化学岩及生物化学岩三大类，见表 1-4。

表 1-4　沉积岩分类

分类	岩石名称	结构特征		构造	矿物成分	
碎屑岩	角砾岩	砾状结构（>2 mm）	角砾状结构（>2 mm）	层理或块状	砾石成分为原岩碎屑成分砂	胶结物成分可为硅质、钙质、铁质、泥质、碳质等
	砾岩		圆砾状结构（>2 mm）			

分类	岩石名称	结构特征		构造	矿物成分
碎屑岩	粗砂岩	砂状结构 (0.005~<2 mm)	粗砂状结构 (0.5~2 mm)	层理或块状	砂粒成分： 1. 石英砂岩：石英占95%以上； 2. 长石砂岩：长石占25%以上； 3. 杂质岩：含石英、长石及多量暗色矿物
碎屑岩	中砂岩	砂状结构 (0.005~<2 mm)	中砂状结构 (0.25~<0.5 mm)	层理或块状	
碎屑岩	细砂岩	砂状结构 (0.005~<2 mm)	细砂状结构 (0.075~<0.25 mm)	层理或块状	
碎屑岩	粉砂岩	砂状结构 (0.005~<2 mm)	粉砂状结构 (0.005~<0.75 mm)	层理或块状	
黏土岩	页岩	泥状结构 (<0.005mm)		页理	颗粒成分为黏土矿物,并含其他硅质、钙质、铁质、碳质等成分
黏土岩	泥岩	泥状结构 (<0.005mm)		块状	
化学岩及生物化学岩	石灰岩	化学结构及生物化学结构		层理或块状或生物状	方解石为主
化学岩及生物化学岩	白云岩	化学结构及生物化学结构		层理或块状或生物状	白云石为主
化学岩及生物化学岩	泥灰岩	化学结构及生物化学结构		层理或块状或生物状	方解石、黏土矿物
化学岩及生物化学岩	硅质岩	化学结构及生物化学结构		层理或块状或生物状	燧石、蛋白石
化学岩及生物化学岩	石膏岩	化学结构及生物化学结构		层理或块状或生物状	石膏
化学岩及生物化学岩	盐岩	化学结构及生物化学结构		层理或块状或生物状	$NaCl$、KCl 等
化学岩及生物化学岩	有机岩	化学结构及生物化学结构		层理或块状或生物状	煤、油页岩等含碳、碳氢化合物的成分

注：选自李隽蓬《土木工程地质》。

二、主要沉积岩的特征

1. 碎屑岩

具有碎屑结构,由碎屑和胶结物组成。

（1）砾岩和角砾岩

1.4-1 常见沉积岩

粒径大于 2 mm 的碎屑含量占 50% 以上,经压密胶结形成岩石。若多数砾石磨圆度好,称为砾岩;若多数砾石呈棱角状,称为角砾岩。砾岩和角砾岩多为厚层,其层理不发育。

（2）砂岩

从表 1-4 沉积岩分类可知,砂岩按砂状结构的粒径大小,可以分为粗砂岩、中砂岩、细砂岩、粉砂岩四种。可根据胶结物和矿物成分的不同给各种砂岩定名,如硅质细砂岩、铁质中砂岩、长石砂岩、石英砂岩、硅质石英砂岩等。

2. 黏土岩

泥状结构,由小于 0.005 mm 的黏土颗粒构成。黏土岩类分布广,数量大,约占沉积岩的 60%。常见黏土岩有两类,其中具有页理的黏土岩称为页岩,页岩单层厚度小于 1 cm。呈块状的黏土岩称为泥岩,黏土岩易风化,吸水及脱水后变形显著,常给工程建筑造成事故。

3. 化学岩及生物化学岩

是先期岩石分解后溶于溶液中的物质被搬运到盆地后,再经化学或生物化学作用沉淀而成的岩石。也有部分岩石是由生物骨骼或甲壳沉积形成的。常见的岩石有以下四种:

(1) 石灰岩

方解石矿物占 90%~100%,有时含少量白云石、粉砂粒、黏土等。纯石灰岩为浅灰白色,含有杂质时颜色有灰红、灰褐、灰黑等色。性脆,遇稀盐酸时起泡剧烈。在形成过程中,由于风浪振动,有时形成特殊结构,如鲕状、竹叶状、团块状等结构。还有由生物碎屑组成的生物碎屑灰岩等。

(2) 白云岩

主要矿物为白云石,含少量方解石和其他矿物。颜色多为灰白色,遇稀盐酸不易起泡,滴镁试剂由紫变蓝,岩石露头表面常具刀砍状溶蚀沟纹。

(3) 泥灰岩

石灰岩中常含少量细粒岩屑和黏土矿物,当黏土含量达到 25%~50%时,则称为泥灰岩,颜色有灰、黄、褐、浅红色。加酸后侵蚀面上常留下泥质条带和泥膜。

(4) 硅质岩

由化学或生物化学作用形成的以二氧化硅为主要成分的沉积岩。岩石致密,坚硬性脆,颜色多为灰黑色,主要成分是蛋白石、玉髓和石英。隐晶质结构,多以结核层存在于碳酸盐岩石和黏土岩层中。

§1.5 变质岩

1.5.1 变质作用因素及类型

一、变质岩的概况

组成地壳的岩石(包括前述的岩浆岩和沉积岩)都有自己的结构、构造、矿物成分。在地球内外力作用下,地壳处于不断地演化过程中,因此岩石所处的地质环境也在不断地变化。为了适应新的地质环境和物理化学条件,先期的结构、构造和矿物成分将产生一系列的改变,这种引起岩石产生结构、构造和矿物成分改变的地质作用称为变质作用,在变质作用下形成的岩石称为变质岩。变质作用基本上是在原岩保持固体状态下在原位进行的,因此变质岩的产状与原岩产状基本一致,即所谓的残余产状。由岩浆岩形成的变质岩称为正变质岩,保留了岩浆岩的产状;由沉积岩形成的变质岩称为副变质岩,保留了沉积岩的产状。

变质岩的分布面积约占大陆面积的 1/5,地史年代中较古老的岩石,大部分是变质岩。例如,地壳形成历史的 7/8 的时间是前寒武纪,而前寒武纪岩石大部分是变质岩。

变质岩的结构、构造和矿物成分较复杂,其裂隙构造十分发育,所以变质岩分布区往往工程地质条件较差。例如,宝成铁路的几处大型崩塌和滑坡,都发生在变质岩的分布区。

二、变质作用的因素

变质作用的主要因素有高温、压力和化学活泼性流体。

1. 高温

高温是变质作用的最主要的因素。大多数变质作用是在高温条件下进行的。高温可以使矿物重新结晶,增强元素的活力,促进矿物之间的反应,产生新矿物,加大结晶程度,从而改变原来岩石的矿物成分和结构,例如隐晶质结构的石灰岩经高温变质转变为显晶质的大理岩。高温热源有:① 岩浆侵入带来的热源;② 地下深处的热源;③ 放射性元素蜕变的热源。

2. 压力

作用在地壳岩体上的压力,可划分为静压力和动压力两种。

(1) 静压力

是由上部岩体重量引起的,它随深度的增加而增大。地壳深处的巨大压力能压缩岩体,使岩石变得密实坚硬,改变矿物结晶格架,使体积缩小,密度增大,形成新矿物,如钠长石在高压下能形成硬玉和石英。

(2) 动压力

是一种定向压力,是由地质构造运动产生的横向力,它的大小与区域地质构造作用强度有关。在动压力作用下,岩石和矿物可能发生变形和破裂,形成各种破裂构造。在最大压应力方向上,矿物被压熔,伴随静压力和温度的升高,在垂直最大压应力的方向上,有利于针状和片状矿物定向排列和定向生长,并形成变质岩特有的构造,称为片理构造。

3. 化学活泼性流体

在变质作用过程中,化学活泼性流体是岩浆分化后期的产物。流体成分包括水蒸气、O_2、CO_2、含活泼性 B 及 S 等元素的气体和液体。它们与周围岩石接触,使矿物发生化学交替、分解,使原矿物被新形成的矿物取代,这个过程称为交代作用,例如方解石与含硫酸的水发生化学作用可形成石膏。

三、变质作用类型

变质岩变质作用主要有以下几种类型:

1. 接触变质作用

主要是由于高温使岩石变质,又称为热力变质作用,通常是岩浆侵入,由于高温使围岩产生接触变质。

2. 交代变质作用

是岩石与化学活泼性流体接触而产生交代作用,产生新矿物,取代原矿物。例如,酸性花岗岩浆与石灰岩接触,由于汽化热液的接触交代作用,可以产生含 Ca、Fe、Al 的硅卡岩。

3. 动力变质作用

是由于地质构造运动产生巨大的定向压力,而温度不很高,岩石遭受破坏使原岩的结构、构造发生变化,甚至产生片理构造。

4. 区域变质作用

在地壳地质构造和岩浆活动都很强烈的地区,由于高温、压力和化学活泼性流体的共同作用,大范围深埋地下的岩石受到变质作用,称为区域变质作用,其范围可达数千甚至数万平方公里。大部分变质岩属于此类。

5. 混合岩化作用

是介于变质作用和典型的岩浆作用之间的、有不同性质流体参加的造岩作用和成矿作用的总称,简称混合岩化。这种作用中,以长英质或花岗质为代表的新生组分与原岩组分相互作用和混合,生成不同组成和不同形态的混合岩。

1.5.2　变质岩的矿物成分、结构和构造

一、变质岩的矿物成分

岩石在变质的过程中,原岩中的部分矿物保留下来,同时生成一些变质岩特有的新矿物,这两部分矿物组成了变质岩的矿物。正变质岩中常保留有石英、长石、角闪石等矿物,副变质岩中常保留有石英、方解石、白云石等矿物,新生的矿物主要有红柱石、硅灰石、石榴子石、滑石、十字石、阳起石、蛇纹石、绿泥石、绢云母、石墨等,它们是变质岩特有的矿物,又称特征性变质矿物。

二、变质岩的结构

变质岩的结构主要是结晶结构,主要有三种。

1. 变余结构

在变质过程中,原岩的部分结构被保留下来称为变余结构。这是由于变质程度较轻造成的,如变余泥状结构、变余砾状结构等。

2. 变晶结构

是变质岩的特征性结构,大多数变质岩都有深浅程度不同的变晶结构,它是岩石在固体状态下经重结晶作用形成的结构。变质岩中矿物重新结晶较好,基本为显晶。变质岩和岩浆岩的结构相似,为了区别,在变质岩结构名词前常加“变晶”二字,如等粒变晶结构和斑状变晶结构等。

3. 压碎结构

主要在动力变质作用下,岩石变形、破碎、变质而成的结构。原岩碎裂成块状称为碎裂结构,若岩石被碾成微粒状,并有一定的定向排列,则称为糜棱状结构。

三、变质岩的构造

1. 板状构造

泥质岩和砂质岩在定向压力作用下,产生一组平坦的破碎面,岩石易沿此裂面剥成薄板,称为板状构造。剥离面上常出现重结晶的片状显微矿物。板状构造是变质最浅的一种构造。

2. 千枚状构造

岩石主要由重结晶矿物组成,片理清楚,片理面上有许多定向排列的绢云母,呈明显的丝绢光泽,是区域变质较浅的构造。

3. 片状构造

重结晶作用明显,片状、针状矿物沿片理面富集,平行排列。这是矿物变形、挠曲、转动及压熔结晶而成,是变质较深的构造。

4. 片麻状构造

为显晶质变晶结构,颗粒粗大,深色的片状矿物及柱状矿物数量少,呈不连续的条带状,中间被浅色粒状矿物隔开,是变质最深的构造。

5. 块状构造

岩石由粒状矿物组成,矿物均匀分布,无定向排列,如大理岩、石英岩都是块状构造。前四种构造统称片理构造,块状构造称非片理构造。

1.5.3 变质岩的分类及主要变质岩的特征

一、变质岩的分类

根据变质岩的构造、结构、主要矿物成分和变质类型将常见变质岩分为三类,见表1-5。

1.5-1 常见变质岩

表 1-5   常见变质岩分类

岩类	岩石名称	构造	结构	主要矿物成分	变质类型
片状岩类	板岩	板状	变余结构 部分变晶结构	黏土矿物、云母、绿泥石、石英、长石等	区域变质(由板岩至片麻岩变质程度递增)
	千枚岩	千枚状	显微鳞片变晶结构	绢云母、石英、长石、绿泥石、方解石等	
	片岩	片状	显晶质片状变晶结构	云母、角闪石、绿泥石、石墨、滑石、石榴子石等	
	片麻岩	片麻状	粒状变晶结构	石英、长石、云母、角闪石、辉石等	
块状岩类	大理岩	块状	粒状变晶结构	方解石、白云石	接触变质或区域变质
	石英岩		粒状变晶结构	石英	
	硅卡岩		不等粒变晶结构	石榴子石、辉石、硅灰石(钙质硅卡岩)	接触变质
	蛇纹岩		隐晶质结构	蛇纹石	交代变质
	云英岩		粒状变晶结构 花岗变晶结构	白云母、石英	
构造破碎岩类	断层角砾岩		角砾状结构 碎裂结构	岩石碎屑、矿物碎屑	动力变质
	糜棱岩		糜棱结构	长石、石英、绢云母、绿泥石	

二、主要变质岩的特征

1. 板岩

多为变余泥状结构或隐晶结构,板状构造,颜色多为深灰、黑色、土黄色等,主要矿物为黏土及云母、绿泥石等矿物,为浅变质岩。

2. 千枚岩

变余结构及显微鳞片状变晶结构,千枚状构造,通常为灰色、绿色、棕红色及黑色等,主要矿物有绢云母、黏土矿物及新生的石英、绿泥石、角闪石等矿物,为浅变质岩。

3. 片岩

显晶变晶结构,片状构造,颜色比较杂,取决于主要矿物的组合。矿物成分有云母、滑石、绿泥石、石英、角闪石、方解石等,属变质较深的变质岩,如云母片岩、角闪石片岩、绿泥石片岩等。

4. 片麻岩

中、粗粒粒状变晶结构,片麻状构造,颜色较复杂,浅色矿物多为粒状的石英、长石,深色矿物多为片状、针状的黑云母、角闪石等。深色、浅色矿物各自形成条带状相间排列,属深变质岩,岩石定名取决于矿物成分,如花岗片麻岩、闪长片麻岩等。

5. 大理岩

粒状变质结构,块状构造,是由石灰岩、白云岩经区域变质重结晶而成。碳酸盐矿物占50%以上,主要为方解石或白云石。纯大理岩为白色,称为汉白玉,是常用的装饰和雕刻石料。

6. 石英岩

粒状变晶结构,块状构造。纯石英岩为白色,含杂质时有灰白色、褐色等。矿物成分中石英含量大于85%。石英岩硬度高,有油脂光泽,是由石英砂岩或其他硅质岩经重结晶作用而成的。

7. 蛇纹岩

隐晶质结构,块状构造,颜色多为暗绿色或黑绿色,风化面为黄绿色或灰白色,主要矿物为蛇纹石,含少量石棉、滑石、磁铁矿等矿物,是由富含镁质的超基性岩经接触交代变质作用而成。

8. 断层角砾岩

角砾状压碎结构,块状构造,是断层错动带中的岩石在动力变质中被挤碾成角砾状碎块,经胶结而成的岩石。胶结物是细粒岩屑或是溶液中的沉积物。

9. 糜棱岩

是粉末状岩屑胶结而成的糜棱结构,块状构造,矿物成分与原岩相同,含新生的变质矿物,如绢云母、绿泥石、滑石等。糜棱岩是高动压力断层错动带中的产物。

思 考 题

1.6-1 第 1
章矿物和岩
石知识点

1.6-2 第 1
章自测题

1. 矿物和岩石的定义是什么？

2. 矿物物理性质的主要类型及定义是什么？主要造岩矿物的鉴定特征有哪些？

3. 岩浆岩产状特征、岩浆岩分类及其主要矿物成分有哪些？

4. 沉积岩形成过程、沉积岩结构特征及沉积岩分类有哪些？

5. 变质作用因素及类型有哪些？变质岩构造特征及变质岩分类有哪些？

6. 三大岩类的主要矿物成分、结构及构造有何异同？

7. 简述三大岩类的工程特性。

第2章

地层与地质构造

§2.1 地壳运动及地质作用的概念

2.1.1 地壳运动的基本概念

一、地壳运动的基本形式

地球作为一个天体,自形成以来就一直不停地运动着。地壳作为地球外层的薄壳(主要指岩石圈),自形成以来也一直不停地运动着。地壳运动又称为构造运动,是主要由地球内力引起的岩石圈的机械运动。它是地壳产生褶皱、断裂等各种地质构造,引起海、陆分布变化,地壳隆起和凹陷,以及形成山脉、海沟,产生火山、地震等的基本原因。按时间顺序,将新近纪以前的构造运动称为古构造运动,新近纪以后的构造运动称为新构造运动,人类历史时期发生的构造运动称为现代构造运动。

地壳运动的基本形式有两种,即水平运动和垂直运动。

1. 水平运动

地壳沿地表切线方向产生的运动称水平运动。主要表现为岩石圈的水平挤压或拉伸,引起岩层的褶皱和断裂,可形成巨大的褶皱山系、裂谷和大陆漂移等。如印度洋板块挤压欧亚板块并插入欧亚板块之下,使3 000万年前还是一片汪洋的喜马拉雅山地区逐渐抬升成现在的世界屋脊。

2. 垂直运动

地壳沿地表法线方向产生的运动称垂直运动。主要表现为岩石圈的垂直上升或下降,引起地壳大面积的隆起和凹陷,形成海侵和海退等。如台湾高雄附近的珊瑚灰岩,原在海中,更新世以来,已被抬升到海面以上350 m高处;现在的江汉平原,从新近纪以来,下降了10 000多米,形成巨厚的沉积层。

水平运动和垂直运动是紧密联系的,在时间和空间上往往交替发生。

2.1-1 地壳水平挤压形成褶皱山系和海沟

2.1-2 由海底抬升起来的喜马拉雅山

一般情况下,地壳运动是十分缓慢的,人们难以察觉,但长期的积累却是惊人的。有时,地壳运动以十分剧烈的方式表现出来,如地震、火山喷发等。1976 年 7 月 28 日,唐山大地震造成极震区 70%~80% 的建筑物倒塌或严重破坏,死亡 24 万余人。

二、地壳运动成因的主要理论

地壳运动成因的理论,是解释地壳运动的力学机制,主要有对流说、均衡说、地球自转说和板块构造说。

1. 对流说

认为地幔物质已成塑性状态,并且上部温度低,下部温度高,温度高的物质向上膨胀,温度低的物质向下沉降,在温差的作用下形成缓慢对流,从而导致上覆地壳运动。

2. 均衡说

2.1-3 地幔中的重力均衡面

认为地幔内存在一个重力均衡面,均衡面以上的物质重力均等,但因密度不同而表现为厚薄不一。当地表出现剥蚀或沉积时,重力发生变化,为维持均衡面上重力均等,均衡面上的地幔物质将产生移动,以弥补地表的重力损失,从而导致上覆地壳运动。

3. 地球自转说

2.1-4 板块运动

认为地球自转速度快慢的变化导致了地壳运动。当地球自转速度加快时,一方面惯性离心力增加,导致地壳物质向赤道方向运行;另一方面切向加速度增加,导致地壳物质由西向东运动。当基底黏着力不同时,引起地壳各部位运动速度不同,从而产生挤压、拉张、抬升和下降等变形、变位。当地球自转速度减慢时,惯性离心力和切向加速度均减小,地壳又产生相反方向的恢复运动,同样因基底黏着力不同,引起地壳变形、变位。因此,地球自转速度的变化,在地壳形成一系列纬向和经向的山系、裂谷、隆起和凹陷。

4. 板块构造说

2.1-5 地壳运动

板块构造说是在大陆漂移说和海底扩张说的基础上提出来的,认为地球在形成过程中,表层冷凝成地壳,随后地壳被胀裂成六大板块。即太平洋板块、印度洋板块、欧亚板块、美洲板块、非洲板块、南极洲板块。各大板块之间由大洋中脊和海沟分开。地球内部的热能通过大洋中脊的裂谷得以释放。热流物质上升到大洋中脊的裂谷时,一部分热流物质通过海水冷却,在裂谷处形成新的洋壳,另一部分热流物质则沿洋壳底部向两侧流动,从而带动板块漂移,见示意图 2-1。

因此,在大洋中脊不断组成新的洋壳,而在海沟处地壳相互挤压、碰撞,有的抬升成高大的山系,有的插入到地幔内溶解。在挤压碰撞带,因板块间的强烈摩擦,形成局部高温并积累了大量的应变能,常形成火山带和地震带。各大板块中还可划分出若干次级板块,各板块在漂移中因基底黏着力不同,运动速度不一,同样可引起地壳变形、变位。

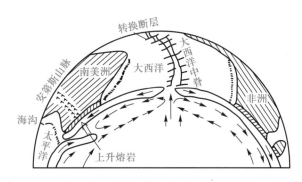

图 2-1　地幔对流拉动岩石圈板块移动(海底扩张)示意图

2.1.2　地质作用的概念

地质作用是由自然动力引起地球(最主要是地幔和岩石圈)的物质组成、内部结构和地表形态发生变化的作用。主要表现为对地球的矿物、岩石、地质构造和地表形态等进行的破坏和建造作用。

引起地质作用的能量来自地球本身和地球以外,故分为内能和外能。内能指来自地球内部的能量,主要包括旋转能、重力能、热能。外能指来自地球外部的能量,主要包括太阳辐射能、天体引力能和生物能。其中,太阳辐射能主要引起温差变化、大气环流和水的循环。

按照能源和作用部位的不同,地质作用又分为内动力地质作用和外动力地质作用。由内能引起的地质作用称为内动力地质作用,主要包括构造运动、岩浆活动和变质作用,在地表主要形成山系、裂谷、隆起、凹陷、火山、地震等现象。由外能引起的地质作用称为外动力地质作用,主要有风化作用、风的地质作用、流水地质作用、冰川地质作用、重力地质作用、湖海地质作用等,在地表主要形成风化剥蚀、戈壁、沙漠、黄土塬、洪水、泥石流、滑坡、崩塌、岩溶、深切谷、冲积平原等现象并形成各种堆积物。

2.1-6　外动力地质作用的类型

§2.2　地层的概念

地史学中,将各个地质历史时期形成的岩石,称为该时期的地层。各地层的新、老关系在判别褶曲、断层等地质构造形态中,有着非常重要的作用。确定地层新、老关系的方法有两种,即绝对年代法和相对年代法。

2.2.1　绝对年代法

绝对年代法是指通过确定地层形成时的准确时间,依此排列出各地层新、老关系的方法。确定地层形成时的准确时间,主要是通过测定地层中的放射性同位素年龄来确定。放射性同位素(母同位素)是一种不稳定元素,在天然条件下发生蜕变,稳定地放射出 α(粒子)、β(电子)、γ(电磁辐射量子)射线,并蜕变成另一种稳定元素(子同位素)。放射性同位素的蜕变速度是恒定的,不受温度、压力、电场、磁场等因素的影响,即以一定的蜕变常数进行蜕变。常用于测定地质年代的放射性同位素的蜕变常数,见表 2-1。

表 2-1　常用同位素及其蜕变常数

母同位素	子同位素	半衰期/a	蜕变常数/a^{-1}
铀(U^{238})	铅(Pb^{206})	4.5×10^9	1.54×10^{-10}
铀(U^{235})	铅(Pb^{207})	7.1×10^8	9.72×10^{-10}
钍(Th^{282})	铅(Pb^{208})	1.4×10^{10}	0.49×10^{-10}
铷(Rb^{87})	锶(Sr^{87})	5.0×10^{10}	0.14×10^{-10}
钾(K^{40})	氩(Ar^{40})	1.5×10^9	4.72×10^{-10}
碳(C^{14})	氮(N^{14})	5.7×10^3	9.68×10^{-8}

当测定岩石中所含放射性同位素的质量 m_1，以及它蜕变产物的质量 m_2 后，就可利用蜕变常数 λ，按下式计算其形成年龄：

$$t = \frac{1}{\lambda}\ln\left(1 + \frac{m_2}{m_1}\right) \qquad (2-1)$$

目前，世界各地地表出露的古老岩石都已进行了同位素年龄测定，如南美洲圭亚那的角闪岩为 $(4\,130 \pm 170)$ Ma(Ma 为百万年)，中国冀东络云母石英岩为 $3\,650 \sim 3\,770$ Ma。

2.2.2　相对年代法

相对年代法是通过比较各地层的沉积顺序、古生物特征和地层接触关系来确定其形成先后顺序的一种方法，因无须精密仪器，故被广泛采用。

一、地层层序法

沉积岩能清楚地反映岩层的叠置关系。一般情况下，先沉积的老岩层在下，后沉积的新岩层在上，这种关系被称为正常层序。当地层被挤压使地层倒转时，新岩层在下，老岩层在上，此时称为倒转层序。见图 2-2。

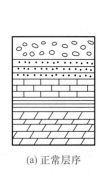

(a) 正常层序

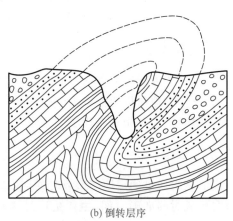

(b) 倒转层序

图 2-2　地层层序

一个地区在地质历史上不可能永远处在沉积状态，常常是一个时期下降沉积，另一个时期抬升遭受剥蚀，抬升遭受剥蚀时因地形较高而无法沉积，造成该时期地层缺失。因此,现今任何地区保存的地质剖面中都会缺失某些时代的地层,造成地质记录不完整。故需对各地区地层层序剖面进行综合研究,把各个时期出露的地层拼接起来,建立较大区域的地层顺序系统,称为标准地层剖面。通过标准地层剖面的地层顺序,对照某地区的地层情况,也可排列出该地区地层的新老关系和缺失的地层。这种方法常被称为标准剖面法。

沉积岩的层面构造也可作为鉴定其新老关系的依据。例如,泥裂开口所指的方向、虫迹开口所指的方向、波痕的波峰所指的方向均为岩层顶面,即新岩层方向,并可据此判定岩层的正常或倒转,见图2-3。

2.2-1 层面构造指示岩层正常或倒转

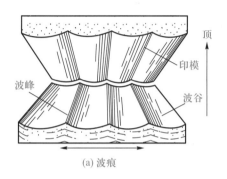
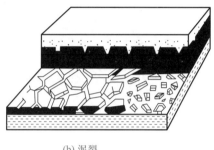

(a) 波痕　　　　　　　　　(b) 泥裂

图 2-3　层面构造特征

二、古生物法

地质历史上,地球表面的自然环境总是不停地出现阶段性变化。地球上的生物为了适应地球环境的改变,也不得不逐渐改变自身的结构,这称为生物演化,即地球上的环境改变后,一些不能适应新环境的生物大量灭亡,甚至绝种,而另一些生物则通过逐步改变自身的结构,形成新的物种,以适应新环境,并在新环境下大量繁衍。这种演化遵循由简单到复杂、由低级到高级的原则,即地质时期越古老,生物结构越简单;地质时期越新,生物结构越复杂。埋藏在岩石中的生物化石结构亦反映了这一过程,化石结构越简单,地层时代越老;化石结构越复杂,地层时代越新。因此,可依据岩石中化石种类来确定地层的新老关系。在某一环境阶段,能大量繁衍、广泛分布,从发生、发展到灭绝时间较短的生物的化石,称作这一时期的标准化石,它可代表这一地质历史时期。每一地质历史时期都有其代表性的标形化石,如寒武纪的三叶虫、奥陶纪的珠角石、志留纪的笔石、泥盆纪的石燕、二叠纪的大羽羊齿、侏罗纪的恐龙等,见图2-4。

2.2-2 各地质时期的标准化石

三、地层接触关系法

地层间的接触关系,是沉积作用、构造运动、岩浆活动和地质发展历史的记录。沉积岩、岩浆岩及其相互间均有不同的接触类型,据此可判别地层间的新老关系。

1. 沉积岩间的接触关系

沉积岩间的接触,基本上可分为整合接触与不整合接触两大类型。

(1) 整合接触

一个地区在持续稳定的沉积环境下,地层依次沉积,各地层之间岩层产状彼此平行,地层间的这种连续的接触关系称为整合接触。其特点是沉积时间连续,上、下岩层产状基本一致。它反映了地壳稳定下降接受沉积的地史过程,见图2-5a。

2.2-3 沉积岩之间的整合接触关系

三叶虫(∈)   珠角石(O)   笔石(S)   石燕(D)

大羽羊齿(P)   恐龙(J)

图 2-4   几种标准化石图板

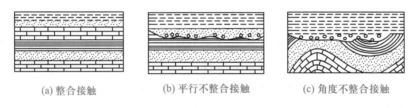

(a) 整合接触   (b) 平行不整合接触   (c) 角度不整合接触

图 2-5   沉积岩间的接触关系

2.2-4 沉
积岩之间的
平行不整合
接触关系

2.2-5 沉
积岩之间的
角度不整合
接触关系

2.2-6 底
砾岩

（2）不整合接触

当沉积岩地层之间有明显的沉积间断，即沉积时间明显不连续，有一段时期没有沉积，缺失了该段时期的地层，称为不整合接触。不整合接触又可分为平行不整合接触和角度不整合接触两类。

① 平行不整合接触

又称假整合接触。指上、下两套地层间有沉积间断，但岩层产状仍彼此平行的接触关系。它反映了地壳先下降接受稳定沉积，然后稳定抬升到侵蚀基准面以上接受风化剥蚀，再后又均匀下降接受稳定沉积的地史过程，见图 2-5b。

② 角度不整合接触

指上、下两套地层间，既有沉积间断，岩层产状又彼此角度相交的接触关系。它反映了地壳先下降沉积，然后挤压变形和上升剥蚀，再下降沉积的地史过程，见图 2-5c。

不整合接触关系容易与断层混淆，二者的野外区别标志是：不整合接触界面处有风化剥蚀形成的底砾岩；而断层界面处则无底砾岩，一般为断层角砾岩，或没有断层角砾岩。底砾岩指地壳抬升后，岩石表层在地表遭受风化剥蚀，形成砾石，当地壳下降并接受沉积，原来的砾石在上覆岩层底部形成的砾岩，砾石成分多为下伏岩石的成分。

2. 岩浆岩间的接触关系

主要表现为岩浆岩间的穿插接触关系。后期生成的岩浆岩（2）常插入早期生成的岩浆岩（1）中，将早期岩脉或岩体切隔开，见图 2-6。

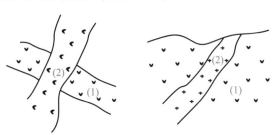

图 2-6 岩浆岩间的接触关系

3. 沉积岩与岩浆岩之间的接触关系

可分为侵入接触和沉积接触两类。

（1）侵入接触

指后期岩浆岩侵入早期沉积岩的一种接触关系。早期沉积岩受后期侵入岩浆的熔蚀、挤压、烘烤和化学反应，在沉积岩与岩浆岩交界处形成一层接触变质带，见图 2-7a。当该层变质带在地表接受风化剥蚀后，岩浆岩暴露于地表，在岩浆岩周围残留一圈接触变质岩，称为变质晕。

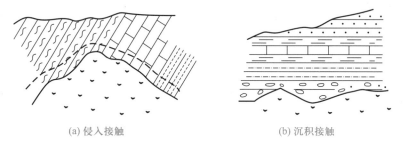

(a) 侵入接触　　　　　　(b) 沉积接触

图 2-7 沉积岩与岩浆岩间的接触关系

（2）沉积接触

指后期沉积岩覆盖在早期岩浆岩上的沉积接触关系。早期岩浆岩因表层风化剥蚀，在后期沉积岩底部常形成一层含早期岩浆岩砾石的底砾岩，见图 2-7b。

2.2.3 地质年代表

应用上述方法，根据地层形成顺序、生物演化阶段、构造运动、古地理特征及同位素年龄测定，对全球的地层进行划分和对比，综合得出地质年代表，见表 2-2。表中将地质历史（时代）划分为冥古宙、太古宙、元古宙和显生宙四大阶段，宙再细分为代，代再细分为纪，纪再细分为世。每个地质时期形成的地层，又赋予相应的地层单位，即宇、界、系、统，分别与地质历史的宙、代、纪、世相对应，统再细分为下、中、上统，分别对应于早、中、晚世。这种划分方式经国际地层委员会通过并在世界通用。在此基础上，各国结合自己的实际情况，都建立了自己的地质年代表。

2.2-7 岩浆岩之间的穿插接触关系

2.2-8 沉积岩与岩浆岩之间的侵入接触关系

2.2-9 沉积岩与岩浆岩之间的沉积接触关系

表 2-2　地质年代表

地质时代(地层系统及代号)				同位素年龄值/Ma	生物界		构造阶段(及构造动物)	
宙(字)	代(界)	纪(系)	世(统)		植物	动物		
显生宙(字PH)	新生代(界C_z)	第四纪(系Q)	全新世(统Q_h或Q_4)	2	被子植物繁盛	出现人类	新阿尔卑拉雅构造阶段(喜马拉雅构造阶段)	
			更新世(统Q_p)					
		新近纪(系N)	上新世(统N_2)	26		哺乳动物与鸟类繁盛		
			中新世(统N_1)					
		古近纪(系E)	渐新世(统E_3)					
			始新世(统E_2)					
			古新世(统E_1)	65				
	中生代(界M_z)	白垩纪(系K)	晚白垩世(上统K_2)		裸子植物繁盛	无脊椎动物继续演化发展	老阿尔卑斯构造阶段	燕山构造阶段
			早白垩世(下统K_1)	137		爬行动物繁盛		
		侏罗纪(系J)	晚侏罗世(上统J_3)					
			中侏罗世(中统J_2)					
			早侏罗世(下统J_1)	195				印支构造阶段
		三叠纪(系T)	晚三叠世(上统T_3)					
			中三叠世(中统T_2)					
			早三叠世(下统T_1)	230				
	古生代(界P_z)	二叠纪(系P)	晚二叠世(上统P_2)		蕨类及原始裸子植物繁盛	两栖动物繁盛	(海西)华力西构造阶段	
			早二叠世(下统P_1)	285				
		石炭纪(系C)	晚石炭世(上统C_3)					
			中石炭世(中统C_2)					
			早石炭世(下统C_1)	350				
		泥盆纪(系D)	晚泥盆世(上统D_3)		裸蕨植物繁盛	鱼类繁盛		
			中泥盆世(中统D_2)					
			早泥盆世(下统D_1)	400				
		志留纪(系S)	晚志留世(上统S_3)		藻类及菌类植物繁盛	海生无脊椎动物繁盛	加里东构造阶段	
			中志留世(中统S_2)					
			早志留世(下统S_1)	435				
		奥陶纪(系O)	晚奥陶世(上统O_3)					
			中奥陶世(中统O_2)					
			早奥陶世(下统O_1)	500				
		寒武纪(系∈)	晚寒武世(上统∈_3)					
			中寒武世(中统∈_2)					
			早寒武世(下统∈_1)	570				
元古宙(字Pt)	新元古代(界Pt_3)	震旦纪(系Z)	晚震旦世(上统Z_2)			裸露无脊椎动物出现	晋宁运动	
			早震旦世(下统Z_1)	800				
	中元古代(界Pt_2)			1000		生命现象开始出现	吕梁运动	
	古元古代(界Pt_1)			1900			五台运动阜平运动	
太古宙(字Ar)	太古代			2500				
冥古宙(字HI)				3800				

注：表中更新世还可分为早更新世(Q_1)、中更新世(Q_2)、晚更新世(Q_3)。

我国在区域地质调查中常采用多重地层划分原则,即除上述地层单位外,主要使用岩石地层单位。

岩石地层单位是以岩石学特征及其相对应的地层位置为基础的地层单位。没有严格的时限,往往呈现有规则的跨时现象。岩石地层最大单位为群,群再细分为组,组再细分为段,段再细分为层。

群:包括两个及以上的组。群以重大沉积间断或不整合界面划分。

组:以同一岩相,或某一岩相为主夹有其他岩相,或不同岩相交替构成。岩相是指岩石形成环境,如海相、陆相、潟湖相、河流相等。

段:段为组的组成部分,由同一岩性特征构成。组不一定都划分出段。

层:指段中具有显著特征,可区别于相邻岩层的单层或复层。

§2.3 岩层及岩层产状

2.3.1 岩层

构造运动引起地壳岩石变形和变位,这种变形、变位被保留下来的形态称为地质构造。地质构造有五种主要类型:水平岩层、倾斜岩层、直立岩层、褶皱和断裂。

岩层的空间分布状态称岩层产状。岩层按其产状可分为水平岩层、倾斜岩层和直立岩层。

一、水平岩层

指岩层倾角为0°的岩层。绝对水平的岩层很少见,习惯上将倾角小于5°的岩层都称为水平岩层,又称水平构造。岩层沉积之初岩层顶面总是保持水平或近水平的,所以水平岩层一般出现在构造运动轻微的地区或大范围内均匀抬升、下降的地区,一般分布在平原、盆地中部或部分高原地区。水平岩层中新岩层总是位于老岩层之上,当岩层受切割时,老岩层出露在河谷低洼区,新岩层出露于高岗上。在同一高程的不同地点,出露的是同一岩层。见图2-8a。

2.3-1 水平岩层

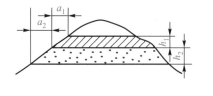
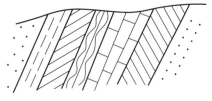

(a) 水平岩层　　　　　　　　　(b) 倾斜岩层

图 2-8　水平岩层与倾斜岩层

a—露头宽度;h—岩层厚度

二、倾斜岩层

指岩层面与水平面有一定夹角的岩层。自然界绝大多数岩层是倾斜岩层,倾斜岩层是构造挤压或大区域内不均匀抬升、下降,使岩层向某个方向倾斜而形成的,见图2-8b。一般情况下,倾斜岩层仍然保持顶面在上、底面在下,新岩层在上、老岩层在下的产出状

2.3-2 倾斜岩层

态,称为正常倾斜岩层。当构造运动强烈,使岩层发生倒转,出现底面在上、顶面在下,老岩层在上、新岩层在下的产出状态时,称为倒转倾斜岩层,见图 2-9a。

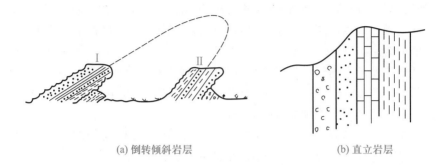

(a) 倒转倾斜岩层　　　　　　　(b) 直立岩层

图 2-9 倒转倾斜岩层与直立岩层

Ⅰ—正常层序,波峰朝上;Ⅱ—倒转层序,波峰朝下

　　岩层的正常与倒转主要依据化石确定,也可依据岩层层面构造特征(如岩层面上的泥裂、波痕、虫迹、雨痕等)或标准地质剖面来确定。

　　倾斜岩层按倾角 α 的大小又可分为缓倾岩层($\alpha<30°$)、陡倾岩层($30°\leqslant\alpha<60°$)和陡立岩层($\alpha\geqslant60°$)。

三、直立岩层

2.3-3 直立岩层

　　指岩层倾角为 90°的岩层。绝对直立的岩层也较少见,习惯上将岩层倾角大于85°的岩层都称为直立岩层,见图 2-9b。直立岩层一般出现在构造强烈、紧密挤压的地区。

2.3.2 岩层产状

一、产状要素

　　岩层在空间分布状态的要素称岩层产状要素,一般用岩层面在空间的水平延伸方向、倾斜方向和倾斜程度进行描述,分别称为岩层的走向、倾向和倾角。

1. 走向

　　走向指岩层面与水平面的交线(图 2-10a 中 $\overline{OA}$ 和 $\overline{OB}$)所指的方向,该交线是一条直线,被称为走向线,它有两个方向,相差 180°。

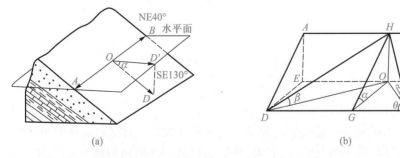

(a)　　　　　　　　　　(b)

图 2-10 岩层产状要素及真倾角与视倾角的关系

2. 倾向

倾向指岩层面上最大倾斜线（图 2-10a 中 $\overline{OD}$）在水平面上投影所指的方向或岩层面上法线在水平面上投影（图 2-10a 中 $\overline{OD'}$）所指的方向。该投影线是一条射线，称为倾向线，只有一个方向。倾向线与走向线互为垂直关系。

3. 倾角

倾角指岩层面与水平面的交角。一般指最大倾斜线与倾向线之间的夹角，又称真倾角，如图 2-10a 中的 α 角。

当观察剖面与岩层走向斜交时，岩层与该剖面的交线称视倾斜线，如图 2-10b 中的 HD 和 HC 所示。视倾斜线在水平面的投影线称视倾向线（分别为图 2-10b 中的 OD 和 OC）。视倾斜线与视倾向线之间的夹角称视倾角，如图 2-10b 中的 β 角所示。视倾角小于真倾角。视倾角与真倾角的关系为

$$\tan \beta = \tan \alpha \cdot \sin \theta \tag{2-2}$$

式中 θ 为视倾向线与岩层走向线之间所夹的锐角。

二、产状要素的测量、记录和图示

1. 产状要素的测量

岩层各产状要素的具体数值，一般在野外用地质罗盘仪在岩层面上直接测量和读取。地质罗盘仪的结构见图 2-11。地质罗盘仪的测量方法见图 2-12。

2.3-4 地质罗盘仪

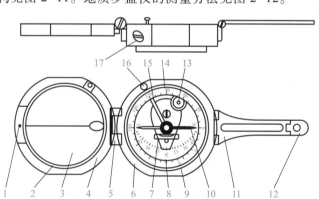

图 2-11 地质罗盘仪结构

1—瞄准钉；2—固定圈；3—反光镜；4—上盖；5—连接合页；6—外壳；7—长水准器；
8—倾角指示器；9—压紧圈；10—磁针；11—长准照合页；12—短准照合页；
13—圆水准器；14—方位刻度环；15—拨杆；16—开关螺钉；17—磁偏角调整器

2. 产状要素的记录

由地质罗盘仪测得的数据，一般有两种记录方法，即象限角法和方位角法，见图 2-13。

（1）象限角法

以东、南、西、北为标志，将水平面划分为四个象限，以正北或正南方向为 0°，正东或正西方向为 90°，再将岩层产状投影在该水平面上，将走向线所在的象限及它与正北或正南方向所夹的锐角记录下来，把倾向线所在的象限记录下来。一般按走向、倾角、倾向的顺序记录。例如

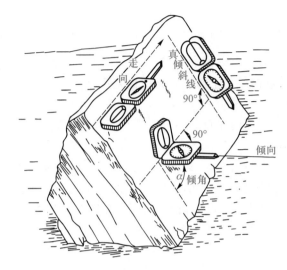

图 2-12   地质罗盘仪的测量方法

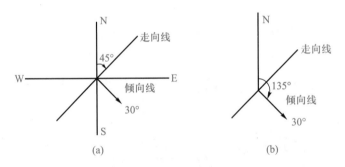

图 2-13   象限角法和方位角法

$$N45°E \angle 30°SE$$

表示该岩层产状走向 N45°E(即北偏东 45°),倾角 30°,倾向 SE,见图 2-13a。

(2)方位角法

将水平面按顺时针方向划分为 360°,以正北方向为 0°,再将岩层产状投影到该水平面上,将倾向线与正北方向所夹角度记录下来,一般按倾向、倾角的顺序记录。例如

$$135° \angle 30°$$

表示该岩层产状的倾向与正北方向的夹角为 135°,倾角 30°,见图 2-13b。因岩层走向与岩层倾向间的夹角为 90°,故由倾向加或减 90°就是走向。

3. 产状要素的图示

在地质图上,产状要素用符号表示,例如 ⬡30°,长线表示走向线,短箭线表示倾向线,短箭线旁的角度表示倾角。当岩层倒转时,应画倒转岩层的产状符号,例如 ⬡30°。在地质图中岩层产状符号应画在测点位置,走向线与倾向线应画在相应方向。

§2.4 褶皱构造

在构造运动作用下岩层产生的连续弯曲变形形态,称为褶皱构造。褶皱构造的规模差异很大,大型褶皱构造延伸几十公里或更远,小的褶皱构造在手标本上也可见到。

2.4.1 褶曲构造

一、褶曲基本形式

褶皱构造中任何一个单独的弯曲称为褶曲,褶曲是组成褶皱的基本单元。褶曲有背斜和向斜两种基本形式,见图2-14。

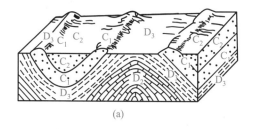 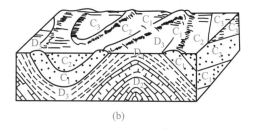

(a)   (b)

图 2-14 褶曲基本形态

1. 背斜

岩层弯曲向上凸出,核部地层时代老,两翼地层时代新。正常情况下,两翼岩层相背倾斜。见图2-14a 和图2-14b 中右侧向上的弯曲。

2. 向斜

岩层弯曲向下凹陷,核部地层时代新,两翼地层时代老。正常情况下,两翼岩层相对倾斜。见图2-14a 和图2-14b 中左侧向下的弯曲。

二、褶曲要素

为了描述和表示褶曲在空间的形态特征,对褶曲各个组成部分给予一定的名称,称为褶曲要素,见图2-15。褶曲要素有:

1. 核

指褶曲中心部位的岩层。

2. 翼

指褶曲核部两侧部位的岩层。

3. 轴面

指通过核部大致平分褶曲两翼的假想平面。根据褶曲的形态,轴面可以是一个平面,也可以是一个曲面;可以是直立的面,也可以是一个倾斜、平卧或卷曲的面。

4. 轴线

指轴面与水平面或垂直面的交线,代表褶曲在水平面或垂直面上的延伸方向。根据轴面的情况,轴线可以

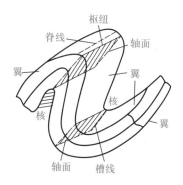

图 2-15 褶曲要素

是直线,也可以是曲线。

5. 枢纽

指褶曲中同一岩层面上最大弯曲点的连线。根据褶曲的起伏形态,枢纽可以是直线也可以是曲线;可以是水平线,也可以是倾斜线。

6. 脊线

背斜横剖面上弯曲的最高点称为顶,背斜中同一岩层面上最高点的连线称为脊线。

7. 槽线

向斜横剖面上弯曲的最低点称为槽,向斜中同一岩层面上最低点的连线称为槽线。

三、褶曲分类

褶曲的形态多种多样,不同形态的褶曲反映了褶曲形成时不同的力学条件及成因。为了更好地描述褶曲在空间的分布,研究其成因,常以褶曲的形态为基础,对褶曲进行分类。下面介绍两种形态分类。

1. 按褶曲横剖面形态分类

即按横剖面上轴面及两翼岩层产状分类,见图 2-16。

2.4-4　褶曲按横剖面形态分类

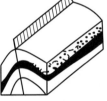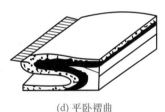

(a) 直立褶曲　　　　(b) 倾斜褶曲　　　　(c) 倒转褶曲　　　　(d) 平卧褶曲

图 2-16　褶曲按横剖面形态分类

(1) 直立褶曲

轴面直立,两翼岩层倾向相反,倾角大致相等。

(2) 倾斜褶曲

轴面倾斜,两翼岩层倾向相反,倾角不相等。

(3) 倒转褶曲

轴面倾斜,两翼岩层倾向相同,其中一翼为倒转岩层。

(4) 平卧褶曲

轴面近水平,两翼岩层产状近水平,其中一翼为倒转岩层。

2. 按褶曲纵剖面形态分类

即按枢纽产状分类,见图 2-14。

(1) 水平褶曲

枢纽近于水平,呈直线状延伸较远,两翼岩层界线基本平行,见图 2-14a。若褶曲长宽比大于 10∶1,在平面上呈长条状,称为线状褶曲。

(2) 倾伏褶曲

枢纽向一端倾伏,另一端昂起,两翼岩层界线不平行,在倾伏端交汇成封闭曲线,见图 2-14b 和图 2-17。若枢纽两端同时倾伏,则岩层界线呈环状封闭,其长宽比在 10∶1~

3：1之间时,称为短轴褶曲。其长宽比小于3：1时,背斜称为穹窿构造,向斜称为构造盆地。

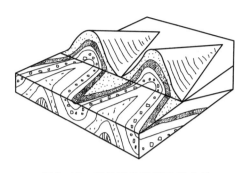

图 2-17　倾伏褶曲及其平面表现

四、褶曲存在的判别

岩层受力挤压弯曲后,形成向上隆起的背斜和向下凹陷的向斜,但经地表外营力的长期改造,或地壳运动的重新作用,原有的隆起和凹陷在地表面有时可能看不出来。为对褶曲形态做出正确鉴定,此时应主要根据地表面出露地层的分布特征进行判别。一般来讲,当地表地层出现对称重复时,则有褶曲存在。如核部岩层老,两翼岩层新,则为背斜;如核部岩层新,两翼岩层老,则为向斜;见图 2-14 和图 2-18。然后,可根据两翼岩层产状和地层界线的分布情况进一步分类。两翼岩层倾向相反,倾角相等则为直立褶曲;两翼岩层倾向相反,倾角不等则为倾斜褶曲;两翼岩层倾向相同,其中一翼岩层倒转则为倒转褶曲。两翼岩层界线彼此基本平行延伸则为水平褶曲;两翼岩层界线在一端弯曲封闭则为倾伏褶曲,见图 2-14 和图 2-18。在进行褶曲定名时,应按褶曲横剖面分类、褶曲纵剖面分类和褶曲基本形式进行综合定名,如倾斜倾伏背斜。

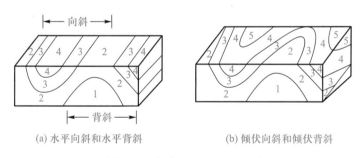

(a) 水平向斜和水平背斜　　　　　　　　(b) 倾伏向斜和倾伏背斜

图 2-18　褶曲的地面地层判别

2.4.2　褶皱构造类型

有时,褶曲构造在空间不是呈单个背斜或单个向斜出现,而是以多个连续的背斜和向斜的组合形态出现。按其组合形态的不同可分为以下两类。

一、复背斜与复向斜

由一系列连续弯曲的褶曲组成的一个大背斜或大向斜,前者称复背斜,后者称复向斜,见图 2-19a、b。复背斜和复向斜一般出现在构造运动作用强烈的地区。

2.4-5　复背斜

图 2-19　复背斜和复向斜

二、隔挡式与隔槽式

由一系列轴线在平面上平行延伸的连续弯曲的褶曲组成。当背斜狭窄、向斜宽缓时，称隔挡式；当背斜宽缓，向斜狭窄时，称隔槽式，见图 2-20a、b。这两种褶皱多出现在构造运动相对缓和的地区。

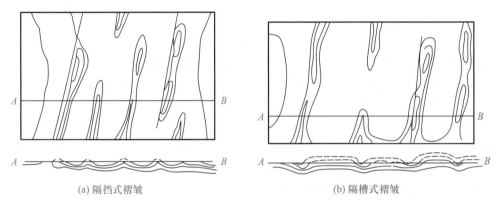

图 2-20　隔挡式和隔槽式褶皱

§2.5　断裂构造

岩层受构造运动作用，当所受的构造应力超过岩石强度时，岩石的连续完整性遭到破坏，产生断裂，称为断裂构造。按照断裂后两侧岩层沿断裂面有无明显的相对位移，又分节理和断层两种类型。断裂面在岩体中又称结构面，详见本书第 6 章中岩体及岩体结构的相关内容。

2.5.1　节理

节理是指岩层受力断开后，断裂面两侧岩层沿断裂面没有明显相对位移时的断裂构造。节理的断裂面称为节理面。节理分布普遍，几乎所有岩层中都有节理发育。节理的延伸范围变化较大，由几厘米到几十米不等。节理面在空间的产出状态称为节理产状，节理产状要素的定义和测量方法与岩层产状类似。节理常把岩层分割成形状不同、大小不等的岩块，没有节理的岩体强度与包含节理的岩体强度明显不同。岩石边坡失稳和隧道洞顶坍塌等往往与节理有关。

一、节理分类

节理可按成因、力学性质、与岩层产状的关系和张开程度等分类。

1. 按成因分类

节理按成因可分为原生节理、构造节理和表生节理。也可分为原生节理和次生节理，次生节理再分为构造节理和非构造节理。

（1）原生节理

指岩石形成过程中形成的节理。如玄武岩在冷却凝固时体积收缩形成的柱状节理，见图2-21。

（2）构造节理

指由构造运动产生的构造应力形成的节理。构造节理常常成组出现，一般将其中一个方向的平行节理称为一组节理。同一期构造应力形成的各组节理有力学成因上的联系，并按一定规律组合。例如，同一构造应力形成的两组相交节理被称为一组共轭X剪节理，其锐角方向一般为构造应力方向，见图2-22。不同时期的节理常对应错开，见图2-23。

2.5-1 玄武岩柱状节理

2.5-2 构造节理

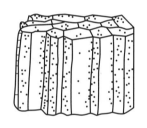

图 2-21 玄武岩柱状节理

图 2-22 山东诸城白垩系砂岩的一组共轭X剪节理

（3）表生节理

由卸荷、风化、爆破、溶蚀等作用形成的节理，分别称为卸荷节理、风化节理、爆破节理、溶蚀节理等，属非构造的次生节理。表生节理一般分布在地表浅层，大多无一定方向性，向地下深处逐渐消失。早期曾有学者将节理称为裂隙，或仅将表生节理称为裂隙，或仅将张开节理称为裂隙，现都统一称为节理，但部分早期资料中仍有裂隙的用法。

2.5-3 风化节理

2. 按力学性质分类

（1）剪节理

一般为构造节理，由剪应力形成的剪切破裂面组成。一般与主应力方向成（45°-ϕ/2）角度相交，其中 ϕ 为岩石内摩擦角。剪节理一般成对出现，相互交切为X状。剪节理面多平直，常呈密闭状态，或张开度很小，在砾岩中可以切穿砾石，如图2-24中Ⅱ所示。

（2）张节理

可以是构造节理，也可以是表生节理、原生节理等，多由张应力作用形成。张节理张开度较大，透水性好，节理面粗糙不平，在砾岩中常绕开砾石，如图2-24中Ⅰ所示。

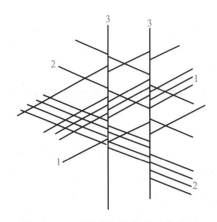

图 2-23 不同时期的节理对应错开

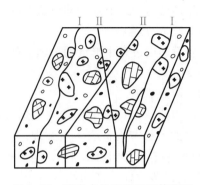

图 2-24   砾岩中的张节理和剪节理
Ⅰ—张节理；Ⅱ—剪节理

2.5-4 节理形成的危岩体

3. 按与岩层产状的关系分类

（1）走向节理

节理走向与岩层走向平行。

（2）倾向节理

节理走向与岩层倾向平行。

（3）斜交节理

节理走向与岩层走向斜交。

节理按与岩层产状关系分类见图 2-25。

4. 按张开程度分类

（1）宽张节理

节理缝宽度大于 5 mm。

（2）张开节理

节理缝宽度为 3～5 mm。

（3）微张节理

节理缝宽度为 1～3 mm。

（4）闭合节理

节理缝宽度小于 1 mm。

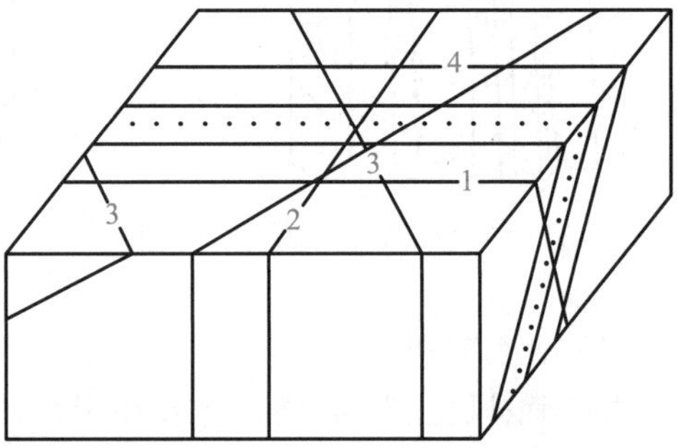

图 2-25   节理按与岩层产状关系分类
1—走向节理；2—倾向节理；3—斜交节理；4—岩层走向

二、节理发育程度分级

根据节理的组数、密度、长度、张开度及充填情况，将节理发育情况分级，见表 2-3。

表 2-3 节理发育程度分级

节理发育程度等级	基 本 特 征
节理不发育	节理 1～2 组，规则，为构造型，间距在 1 m 以上，多为密闭节理，岩体切割成大块状
节理较发育	节理 2～3 组，呈 X 形，较规则，以构造型为主，多数间距大于 0.4 m，多为密闭节理，部分为微张节理，少有充填物。岩体切割成大块状

续表

节理发育程度等级	基 本 特 征
节理发育	节理3组以上,不规则,呈X形或米字形,以构造型或风化型为主,多数间距小于0.4 m,大部分为张开节理,部分有充填物。岩体切割成块石状
节理很发育	节理3组以上,杂乱,以风化和构造型为主,多数间距小于0.2 m,以张开节理为主,有个别宽张节理,一般均有充填物。岩体切割成碎裂状

三、节理的调查内容

节理是广泛发育的一种地质构造,工程地质勘察时应对其进行调查,主要包括以下内容:

① 节理的成因类型、力学性质。

② 节理的组数、密度和产状。节理的密度一般采用线密度或体积节理数表示。线密度以"条/m"为单位计算。体积节理数(J_v)用单位体积内的节理数表示。

③ 节理的张开度、延长度、节理面壁的粗糙度和强度。

④ 节理的充填物质及其厚度、含水情况。

⑤ 节理发育程度分级。

此外,对节理十分发育的岩层,在野外许多岩体露头上可以观察到数十条至数百条节理。它们的产状多变,为了确定它们的主导方向,必须对每个露头上的节理产状逐条进行测量统计,编制该地区节理玫瑰花图、极点图或等密度图,由图上确定节理的密集程度及优势方向。一般在1 m²露头上进行测量统计。

2.5.2 断层

断层是指岩层受力断开后,断裂面两侧岩层沿断裂面有明显相对位移时的断裂构造。断层广泛发育,规模相差很大。大的断层延伸数百公里甚至上千公里,小的断层在手标本上就能见到。有的深大断层切穿了地壳岩石圈,有的则发育在地表浅层。断层是一种重要的地质构造,对工程建筑的稳定性起着重要作用。地震与活动性断层有关,隧道开挖中不少坍方、突水和大变形亦与断层有关。

一、断层要素

为阐明断层的空间分布状态和断层两侧岩层的运动特征,给断层各组成部分赋予一定名称,称为断层要素,见图2-26。

1. 断层面

指断层中两侧岩层沿其运动的破裂面。它可以是一个平面,也可以是一个曲面。断层面在空间的产出状态称为断层产状。断层产状要素的定义和测量方法类似于岩层产状。有些断层上下两盘的断层面间有一定宽度的破碎带,称为断层破碎带,其破碎的岩石称为断层角砾岩或构

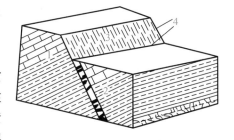

2.5-5 断层要素

图 2-26 断层要素

1、2—断盘(1为下盘,2为上盘);

3—断层面;4—断层线

造角砾岩,简称构造岩。受断层影响,断层两侧一定范围内岩层的节理很发育,称为断层影响带。断层、断层破碎带、断层影响带都是工程地质不良地带。

2. 断层线

指断层面与地平面或垂直面的交线,代表断层面在地面或垂直面上的延伸方向。它可以是直线,也可以是曲线。

3. 断盘

断层两侧相对位移的岩层称为断盘。当断层面倾斜时,位于断层面上方的岩层称为上盘,位于断层面下方的岩层称为下盘。

4. 断距

指岩层中同一点被断层断开后的位移量。其移动的直线距离称为总断距,其水平分量称为水平断距,其垂直分量称为垂直断距。断距从几十厘米到几百公里不等。

二、断层常见分类

1. 按断层上、下两盘相对运动方向分类

这种分类是断层的基本分类,分为正断层、逆断层和平移断层三种。

(1) 正断层

指上盘相对向下运动,下盘相对向上运动的断层,见图 2-27。正断层一般是受拉张力作用或受重力作用而形成的,断层面多陡直,倾角大多在 45° 以上。正断层可以单独出露,也可以呈多个连续组合形式出露,如地堑、地垒和阶梯状断层,见图 2-28。走向大致平行的多个正断层,当中间地层为共同的下降盘时,称为地堑;当中间地层为共同的上升盘时,称为地垒。组成地堑或地垒两侧的正断层,可以单条产出,也可以由多条产状近似的正断层组成,将一侧依次向下断落的正断层称为阶梯状断层。

2.5-6 断层基本类型

2.5-7 正断层

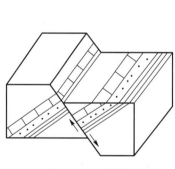

图 2-27　正断层

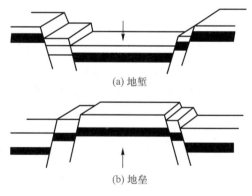

(a) 地堑

(b) 地垒

图 2-28　地堑和地垒

2.5-8 逆断层

(2) 逆断层

指上盘相对向上运动,下盘相对向下运动的断层,见图 2-29。逆断层主要受挤压作用形成,常与褶皱伴生。按断层面倾角,可将逆断层划分为逆冲断层、逆掩断层和碾掩断层。

① 逆冲断层

断层面倾角大于45°的逆断层。

② 逆掩断层

断层面倾角在25°～45°之间的逆断层。常由倒转褶曲进一步发展而成。

③ 碾掩断层

断层面倾角小于25°的逆断层。一般规模巨大,常有时代老的地层被推覆到时代新的地层之上,形成推覆构造,见图2-30。

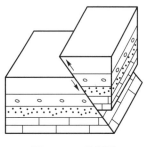

图2-29 逆断层

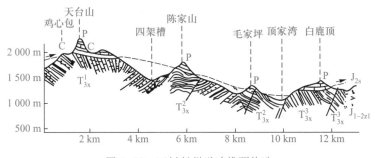

图2-30 四川彭州逆冲推覆构造

当一系列逆断层大致平行排列,在横剖面上看,各断层的上盘依次上冲时,其组合形式称为叠瓦式逆断层,见图2-31。

(3)平移断层

指断层两盘主要在水平方向上相对错动的断层,见图2-32。

2.5-9 大洋中脊的转换断层(平移断层)

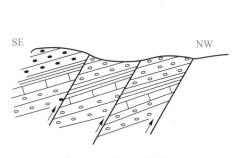

图2-31 叠瓦式逆断层

图2-32 平移断层

平移断层主要由水平剪切作用形成,断层面常陡立,断层面上可见水平的擦痕。

有时,出现正断层与平移断层或逆断层与平移断层的组合形式,称为正-平移断层和逆-平移断层。

2. 按断层产状与岩层产状的关系分类

(1)走向断层

断层走向与岩层走向一致的断层,见图2-33中的F_1断层。

（2）倾向断层

断层走向与岩层倾向一致的断层,见图 2-33 中的 F_2 断层。

（3）斜向断层

断层走向与岩层走向斜交的断层,见图 2-33 中的 F_3 断层。

3. 按断层走向与褶曲轴线的关系分类

（1）纵断层

断层走向与褶曲轴线平行的断层。

（2）横断层

断层走向与褶曲轴线垂直的断层。

（3）斜断层

断层走向与褶曲轴线斜交的断层。

断层走向与褶曲轴线的关系见图 2-34。

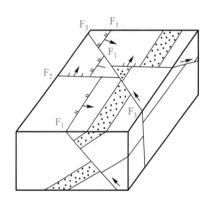

图 2-33   断层引起的构造不连续现象

F_1—走向断层;F_2—倾向断层;F_3—斜向断层

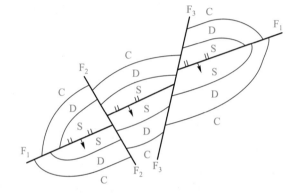

图 2-34   断层走向与褶曲轴线的关系

F_1—纵断层;F_2—横断层;F_3—斜断层

当断层面切割褶曲轴时,同一地层出露界线的宽窄在断层上、下盘常发生变化。背斜上升盘核部同一地层出露界线变宽,见图 2-35a;向斜上升盘核部同一地层出露界线变窄,见图 2-35b。反之亦然。

2.5-10 横断层上下盘中褶曲同一岩层位置宽窄的变化

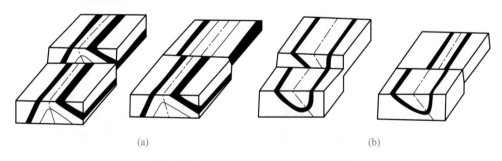

(a)   (b)

图 2-35   褶曲被横断层错断引起的效应

4. 按断层力学性质分类

（1）压性断层

在压应力作用下形成,其走向垂直于主压应力方向,多呈逆断层形式,断层面为舒缓波状,断裂带宽大,常有断层角砾岩。

（2）张性断层

在张应力作用下形成,其走向垂直于张应力方向,常为正断层形式,断层面粗糙,多呈锯齿状。

（3）扭性断层

在切应力作用下形成,与主压应力方向交角小于 45°,常成对出现,断层面平直光滑,常有大量擦痕。

三、断层存在的判别

1. 构造线标志

同一地层（或岩）分界线、不整合接触界面、侵入岩体与围岩的接触界面、岩脉、褶曲轴线、早期断层线等,在平面或剖面上出现了不连续,即突然中断或错开,则有断层存在,见图 2-33、图 2-34。

2. 地层分布标志

一套顺序排列的地层（或岩层）,由于走向断层的影响,常造成部分地层的不对称重复或不对称缺失现象,即断层使地层发生错动后,经地表剥蚀夷平作用将两盘地层剥蚀在同一水平面时,会使原来顺序排列的地层出现不对称重复或不对称缺失现象。通常可造成六种情况的地层重复和缺失,见表 2-4 和图 2-36。

2.5-11　走向断层造成地层不对称重复和缺失的过程

表 2-4　走向断层造成的地层重复和缺失

断层性质	断层倾斜与地层倾斜的关系		
	二者倾向相反	二者倾向相同	
		断层倾角大于岩层倾角	断层倾角小于岩层倾角
正断层	重复（图 2-36a）	缺失（图 2-36b）	重复（图 2-36c）
逆断层	缺失（图 2-36d）	重复（图 2-36e）	缺失（图 2-36f）
断层两盘相对动向	下降盘出现新地层	下降盘出现新地层	上升盘出现新地层

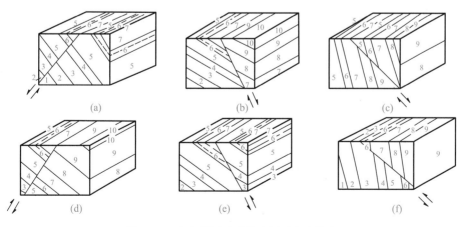

图 2-36　走向断层造成的地层重复和缺失

2.5-12 断层的伴生现象

3. 断层的伴生现象

当断层通过时,在断层面(或带)及其附近常形成一些构造伴生现象,也可作为断层存在的标志。

（1）擦痕、阶步和摩擦镜面

断层上、下盘沿断层面作相对运动时,因摩擦作用,在断层面上形成一些刻痕、小阶梯或磨光的平面,分别称为擦痕、阶步(图 2-37)和摩擦镜面。

（2）断层破碎带和断层角砾岩

因地应力沿断层面集中释放,常造成断层面处岩体十分破碎,形成一个破碎带,称为断层破碎带。破碎带宽十几厘米至几百米不等,破碎带内碎裂的岩、土体经胶结后称断层角砾岩(又称构造角砾岩)。断层角砾岩中碎块颗粒直径一般大于 2 mm;当碎块颗粒直径为 0.1~2 mm 时称碎裂岩;当碎块颗粒直径小于 0.1 mm 时称糜棱岩;当颗粒都研磨成泥状时称断层泥。

（3）牵引现象

断层运动时,断层面附近的岩层受断层面上摩擦阻力的影响,在断层面附近形成弯曲现象,称为断层牵引现象,其弯曲方向一般为本盘运动方向,见图 2-38。

图 2-37 擦痕与阶步

图 2-38 牵引现象

4. 断层的地貌标志

在断层通过地区,沿断层线常形成一些特殊地貌现象。

（1）断层崖和断层三角面

在断层两盘的相对运动中,上升盘常常形成陡崖,称为断层崖,如峨眉山金顶舍身崖、昆明滇池西山龙门陡崖。当断层崖受到与崖面垂直方向的地表流水侵蚀切割,使原崖面形成一排平行的三角形陡壁时,称为断层三角面。

2.5-13 断层的地貌标志

（2）断层湖和断层泉

沿断层带常形成一些串珠状分布的断陷盆地、洼地、湖泊、泉水等,可指示断层延伸方向。

（3）错断的山脊、急转的河流

正常延伸的山脊突然被错断,或山脊突然断陷成盆地、平原;正常流经的河流突然产生急转弯,一些顺直深切的河谷,均可指示断层延伸的方向。

判断一条断层是否存在,主要是依据构造线不连续和地层的不对称重复、缺失这两个标志。其他标志只能作为辅证,不能依此下定论。褶曲中亦有因沉积间断而出现地层缺失的现象,但表现为两翼地层对称缺失。

四、断层性质的判别

判别断层性质,首先要确定断层面的产状,从而确定出断层的上、下盘,再确定上、下盘的运动方向,进而确定断层的性质。当地表不易判别断层面产状时,可采用钻探、物探等方式确定。

断层上、下盘运动方向,可由以下几点判别:

1. 地层时代

在断层线两侧,当地层时代不一致时,多数情况下上升盘出露地层较老,下降盘出露地层较新。地层倒转时相反。

2. 地层界线

当断层横截褶曲时,背斜上升盘核部地层界线变宽,向斜上升盘核部地层界线变窄。

3. 断层伴生现象

刻蚀的擦痕凹槽较浅的一端、阶步陡坎所指方向,均指示对盘运动方向。牵引现象弯曲方向指示本盘运动方向。

4. 符号识别

在地质图上,断层线一般用粗红线醒目地标示出来,断层性质用相应符号表示,见图2-39。正断层和逆断层符号中,箭头所指方向为断层面倾斜方向,角度为断层面倾角,短齿所指方向为上盘运动方向。平移断层符号中箭头所指方向为本盘运动方向。

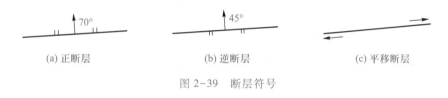

(a) 正断层　　　　　　　　(b) 逆断层　　　　　　　　(c) 平移断层

图 2-39　断层符号

§2.6　地质构造对工程建筑物稳定性的影响

地质构造对工程建筑物的稳定有很大的影响,由于工程位置选择不当,误将工程建筑物设置在地质构造不利的部位,引起建筑物失稳破坏的实例时有发生,对此必须有充分认识。下面分别就边坡、隧道和桥基三种建筑物与地质构造的关系作一简要说明。

岩层产状与岩石路堑边坡坡向和坡角间的关系控制着边坡的稳定性。当岩层倾向与边坡坡向一致,岩层倾角等于或大于边坡坡角时,边坡一般是稳定的。若岩层倾角小于坡角,则岩层因失去支撑而有产生滑动的趋势,此时如果岩层层间结合较弱或有软弱夹层时,易发生滑坡。如成昆铁路铁西滑坡就是因坡脚采石,引起上覆山体沿黑色页岩软弱夹层产生滑动。当岩层倾向与边坡坡向相反时,若岩层完整、层间结合好,边坡较稳定的;若岩层层间结合差,有倾向坡外的节理发育,且倾角较大,贯通性好,则容易发生滑坡或崩塌。开挖在水平岩层或直立岩层中的路堑边坡,一般较稳定。见图2-40。

隧道位置与地质构造关系密切。穿越水平岩层的隧道,应选择在岩石坚硬、层厚、完整性好的岩层中,如完整性好的石灰岩或砂岩等。在软、硬相间的情况下,隧道拱部应尽量设置在硬岩中,设置在软岩中有可能发生坍塌。当隧道垂直穿越岩层时,在软、硬岩相间的不同岩层中,由于软岩层间结合差,在软岩部位,隧道拱顶常发生顺层坍方。当隧道轴线顺岩层走向通过时,倾向洞内的一侧岩层易发生顺层坍滑,边墙承受偏压。见图2-41。

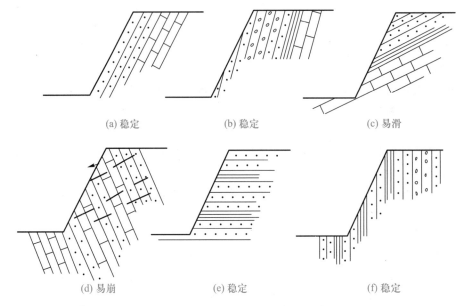

(a) 稳定　　　　(b) 稳定　　　　(c) 易滑

(d) 易崩　　　　(e) 稳定　　　　(f) 稳定

图 2-40　岩层产状与边坡稳定性的关系

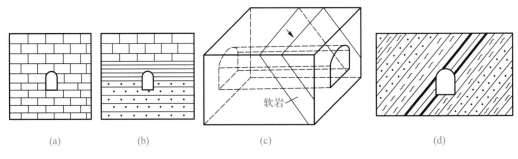

(a)　　　　(b)　　　　(c)　　　　(d)

软岩

图 2-41　隧道位置与岩层产状的关系

图 2-41a 为水平岩层,隧道位于同一岩层中;图 2-41b 为水平的软、硬相间岩层,隧道拱顶位于软岩中,易坍方;图 2-41c 为垂直走向穿越岩层,隧道穿过软岩时易发生顺层坍方;图 2-41d 为平行走向穿越倾斜岩层,隧道顶部右上方岩层倾向洞内侧,岩层易顺层滑落,且受到偏压。

一般情况下,应当避免将隧道设置在褶曲的轴部,该处岩层弯曲,节理发育,地表水常常由此渗入地下,容易诱发坍方和突水,见图 2-42。向斜轴部常为聚水构造,开挖隧洞常遇涌水、突水和突泥。通常尽量将隧道位置选在褶曲翼部或横穿褶曲轴。隧道横穿背斜时,其两端的拱顶压力大,中部岩层压力小;隧道横穿向斜时,情况则相反,见图 2-43。

断层破碎带岩石破碎,常夹有许多断层泥,断层附近的影响带节理裂隙发育,应尽量避免将工程建筑直接放在断层上或其附近。如京原线 10 号大桥位于几条断层交叉点,桥位选择极困难,多次改变设计方案,桥跨由 16 m 改为 23 m,又改为 43 m,最后以 33.7 m 跨越断层带,见图 2-44。

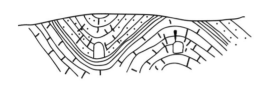
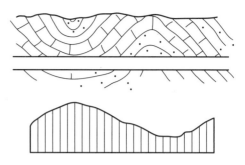

图 2-42　隧道沿褶曲轴通过　　　　图 2-43　隧道横穿褶曲轴时岩层压力分布情况

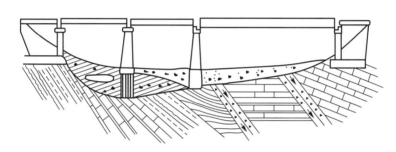

图 2-44　桥梁墩台避开断层破碎带

对于不活动的断层。墩台必须设在断层上时,应根据具体情况采用相应的处理措施:

① 桥高在 30 m 以下,断层破碎带通过桥基中部,宽度在 0.2 m 以上,又有断层泥等充填物,应沿断层带挖除充填物,灌注混凝土或嵌补钢筋网,以增加基础强度及稳定性。

② 断层破碎带宽度不足 0.2 m,两盘均为坚硬岩石时,一般可以不作处理。

③ 断层破碎带分布于基础一角时,应将基础扩大加深,再以钢筋混凝土补角加强,增加其整体性。

④ 当基底大部分为断层破碎带,仅局部为坚硬岩层,构成软、硬不均地基时,在墩台位置无法调整的情况下,可炸除坚硬岩层,加深并换填与破碎带强度相当的土层,扩大基础,使应力均衡,防止因不均匀沉陷而使墩台倾斜破坏。

⑤ 桥高超过 30 m,且基底断层破碎带的范围较大时,一般采用钻孔桩或挖孔桩嵌入断层下盘,使基底应力传递到下盘坚硬岩层上。

铁路选线时,应尽量避开大断裂带,线路不应沿断裂带走向延伸,在条件不允许,必须穿过断裂带时,应大角度或垂直穿过断裂带。

活动断层上不宜修建筑物。

§2.7　地质图

地质图是把一个地区的各种地质现象,如地层岩性、地质构造等,按一定比例缩小,用规定的符号、颜色、花纹、线条表示在地形图上的一种图件。

2.7.1 地质图的种类

由于工作目的不同,绘制的地质图也不同,常见的地质图有以下几种类型。

一、普通地质图

普通地质图通常简称为地质图,主要表示某一地区的地层分布、岩性特征、地质构造等基本地质内容的图件。一幅完整的普通地质图一般包括地质平面图、地质剖面图和综合地层柱状图,以及图名、比例、图例和接图等。地质剖面图和综合地层柱状图主要用于对地质平面图的补充和说明。

1. 地质平面图

地质平面图(图2-45)反映地表相应位置出露的基本地质现象,主要反映地层岩性和地质构造。地层界线一般用细实线表示,地质时代用相应的符号表示,褶曲用地层分布特征反映,断层用断层线和相应的断面产状表示(断层线一般用红线表示),岩层产状用岩层产状符号表示。

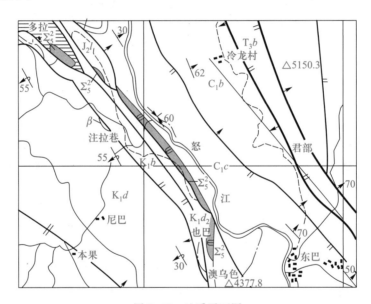

图2-45 地质平面图

2. 地质剖面图

地质剖面图(图2-46)反映某段地表以下的地质特征。一般在地质平面图中地质构造复杂的地段才制作地质剖面图,主要用于帮助了解平面图中复杂地段的地质构造形态和相互关系。

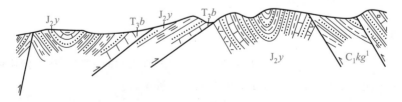

图2-46 地质剖面图

3. 综合地层柱状图

综合地层柱状图是以柱状图的方式综合反映测区内所有出露地层的时代、顺序、厚度、岩性和接触关系的一种图件。地层顺序按从上到下,由新到老的原则排列,见图2-47。综合地层柱状图中岩性用规定的花纹符号表示,地层接触关系用规定的接触界线表示。例如,整合接触用细实线,平行不整合接触用虚线,角度不整合用齿线,侵入接触用线×线,沉积接触用实线上方加点线。

2.7-2 特殊地质图

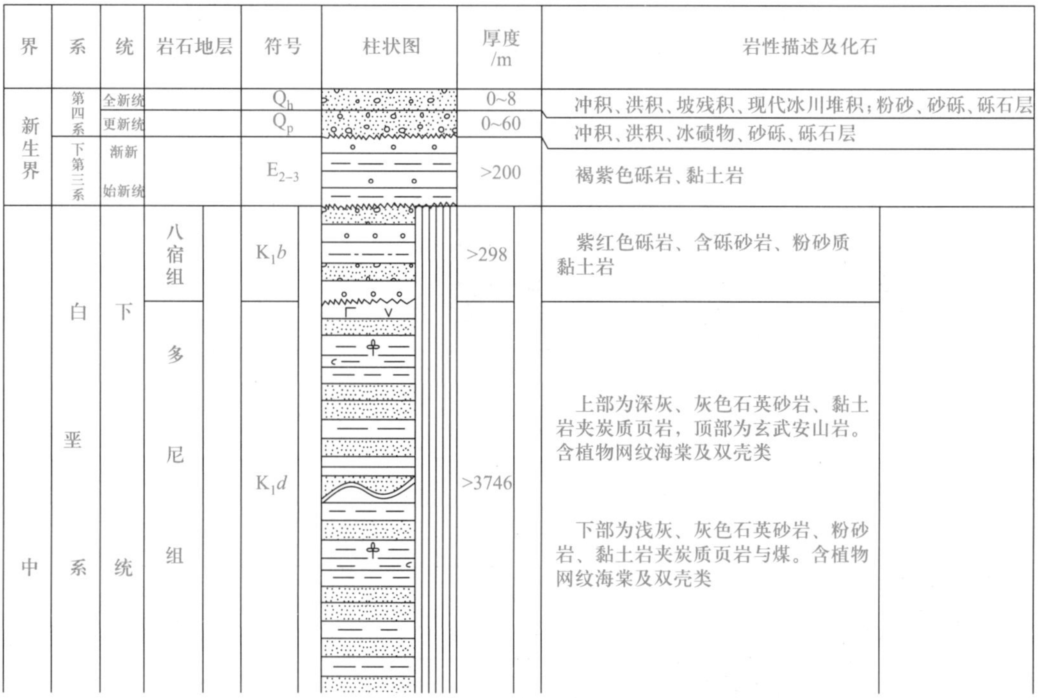

界	系	统	岩石地层	符号	柱状图	厚度/m	岩性描述及化石
新生界	第四系	全新统		Q_h		0~8	冲积、洪积、坡残积、现代冰川堆积;粉砂、砂砾、砾石层
		更新统		Q_p		0~60	冲积、洪积、冰碛物、砂砾、砾石层
	下第三系	渐新统始新统		E_{2-3}		>200	褐紫色砾岩、黏土岩
中生界	白垩系	下统	八宿组	K_1b		>298	紫红色砾岩、含砾砂岩、粉砂质黏土岩
			多尼组	K_1d		>3746	上部为深灰、灰色石英砂岩、黏土岩夹炭质页岩,顶部为玄武安山岩。含植物网纹海棠及双壳类 下部为浅灰、灰色石英砂岩、粉砂岩、黏土岩夹炭质页岩与煤。含植物网纹海棠及双壳类

图 2-47 综合地层柱状图

二、构造地质图

用规定的线条和符号,专门反映褶曲、断层等地质构造类型、规模和分布的图件。

三、第四纪地质图

只反映第四纪松散沉积物的成因、年代和分布情况的图件。

四、基岩地质图

假想把第四纪松散沉积物"剥掉",只反映第四纪以前基岩的时代、岩性和分布的图件。

五、水文地质图

反映地区水文地质资料的图件。可分为岩层含水性图、地下水化学成分图、潜水等水位线图、综合水文地质图等类型。

六、工程地质图

为各种工程建筑专用的地质图。如房屋建筑工程地质图、水库坝址工程地质图、矿山工程地质图、铁路工程地质图、公路工程地质图、港口工程地质图、机场工程地质图等。还可根据具体工程项目细分。如铁路工程地质图还可分为线路工程地质图、工点工程地质图。工点工程地质图又可分为桥梁工程地质图、隧道工程地质图、站场工程地质图等。各工程地质图有自己的平面图、纵剖面图和横剖面,见图 2-48。

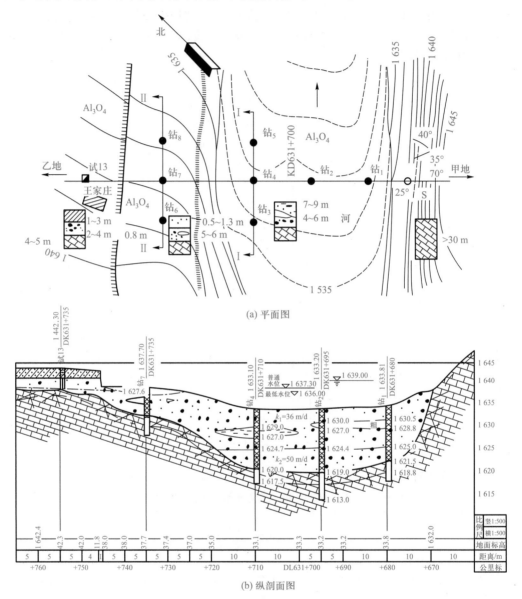

(a) 平面图

(b) 纵剖面图

图 2-48 桥梁工程地质图

工程地质图一般是在普通地质图的基础上,增加各种工程建筑物及其相关的工程地质内容而成。如在隧道工程地质纵剖面图上,表示出隧道位置、围岩类别、地下水位和水量、岩石风化界线、节理产状、影响隧道稳定性的各项地质因素等;在线路工程地质平面图上,绘出线路位置、曲线半径,以及对线路有影响的崩塌、滑坡、泥石流等不良地质现象的分布情况等。工程地质平面图上地形等高线常用细实线表示,地层界线常用点线表示。

2.7.2 地质图的阅读步骤

一、阅读步骤及阅读内容

地质图上内容多,线条、符号复杂,阅读时应遵循由浅入深、循序渐进的原则。一般步骤及内容如下:

1. 图名、比例尺、方位

了解图幅的地理位置、图幅类别、制图精度。图上方位一般用箭头指北表示,或用经纬线表示。若图上无方位标志,则以图正上方为正北方向。

2. 地形、水系

通过图上地形等高线、河流径流线,了解地区地形起伏情况,建立地貌轮廓。地形起伏常常与岩性、构造有关。

3. 图例

图例是地质图中采用的各种符号、代号、花纹、线条及颜色等的说明。通过图例,可对地质图中的地层、岩性、地质构造建立起初步概念。

4. 地质内容

一般按如下步骤进行:

(1)地层岩性和接触关系

了解各时代地层及岩性的分布位置和地层间接触关系。

(2)地质构造

了解褶曲及断层的位置、组成地层、产状、类型、规模、力学成因及相互关系等。

(3)地质历史

根据地层、岩性、地质构造的特征,分析该地区地质发展历史。

二、读图实例

阅读资治地区地质图,见图 2-49。

1. 图名、比例尺、方位

图名:资治地区地质图。

比例尺:1∶10 000;图幅实际范围:1.8 km×2.05 km。

方位:图幅正上方为正北方。

2. 地形、水系

本区有三条近南北向山脉,其中东侧山脉被支沟截断。本区相对高差 350 m 左右,最高点在图幅东南侧山峰,海拔 350 m;最低点在图幅西北侧山沟,海拔 0 m 以下。本区有两条流向北偏东的山沟,其中东侧山沟有一条支沟,支沟向北西方向汇入主沟。西侧山沟沿断层发育。

3. 图例

由图例可见,本区出露的沉积岩由新到老依次为:二叠系(P)红色砂岩、上石炭系(C_3)石英砂岩、中石炭系(C_2)黑色页岩夹煤层、中奥陶系(O_2)厚层石灰岩、下奥陶系(O_1)薄层石灰岩、上寒武系($\in_3$)紫色页岩、中寒武系($\in_2$)鲕状石灰岩。岩浆岩有前寒武系(r_2)花岗岩。地质构造方面有断层通过本区。

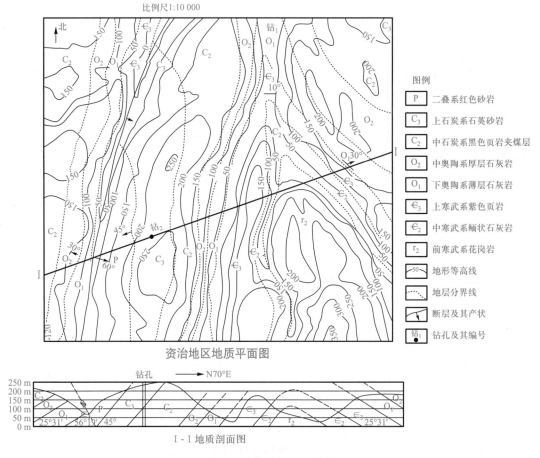

图 2-49　资治地区地质图

2.7-3 资
治地区地
质图

4. 地质内容

（1）地层分布与接触关系

前寒武系花岗岩岩性较好，分布在本区东南侧山头一带。年代较新、岩性坚硬的上石炭系石英砂岩，分布在中部南北向山梁顶部和东北角高处。年代较老、岩性较弱的上寒武系紫色页岩，则分布在山沟底部。其余地层都依次位于山坡上。

从接触关系上看，花岗岩没有切割沉积岩的界线，且花岗岩形成年代老于沉积岩，其接触关系为沉积接触。中寒武系、上寒武系、下奥陶系、中奥陶系沉积时间连续，岩层产状彼此平行，是整合接触。中奥陶系与中石炭系之间缺失了上奥陶系、自留系、泥盆系、下石炭系的地层，沉积时间不连续，但岩层产状平行，是平行不整合接触。中石炭系、上石炭系、二叠系又为整合接触关系。本区最老地层为前寒武系花岗岩，最新地层为二叠系红色石英砂岩。

（2）地质构造

① 褶曲构造

由图 2-49 可见，图中以前寒武系花岗岩为中心，两边对称出现中寒武系至二叠系地层，其年代依次越来越新，故为一背斜构造。背斜轴线从南到北由北北西转向正北。顺轴线方向观察,地层界线在北端封闭弯曲,沿弯曲方向凸出,所以这是一个轴线近南北,并向北倾伏的背斜,此倾伏背斜两翼岩层倾向相反,倾角不等,北东侧岩层倾角较缓(30°),北西侧岩层倾角较陡(45°),故为一倾斜倾伏背斜。轴面倾向北东东。

② 断层构造

本区西部有一条走向北北东的断层,断层走向与褶曲轴线大至平行,属纵断层。此断层的断层面倾向东,故东侧为上盘,西侧为下盘。断层面与岩层面倾向相反。比较断层线两侧的地层,东侧地层新,故为下降盘;西侧地层老,故为上升盘。因此,该断层上盘下降,下盘上升,为正断层。由于断层线切割了二叠系的地层界线,断层生成年代应在二叠系后。由于断层两盘位移较大,说明断层规模大。断层带岩层破碎,沿断层形成沟谷。

（3）地质历史简述

根据以上读图分析,说明本地区在中寒武纪至中奥陶纪之间地壳下降,为接受沉积环境,沉积物的基底为前寒武系花岗岩。上奥陶纪至下石炭纪之间地壳上升,长期遭受风化剥蚀,没有沉积,缺失大量地层。中石炭纪至二叠纪之间地壳再次下降,接受沉积。中寒武纪至中奥陶纪期间以海相沉积为主,中石炭纪至二叠纪期间以陆相沉积为主。二叠纪后遭受东西向挤压应力,形成倾斜倾伏背斜,并且地壳再次上升,长期遭受风化剥蚀,没有沉积。后来又遭受东西向拉张应力,形成纵向正断层。此后,本区趋于相对稳定至今。

2.7.3　地质剖面的制作

为分析判断复杂的地质构造,常需制作地质剖面图。制作步骤如下:

一、选择剖面方位

剖面图主要反映图区内地下构造形态及地层岩性分布。制作剖面图前,首先要选定剖面线方向。剖面线应放在对地质构造有控制性的地区,其方向应尽量垂直岩层走向和构造线,这样才能表现出图区内的主要构造形态。选定剖面线后,应标在平面图上。

二、确定剖面图比例尺

剖面图水平比例尺一般与地质平面图一致,这样便于作图。剖面图垂直比例尺可以与平面图相同,也可以不同。当平面图比例尺较小时,剖面图垂直比例尺通常大于水平比例尺。

三、制作地形剖面图

按确定的比例尺在剖面图上做好水平坐标和垂直坐标。将平面图中剖面线与地形等高线的交点,按水平比例尺铅直投影到剖面图的水平坐标轴上,然后根据各交点高程,按垂直比例尺将各投影点定位到剖面图相应高程位置,最后圆滑连接各高程点,就形成地形剖面图。

2.7-4　水柏线某隧道地质剖面图

四、制作地质剖面图

一般按如下步骤进行:

① 将平面图中剖面线与各地层界线和断层线的交点,按水平比例尺铅直投影到剖面图的水平轴上,再将各界线投影点铅直定位在地形剖面图的剖面线上。如有覆盖层,下伏基岩的地层界线也应按垂直比例尺标在地形剖面图上的相应位置。

② 按平面图示产状换算各地层界线和断层线在剖面图上的视倾角。当剖面图垂直

比例尺与水平比例尺相同时,按下式计算:

$$\tan \beta = \tan a \cdot \sin \theta \qquad (2-3)$$

式中:β——垂直比例尺与水平比例尺相同时的视倾角;

　　　α——平面图上的真倾角;

　　　θ——剖面线与岩层走向线所夹锐角(在平面图上量测)。

当垂直比例尺与水平比例尺不同时,还要按下式换算:

$$\tan \beta' = n\tan \beta \qquad (2-4)$$

式中:β'——垂直比例尺与水平比例尺不同时的视倾角;

　　　n——垂直比例尺放大倍数。

③ 绘制地层界线和断层线。按视倾角的角度,并综合考虑地质构造形态,合理延伸地形剖面线上的各地层界线和断层线,并在下方标明其原始产状和视倾角(如 250°∠45°(64°),括号内为视倾角)。一般先画断层线,后画地层界线。

④ 在各地层分界线内,按各套地层出露的岩性及厚度,根据统一规定的岩性花纹符号,画出各地层的岩层厚度和岩性花纹符号。

⑤ 最后进行修饰。在剖面图上用虚线将断层线延伸,并在延伸线上用箭头标出上、下盘运动方向。遇到褶曲时,用虚线按褶曲形态将各地层界线弯曲连接起来,以恢复原始褶曲形态。在作出的地质剖面图上,还要写上图名、比例尺、剖面方向和各地层年代符号,绘出图例,即成一幅完整的地质剖面图,见图 2-49。在工程地质剖面图上还需画出岩石强风化与弱风化的界线、地下水位线、节理产状、钻孔等内容。

思 考 题

1. 地壳运动及地质构造的定义是什么?
2. 地层间接触关系的类型及定义有哪些?在地质图上怎样判别地层新老关系和接触关系?
3. 岩层、岩层产状及要素的定义是什么?怎样记录和图示岩层产状?
4. 褶曲的定义、分类及分类依据是什么?在地质图上怎样判别褶曲的主要类型?
5. 节理的定义和主要类型有哪些?节理调查的内容有哪些?
6. 断层及断层要素的定义是什么?断层的主要类型及分类依据是什么?
7. 断层的判别标志有哪些?在地质图上怎样判别断层的主要类型?
8. 在地质图上怎样区别断层和地层不整合接触?
9. 如何制作一幅完整的地质剖面图?

实 习 要 求

朝松岭地区地质图判读实习。

2.8-1　第2章地层与地质构造知识点

2.8-2　第2章自测题

2.8-3　朝松岭地区地质图判读实习要点

第 **3** 章

水的地质作用

　　在自然界,水有气态、液态和固态三种不同状态,它们存在于大气中,覆盖在地球表面和存在于地下土、石的孔隙、裂隙或空洞内,可分别称为大气水、地表水和地下水。

　　自然界中这三部分水之间有密切的联系。在太阳辐射热的作用下,地表水经过蒸发和生物蒸腾变成水蒸气,上升到大气中,随气流移动。在适当条件下,水蒸气遇冷凝结成雨、露、雪、雹降落到地面,称为大气降水。降到地面的水,一部分沿地面流动,汇入江、河、湖、海,成为地表水;另一部分渗入地下,成为地下水。地下水沿地下土和岩石的孔隙、裂隙流动,在条件适合时,以泉的形式流出地表或由地下直接流入河流、湖泊和海洋。大气水、地表水和地下水之间的这种不间断地运动和相互转化,称为自然界中水的循环。按其循环范围的不同,可分为大循环和小循环,如图 3-1 所示。

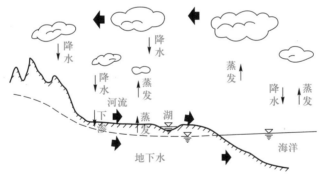

图 3-1　自然界中水循环

　　大循环:是指水在海洋和陆地之间大范围内的循环。水从海洋表面蒸发,被气流带到陆地上空,通过大气降水落到地面,然后以地表水或地下水的形式流回海洋。

　　小循环:是地球上局部范围内的水循环。例如:水从海洋面蒸发,又以海洋上空降水的形式落到海洋,通常称为海上内循环;水从陆地江、河、湖面蒸发进入大气,又以大气降水的形式重新降落到陆地上,通常称为内陆循环。

3.0-1　大气水循环

　　根据已有资料,地球上总水量约为 $1.45 \times 10^9 \ km^3$,它的质量占地球总质量的 0.024%,约占地壳质量的 6.91%。如果地球表面完全没有起伏,则全球将被一层厚 2 745 m 的海水所覆盖。实际上,地球表面起伏很大,使 29.2% 的地面露在水面上,其余 70.8% 的地面处于水下。

水是一切有机物的生长要素,海洋是生命起源地。水既是一种人类生活和生产不可缺少的重要资源,又是一种重要的地质作用动力。水对地壳表层岩土的侵蚀、搬运和沉积建造过程称为水的地质作用。水的地质作用主要分为地表流水的地质作用和地下水的地质作用两大类。

§3.1 地表流水的地质作用

3.1.1 概述

地表流水可分为暂时性流水和常年性流水两大类。暂时性流水是一种季节性、间歇性流水,它主要以大气降水为水源,一年中有时有水,有时干枯。例如,大气降水后沿山坡坡面或山间沟谷流动的水,在大气降水后不久就基本消失。常年性流水在一年中流水不断,它的水量虽然也随季节发生变化,但不会干枯无水,这就是通常所说的河流。一条暂时性流水的沟谷,若能不间断地获得水源的供给,就会变成一条河流。实际上,一条河流的水源往往是多方面的,除大气降水外,高山冰、雪融水和地下水都可能是它的重要水源。暂时性流水与河流相互连接,脉络相通,组成统一的地表流水系统。地表流水的地质作用又分为暂时性地表流水的地质作用与河流的地质作用。

地表流水的地质作用主要包括侵蚀作用、搬运作用和沉积作用。地表流水在地面、沟谷及河谷的流动过程中,不断地使原有地面遭到侵蚀破坏,这种破坏被称为侵蚀作用。侵蚀作用造成地面大量水土流失、冲沟发展,引起沟谷斜坡滑塌、河岸坍塌等各种不良地质现象和工程地质问题。山区铁路多沿河谷前进,修建在河谷斜坡或河流阶地上,因此,地表流水的侵蚀作用显得十分重要。地表流水把地面各种成因的破碎物质带走,称为搬运作用。搬运作用使原破碎物质覆盖的新地面暴露出来,为新地面的进一步破坏创造了条件。在搬运过程中,被搬运物质亦可对沿途地面进一步侵蚀。当地表流水流速降低时,部分物质不能被继续搬运而沉积下来,称为沉积作用。沉积作用是地表流水对地面的一种建设作用,形成某些常见的第四纪沉积层。

3.1.2 暂时性流水的地质作用

暂时性流水是大气降水后短暂时间内在地表形成的流水,主要出现在降雨过程中或雨后一定时间内,特别是在强烈的集中暴雨后,暂时性流水特别显著,往往造成较大灾害。暂时性地表流水的地质作用主要分为淋滤作用、洗刷作用和冲刷作用,它们形成的产物分别为残积层、坡积层和洪积层。

一、淋滤作用及残积层

大气降水向地下渗透过程中,渗流水不仅能把岩土中的细小颗粒物质直接带走,还能把岩土中的易溶成分溶解带走,而将不能带走和难以溶解的物质残留在原地,使地表附近岩土逐渐失去其完整性,这个过程称为淋滤作用,残留在原地的松散物质称为残积层(用 Q^{el} 表示)。由其形成过程,可知残积层有下述特征:

① 残积层残留原地,其物质成分与下伏基岩成分密切相关,因为残积层就是下伏原

岩经过风化淋滤之后残留下来的物质。

② 淋滤作用和岩石的风化作用(参看本书第4章岩石风化有关内容)常常混杂在一起(亦有学者将淋滤作用视为风化作用的一部分),因此,残积层与风化带密切相关,一般将岩石的全风化带视为残积层。

3.1-1 残积层

③ 残积层的厚度与当地地形、降水量、水中化学成分等多种因素有关。若地形较陡,风化破碎物质容易被水带走,残积层可能较薄;若地形较缓,风化破碎物质不容易被水带走,残积层可能较厚。各地残积层厚度相差很大,厚的可达数十米,薄的只有数十厘米,甚至完全没有残积层。

④ 残积层具有较大的孔隙率,较高的含水量,作为建筑物地基,强度较低。特别是当残积层下伏基岩面起伏不平时,残积层厚度常常变化较大,如把建筑物置于这样的残积层之上,则可能发生不均匀沉降。

二、洗刷作用及坡积层

大气降水在汇入洼地或沟谷以前,往往沿整个山坡坡面漫流,称为坡面流水。坡面流水把覆盖在坡面上的风化破碎物质带到坡脚缓坡处沉积,这个过程称洗刷作用,在坡脚处形成新的沉积层,称为坡积层(用Q^{dl}表示),如图3-2所示。坡积层具有下述特征:

① 坡积层位于山坡坡脚处,其厚度变化较大,一般是坡脚处最厚,向山坡上部及远离坡脚方向均逐渐变薄尖灭。

② 坡积层多由碎石和黏性土组成,其成分与下伏基岩无关,而与山坡上部基岩成分有关。

③ 由于从山坡上部到坡脚搬运距离较短,故坡积层层理不明显,碎石棱角分明。

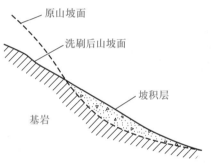

图 3-2 坡积层的形成

3.1-2 坡积层

④ 坡积层松散、富水,作为建筑物地基强度很差。坡积层很容易发生滑动。坡积层下原有地面越陡,坡积层中含水越多,坡积层物质粒度越小、黏土含量越高,当开挖边坡切掉坡积层坡脚部分时,坡积层失去支撑,易沿原有地面发生坡积层滑坡。

三、冲刷作用及洪积层

地表流水汇集到冲沟中后形成暂时性地表径流,由于水量大,携带的泥砂石块多,加之冲沟底坡通常较陡,流水侵蚀能力强,可对冲沟两侧和冲沟底部进行掏蚀,导致冲沟两岸坍塌或滑动,底部强烈下切,使冲沟不断变宽和加深,并把携带的物质带到沟口宽缓地段沉积下来,这个过程称为冲刷作用,所沉积的物质称为洪积层(用Q^{pl}表示),在沟口呈扇状堆积时又称为洪积扇。

集中暴雨或积雪骤然大量融化,都会短时间内在地表冲沟中形成巨大的暂时性水流,常称为洪流。洪流所携带的大量泥砂石块被搬运到沟口沉积下来,形成洪积层。

1. 冲沟

如果地表岩石软弱、裂隙发育、土体疏松、地面坡度较陡、植物覆盖差,则这样的地区极易形成冲沟。经常、反复进行的冲刷作用,先在地表低洼处形成小沟,小沟又不断被加深扩宽形成大沟,大沟两侧及上游又形成许多新的小支沟。随着冲沟的形成和不断发展,使当地产生大量水土流失,地表被纵横交错的大小冲沟切割得支离破碎,如图 3-3 所示,并逐渐发展成山坳(图 3-4)。

黄土地区比较符合上述易于形成冲沟的条件。以陕北绥德韭园地区为例,该地区在仅仅 58.2 km² 的面积内,大小冲沟总长度就达到 203.91 km,平均 1 km² 内有冲沟 3.47 km 长。该地区水土大量流失,耕地面积减少,交通运输不便,对工程建设也造成很大困难。

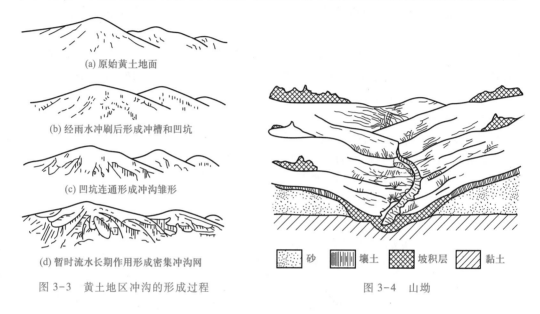

(a) 原始黄土地面

(b) 经雨水冲刷后形成冲槽和凹坑

(c) 凹坑连通形成冲沟雏形

(d) 暂时流水长期作用形成密集冲沟网

图 3-3   黄土地区冲沟的形成过程

砂   壤土   坡积层   黏土

图 3-4   山坳

2. 洪积层的特征

3.1-3   洪积层

洪流携带大量被剥蚀的泥砂石块沿沟谷流动,当流到山前平原、山间盆地或沟谷进入河流的谷口时,流速显著降低,携带的大量泥砂石块沉积下来,形成洪积层。洪积层有下述特征:

① 洪积层多位于沟谷进入山前平原、山间盆地、流入河流处。从外貌看洪积层多呈扇形,见图 3-5。

② 洪积层物质成分较复杂,沟谷内所有出露的岩石均可能在洪积层中出现。

③ 从平面上看,洪积扇顶部沉积物颗粒较粗大,多为漂石、卵石、砾石等;向扇缘方向逐渐愈来愈细,由砾石、砂、黏土等构成。从断面上看,地表洪积物颗粒较细,向地下越来越粗。也就是说,洪积层初具分选性和层理。同时,由于携带物搬运距离较远,沿途受到摩擦、碰撞,使洪积物具有一定磨圆度。

④ 在洪积扇上修筑工程,首先要注意洪积扇的活动性。对正在活动的洪积扇,每当暴雨季节,仍会发生新的洪积物沉积,故一般不宜在活动的洪积扇上修建筑物。对于已停止活动的洪积扇,一般扇顶颗粒粗大,地下水位深,工程

图 3-5   洪积扇

性质相对较好;扇缘颗粒细小,地下水位浅,矿化度高,工程性质相对较差。

3.1.3 河流的地质作用

我国是多河流国家,闻名于世的我国四大河流:长江、黄河、珠江和黑龙江,流域总面积近 400 万平方公里,占我国总面积 40%以上。由于我国幅员辽阔,地形高差大,各地自然环境条件相差悬殊,构成了我国河流区域性特点及一条大河不同段落上的复杂性和多变性。

一条河流从河源到河口一般可分为三段:上游、中游和下游。上游多位于高山峡谷,急流险滩多,河道相对较直,流量不大但流速很高,河谷横断面多呈"V"字形。中游河谷较宽广,河漫滩和河流阶地发育,横断面多呈"U"字形。下游多位于平原地区,流量大而流速较低,河谷宽广,河曲发育,在河口处易沉积形成三角洲。

河流的侵蚀作用、搬运作用和沉积作用在整条河流上同时进行,相互影响。在河流的不同段落上,三种作用进行的强度并不相同,常以某一方面作用为主。

一、河流的侵蚀、搬运和沉积作用

1. 侵蚀作用

河流的侵蚀作用按其侵蚀方向可分为下蚀作用和侧蚀作用。下蚀也称为纵向侵蚀,向下切割河床,破坏河底。侧蚀也称横向侵蚀,向河岸方向侵蚀,使河流变宽、变弯,破坏原有河岸。下蚀和侧蚀是同时进行的,但河流上游以下蚀为主,下游以侧蚀为主。

河流侵蚀作用的能力由水量和流速决定。以 Q 表示河水流量(m^3/s),V 为流速(m/s),则河水动能 E 由下式表示:

$$E = \frac{1}{2}QV^2 \tag{3-1}$$

由式(3-1)可知,河水动能与流量成正比,与流速二次方成正比。显然,流速对动能的影响比流量更大。

河水的动能一方面用于进行侵蚀作用,另一方面用于搬运被侵蚀下来的泥砂石块。因而河流的侵蚀与搬运两种作用是相互依存、相互制约的。

(1) 下蚀作用

河流侵蚀河床底部,使河床逐渐变深的过程称为河流的下蚀作用。河流下蚀作用主要发生在地壳强烈抬升的地区。下蚀的强弱取决于流速、流量的大小,也与组成河床的物质有关。流速、流量越大,下蚀作用越强;组成河床的物质越坚硬、裂隙越少,下蚀作用越弱。河流下蚀不能无限下切,最大下切深度大致以海平面为基准,称为侵蚀基准面。下蚀作用导致河流的源头不断向后退缩,称为溯源侵蚀,见图3-6。当地壳处于稳定阶段后,溯源侵蚀进行到一定程度,河流的下蚀作用基本停止,称为平衡阶段,此时的地表称为剥蚀夷平面。如果地壳再出现抬升,海平面下降,新一轮下蚀作用又开始进行。

3.1-4 河流的下蚀作用

(2) 侧蚀作用

河流冲刷河岸,导致河床逐渐变弯变宽的过程称为河流的侧蚀作用。河流产生侧蚀的原因,一是因为原始河床不可能完全笔直,一处微小的弯曲都可能使河水主流线不再平行河岸而冲刷河岸;二是河流中的各种障碍物,如浅滩,也能使主流线改变方向冲刷河岸。如图3-7所示。

3.1-5 河流的侧蚀作用

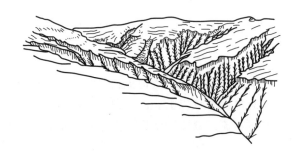

图 3-6 河流的溯源侵蚀

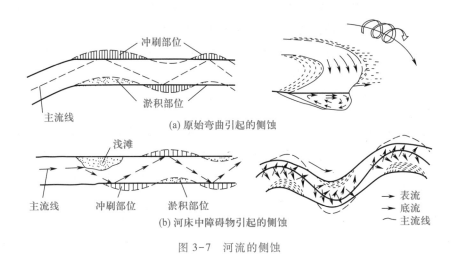

图 3-7 河流的侧蚀

被河流冲刷的河岸称为冲刷岸,因河岸不断垮塌,一般表现为凹岸。被冲刷的物质由河水带到另一岸堆积时称为堆积岸,一般表现为凸岸。当河流在冲刷岸受阻,会转折冲向下游的对岸,在对岸形成新的冲刷岸。这样侧向的侵蚀和堆积沿河流不断交替进行,使河流的弯曲程度越来越大,称为河曲。随着河曲发展到一定程度,在某段河流上下游两点间直线距离和高差不变的条件下,该段河流的长度却越来越大。河床底坡亦逐渐变缓,流速逐渐降低。当流速减小到一定程度,河流只能携带泥砂克服阻力流动,而无力进行侧蚀的时候,河曲不再发展,此时的河曲称为蛇曲。河流的蛇曲地段,河床弯曲程度很大,某些河湾之间非常接近,只隔一条狭窄地段,到了洪水季节,洪水可能冲决这一狭窄地段,河水经由新冲出的距离短、流速大的河道流动,残余的河曲两端逐渐淤塞,脱离河床而形成特殊形状的牛轭湖。如图 3-8 所示。牛轭湖中水分逐渐蒸发,逐渐发展成为沼泽。长江下游沙市、汉口等地段,由被遗弃的古河道形成的湖泊、洼地和沼泽星罗棋布。

2. 搬运作用

河流具有一定的搬运能力,它能把侵

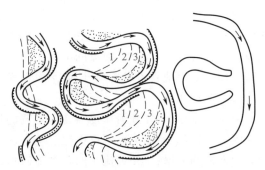

图 3-8 河曲、蛇曲、牛轭湖

蚀作用生成的各种物质以不同方式向下游搬运,直至搬运到湖盆地和海盆地中。河流搬运能力与流速关系最大,当流速增加 1 倍时,被搬运物质的直径可增大到原来的 4 倍,被搬运物质的重量可增大到原来的 64 倍。当流速减小时,就有大量泥砂石块沉积下来。

流水搬运的方式可分为物理搬运和化学搬运两大类。物理搬运的物质主要是泥砂石块,化学搬运的物质则是可溶解的盐类和胶体物质。根据流速、流量和泥砂石块的大小不同,物理搬运又可分为悬浮式、跳跃式和滚动式三种方式。悬浮式搬运的主要颗粒是细小的砂和黏性土,悬浮于水中,顺流而下。例如,黄河中大量黄土颗粒主要是悬浮式搬运。悬浮式搬运是河流搬运的重要方式之一,它搬运的物质数量最大,例如黄河每年的悬浮搬运量可达 6.72×10^8 t,长江每年是 2.58×10^8 t。跳跃式搬运的物质一般为卵石和粗砂,它们有时被急流、涡流卷入水中向前搬运,有时则被缓流推着沿河底滚动。滚动式搬运的主要是巨大的漂石、卵石,它们只能在水流强烈冲击下,沿河底缓慢向下游滚动。

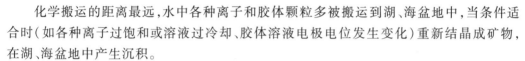

3.1-6 河流的搬运作用

化学搬运的距离最远,水中各种离子和胶体颗粒多被搬运到湖、海盆地中,当条件适合时(如各种离子过饱和或溶液过冷却、胶体溶液电极电位发生变化)重新结晶成矿物,在湖、海盆地中产生沉积。

河流在搬运过程中,随着流速逐渐减小,被携带物质按其大小和重量陆续沉积在河床中,从平面上看上游河床中沉积颗粒较粗大,愈向下游沉积颗粒愈细小。从河床横断面上看,粗大颗粒先沉积下来,细小颗粒后沉积下来覆盖在粗大颗粒之上,在垂直方向上显示出层理。这种在河流平面上和横断面上,沉积物颗粒大小有规律的变化,称为河流的分选性。另外,在搬运过程中,被搬运物质与河床之间、被搬运物质互相之间,都不断发生摩擦、碰撞,使原来有棱角的岩屑、碎石逐渐磨去棱角而成浑圆形状。河流沉积物这种在搬运过程中被球化的现象称为磨圆度,如河床中常常见到的卵石、砾石和砂,它们都具有一定的磨圆度。良好的分选性和磨圆度是河流沉积物区别于其他成因沉积物的重要特征。

3. 沉积作用和冲积层

流速降低使河流携带的物质沉积下来称沉积作用,河流的沉积物称为冲积层(用 Q^{al} 表示)。由于河流在不同地段的搬运能力不同,在各处形成的沉积层的特点亦不相同。在山区,河流底坡陡、流速大,沉积作用较弱,河床中冲积层多为漂石、卵石和粗砂。当河流由山区进入平原时,流速骤然降低,大量物质沉积下来,形成冲积扇。

3.1-7 冲积层

冲积扇的形状和特征与前述洪积扇相似,但冲积扇规模巨大,冲积层的分选性及磨圆度更高。以永定河由北京西山进入华北平原时在三家店形成的巨大冲积扇为例(见图3-9),该冲积扇以永定河出山口处的三家店为顶点,以略微隆起的地形向北东、南东和南西方向作辐射状倾斜,倾斜坡度为 2% ~ 3%;扇顶部标高平均约 90 m,扇边缘平均标高约 4~5 m。整个冲积扇面积约 3 000 km²,北京及其附近广大地区均位于这个冲积扇上。

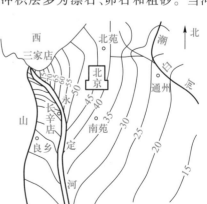

图 3-9 永定河冲积扇

　　冲积扇还常分布在大山的山麓地带,例如祁连山北麓、天山北麓和燕山南麓的大量冲积扇。如果山麓地带几个大冲积扇相互连接起来,则形成微倾斜的山前冲积平原。

　　在河流下游,则由细小颗粒的沉积物组成广大的冲积平原,例如黄河下游、海河及淮河的冲积层构成的华北大平原。

　　在河流入海的河口处,流速几乎降低到零,并受到海水的阻挡,河流携带的泥砂绝大部分都要沉积下来。若河流沉积下来的泥砂大量被海流卷走,或河口处地壳下降的速度超过河流泥砂量的沉积速度,则这些沉积物不能保留在河口或不能露出水面,这种河口则形成港湾。例如,我国南方钱塘江河口处,由于海浪和潮汐作用强烈,使冲积层不能形成,而成为港湾。

　　更多的情况是大河河口都能逐渐积累冲积层,它们在河口附近呈扇形分布,小部分在河口一带出露水面,大部分仍堆积在海中,一般被称为河流三角洲。其中,露出水面部分称为陆上三角洲,水面以下称为水下三角洲。由于人们常常只看见陆上三角洲,因此亦有人将陆上三角洲混称为河流三角洲(简称三角洲),如图 3-10 所示。三角洲的内部构造与洪积扇、冲积扇相似:下粗上细;近河口处较粗,距河口愈远愈细。随着河流不断带来沉积物,河流三角洲不断向海洋方向推进,以前的三角洲逐渐演变为陆地。例如,天津市在汉代是海河河口,元朝时为一片湿地,现在已成为距海岸约 90 km 的城市。长江下游自江阴以东地区,都是由长江三角洲逐渐发展而成的。我国河流中携带泥砂量最多的黄河,因三角洲的大量沉积,导致海岸线已向黄海推进了 480 km,每年推进约 300 m。

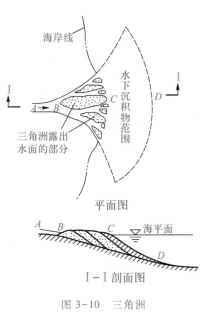

图 3-10　三角洲

　　从冲积层的形成过程,可知其具有以下特征:

　　① 冲积层主要分布在河床及两岸、冲积扇、冲积平原和三角洲中;冲积层的成分非常复杂,河流汇水面积内的所有岩石和土都能成为该河流冲积层的物质来源。与暂时性流水地质作用形成的第四纪沉积层相比,冲积层分选性好,层理明显,磨圆度高。

　　② 由于冲积层分布广,表面坡度比较平缓,地下水丰富,多数大、中城市都坐落在冲积层上;铁路也常选择在冲积层上通过。作为工程建筑物的地基,砂、卵石的承载力较高,黏性土较低。应当特别注意冲积层中两种不良沉积物,一种是软弱土层,例如牛轭湖、沼泽地中的淤泥、泥炭等;另一种是容易发生流砂现象的粉砂层。遇到它们应当采取专门的设计和施工措施。

　　③ 冲积层中的卵石、砾石和砂常被选用为建筑材料。冲积层厚度稳定、延续性好的砂、卵石层是丰富的含水层,可以作为良好的供水水源。

　　二、河谷横断面及河流阶地

　　河流地质作用的结果形成各种复杂的侵蚀和沉积地貌。河谷地貌形态可以用河谷横断面来表示。河谷是中小城镇、工矿企业、居民区最常见的分布区域,道路经常沿河岸或跨河前进,各种建筑物处于河谷断面的什么部位是应当重视的问题。

1. 河谷横断面

一般将河流地质作用形成的谷状地貌称为河谷。河谷范围内河床两岸的斜坡称为河谷斜坡。从图 3-11 看,1 为河床,是平时被流水占据的部位;2 为河漫滩,是洪水期被淹没、平时露出水面的部位;3 为河谷斜坡,指河漫滩以上向两侧延伸的斜坡。对于有阶地的河谷,河谷斜坡是河漫滩以上的阶地斜坡。

在河流的不同地段和不同发展阶段,河谷地貌形态均有不同。在河流上游地段或幼年期河谷,下蚀作用强烈,坡陡流急,河床中沉积物较少,河谷横断面多呈"V"形,只有河床和高陡的河谷斜坡,较少见到河流阶地,如图 3-12 所示。在河流中游地段或壮年期河谷,河谷开阔,下蚀作用较弱,以侧蚀为主,河曲较发育,多有河流阶地,如图 3-13 所示。在河流下游地段或老年期河谷,侵蚀作用很微弱,主要为沉积作用,这种地段大多处于平原地带,河床本身也处在冲积层上,河床外就是冲积平原。个别地段沉积作用强烈,河床愈淤愈高,以致河水面高出两侧平原地面形成地上河,如图 3-14 所示。

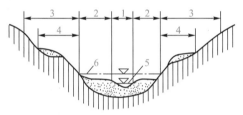

图 3-11   河谷横断面
1—河床;2—河漫滩;3—河谷斜坡;
4—河流阶地;5—平水位;6—洪水位

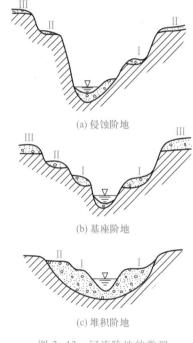

(a) 侵蚀阶地

(b) 基座阶地

(c) 堆积阶地

图 3-13   河流阶地的类型

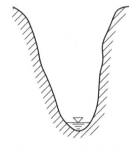

图 3-12   "V"形河谷

2. 河流阶地

河谷内河流侵蚀或沉积作用形成的阶梯状地形称为河流阶地(简称阶地)。阶地由阶地面和阶地陡坎组成。阶地表层的微倾斜面称为阶地面,阶地在河流方向的陡坎称为阶地陡坎。河流阶地用罗马数字编号,自河漫滩以

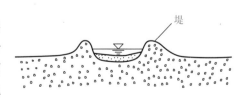

图 3-14   平原地区地上河

3.1-8 河
流阶地

上按顺序排列,编号愈大,阶地位置愈高,生成年代愈早。

阶地是地壳上升运动与河流地质作用的产物。地壳每一次剧烈上升,使河流侵蚀基准面相对下降,大大加速了下蚀的强度,河床底部被迅速向下切割,河水面随之下降。以致再到洪水期时也淹没不到原来的河漫滩了,这样,原来的老河漫滩就变成了最新的Ⅰ级阶地,原来的Ⅰ级阶地就变成为Ⅱ级阶地,依此类推,在最下面则形成新的河漫滩。

一条河流有多少级阶地是由该地区地壳上升次数决定的,每剧烈上升一次就应当有相应的一级阶地,例如兰州地区的黄河就有六级阶地。但是,由于河流地质作用的复杂性,使河流两岸生成的阶地级数及同级阶地的大小范围并不完全对称相同,例如左岸有Ⅰ、Ⅱ、Ⅲ共三级阶地,右岸可能只有Ⅱ、Ⅲ二级阶地;左岸的同级阶地可能比较宽广、完整,右岸的同级阶地则可能支离破碎、残余面积不大。阶地编号愈大,生成年代愈老,则可能被侵蚀破坏得愈严重,不易完整保存下来。

根据阶地的平面形态,将延伸方向与河流方向垂直的阶地称为横向阶地;延伸方向与河流方向平行的阶地称为纵向阶地。

根据阶地组成物质的不同,可以把阶地分为三种基本类型,如图 3-13 所示:

① 侵蚀阶地,也称基岩阶地:阶地面和阶地陡坎都由基岩组成,阶地表面只有很少的冲积物或没有冲积物。侵蚀阶地多位于山区,因地壳上升很快,河流下切强烈造成的。

② 基座阶地:阶地表面有较厚的冲积层,但因河流下切较深,以致切透了冲积层,切入了下部基岩以内一定深度,从阶地陡坎上明显看出,阶地由上部冲积层和下部基岩两部分构成。

③ 堆积阶地,也称冲积阶地或沉积阶地:整个阶地都由冲积层构成,在阶地陡坎上看不到基岩。表明该地区冲积层很厚,地壳上升引起的河流下切未能把冲积层切透。堆积阶地常见于河流下游的冲积扇和冲积平原地区。

根据阶地的形成过程,在野外辨认河流阶地时应注意下述两方面特征:形态特征和物质组成特征。从形态上看,阶地表面一般均较平缓,纵向微向下游倾斜,倾斜度与本段河床底坡接近,横向微向河中心倾斜。河床两侧同一级阶地,其阶地表面距河水面高差应当相近。某些较老的阶地,由于长时间受到地表水的侵蚀作用,平整的阶地表面被破坏,形成高度大致相等的小山包或台地。应当指出,不能只从形态上辨认阶地,还必须从物质组成上去确定。由于阶地是老的河漫滩形成,它应当由黏性土、砂、卵石等冲积层组成,砂、卵石具有较高的磨圆度。就侵蚀阶地而言,在基岩表面上也应或多或少地保留有冲积物。因此,冲积物是确定阶地的重要物质特征。

三、河流地质作用与工程建筑的关系

土木工程与河流关系非常密切。城市、工厂、道路一般沿河而建,建筑物在河谷横断面上所处的位置,直接影响到建筑物的稳定性。如房屋建筑通常临河而建,河流对岸坡的冲刷淘蚀会对河岸上的房屋建筑造成破坏。平原地区河流的堆积作用使河床上升,甚至成为地上"悬河",严重威胁两岸居民的安全。

当道路以桥梁的形式通过河流时,桥梁位置和墩台基础的选择都应充分考虑河流地

质作用。对于桥梁位置,首先应当选择在河流顺直地段,以避免在河曲处遭受冲刷岸侧蚀而危及桥台安全;应尽量使桥梁中线与河流垂直,以免桥梁长度增大。其次墩台基础位置应当选择在强度足够且安全稳定的岩层上。对于那些岩性软弱的土层或地质构造不良位置一般不宜设置墩台。如图 3-15 所示,A 台岩层倾向坡外,不稳定,可能因岩层滑动而产生破坏。C 墩位于断层上,断层两侧岩石不同,或断层带内岩石破碎,均不利于稳定;如断层具有活动性,情况更糟。B 台岩层倾向坡内,较稳定,基础位置较好。墩台位置确定之后,还必须确定墩台基础的埋置深度,埋置深度太浅会由于河流冲刷河床底部,使基础下部掏空造成桥墩倾斜或倒塌;埋置过深将大大增加工程费用和工期。对于受条件限制必须通过软弱土层或地质构造不良位置的桥梁墩台,则需对地基进行特殊的加固处理。

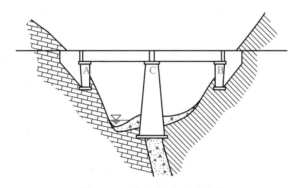

图 3-15　墩台基础地质情况

对于沿河道路来说,线路在狭谷地区行进时,由于河谷斜坡较陡,经常产生崩塌、滑坡等不良地质现象,危及道路安全。线路在宽谷地区或山间盆地行进时,路基多置于河流阶地或较缓的河谷斜坡上,经常遇到第四纪各种松散沉积层;线路在平原上行进也常把路基置于冲积层上,常见的病害是河岸冲刷导致路基失稳或路基基底含有软弱土层等。

§3.2　地下水的地质作用

3.2.1　地下水的基本知识

储藏和运动于岩土的孔隙和裂隙中的水叫地下水。在土木工程建设中,一方面地下水是生产生活供水的重要来源,特别是在干旱地区,地表水缺乏,供水主要靠地下水。另一方面,地下水的活动又是威胁施工安全、造成工程病害的重要因素,例如基坑、隧道涌水,滑坡活动,基础沉陷和冻胀变形等都与地下水活动有直接关系。

一、水在岩土中的存在状态

地下水储藏和运动于岩土的孔隙和裂隙中,根据岩土中水的物理力学性质不同及水与岩土颗粒间的相互关系,可以有以下几种状态:

1. 气态水

即水蒸气,它和空气一起充满在岩土的孔隙、裂隙中。岩土中的气态水可以由大气中的气态水进入地下形成,也可由地下液态水蒸发形成。气态水有极大的活动性,受气流或温度、湿度的影响,由蒸汽压力大的地方向蒸汽压力小的地方移动。在温度降低或湿度增大到足以使气态水凝结时,便变成液态水。

2. 液态水

可分为吸着水、薄膜水、毛细水和重力水。

(1)吸着水(强结合水)

岩土中的水分子被分子引力和电力吸附到岩土颗粒表面,形成吸着水。当被吸附在岩土颗粒表面的水分子逐渐增多成为包围颗粒的一层连续的水膜时,水膜厚度等于水分子的直径,吸着水达到最大值(见图 3-16 中的 1、2)。

岩土颗粒具有电荷,水分子是偶极分子,水分子的第一层被岩土颗粒电荷吸引,它们之间吸引力非常大,超过一万个大气压,比水分子所受重力大得多。因此,吸着水不同于一般液态水,它不受重力影响,一般情况下不能移动,只有在受热超过 105~110 ℃时,才能变为气态水离开颗粒表面。

(2)薄膜水(弱结合水)

岩土颗粒可以在吸着水膜以外吸附更多的水分子成为几个水分子到几百个水分子直径厚的水膜,直到该方向与岩土颗粒的电荷中和完毕,称为薄膜水(见图 3-16 中的 3、4)。由于颗粒与水分子间的吸引力离颗粒表面越远越小,当两个颗粒的薄膜水接触后,薄膜水由水膜厚的地方向薄的地方缓慢地移动,直到薄膜厚度接近相等为止。薄膜水仍不能在重力作用下自由流动,也不能传递静水压力。吸着水和薄膜水都属于分子水,它们在岩土中的含量取决于岩土颗粒的总表面积。颗粒愈细小,总表面积愈大,吸着水和薄膜水含量也愈多。例如,黏土所含吸着水和薄膜水可分别达 18% 和 45%,而砂土所含吸着水和薄膜水分别为不到 0.5% 和 2%。对于具有裂隙和溶洞的坚硬岩石来说,所含吸着水和薄膜水微不足道,没有实际意义。

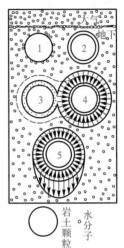

图 3-16　岩土中水的状态
1—具有不完全吸着水量的颗粒;
2—具有最大吸着水量的颗粒;
3、4—具有薄膜水的颗粒;
5—具有重力水的颗粒

根据上述水理性质,吸着水和薄膜水含量对岩土的持水性、给水性和透水性都有很大影响,特别是对黏性土和黏土岩的工程性质有决定性的影响。随着黏性土和黏土岩中含水量的变化,它们的可塑性、体积胀缩性和孔隙度也要发生改变。

(3)毛细水(非结合水)

存在于岩土毛细孔隙(直径小于 1 mm 的孔隙)和毛细裂隙(宽度小于 0.25 mm 的裂隙)中的水称为毛细水。毛细水同时受重力和毛细力的作用,毛细力大于重力,水就上升,反之则下降,毛细力与重力相等时,毛细水的上升达到最大高度,称为毛细高度。毛细水上升速度及高度,取决于毛细孔隙的大小,而孔隙的大小与颗粒大小有密切关系。表 3-1 给出几种松散土毛细水上升最大高度。

表 3-1　松散土毛细水上升最大高度　　　　　　　　　　　　mm

粗砂	中砂	细砂	轻砂黏土	砂黏土	黏土
4	35	120	250	350	600

　　通常,在地下水面之上,若岩土中有毛细孔隙,则水沿毛细孔隙上升,在地下水面上形成一个毛细水带。毛细水受毛细力和重力作用能垂直运动,可以传递静水压力,但不能自由流动,能被植物吸收;对于土的盐渍化、冻胀等有重大影响。

　　(4)　重力水(非结合水)

　　当薄膜水厚度逐渐增大,颗粒与水分子间的引力愈来愈小,以致水分子不再受这种引力控制的时候,这些水分子形成液态水滴,能在重力作用下由高到低自由移动(见图 3-16 中的 5),称为重力水。在被饱和岩土的孔隙、裂隙中,除吸着水、薄膜水外都是重力水,又称自由水。重力水是构成地下水的主要部分,通常所说地下水就指重力水。重力水的表面称为重力水面,地下水位指的是重力水面的位置。

　　3.　固态水

　　主要是指岩土孔隙、裂隙中的冰。在我国华北、东北、西北某些地区,地下温度随季节不同有周期性的变化,当温度低于 0 ℃时,液态水变为固态冰;温度高于 0 ℃时,固态冰又变为液态水。在我国高纬度的东北地区及高海拔的西部高山、高原地区,不少地方地下温度终年处于 0 ℃以下,地下水终年以固态冰的形式存在。

　　在岩土体中,地下水位以上称为包气带,地下水位以下称为饱水带。包气带中可能存在气态水、吸着水、薄膜水和毛细水,一般没有重力水(但包气带中局部隔水层上可能会存在重力水)。包气带中岩土孔隙、裂隙并没有完全被水充满,含有与大气圈相连的空气。饱水带中则存在吸着水、薄膜水和重力水。其中重力水在重力作用下可由高到低自由流动。如图 3-17 所示。

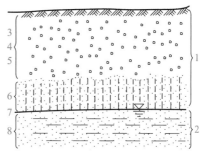

图 3-17　各种状态地下水在
地下的垂直分布情况

1—包气带;2—饱水带;3—气态水;
4—吸着水;5—薄膜水;6—毛细水;
7—地下水面;8—重力水

　　二、岩土的主要水理性质

　　岩土与水作用时表现出来的性质都被称为水理性质,岩土的水理性质包括两个方面,一方面是岩土中孔隙和裂隙对水的储存、运动的控制作用,主要指岩土的容水性、持水性、给水性和透水性;另一方面是水对岩土工程性质的影响,主要指岩土的溶解性、吸水性、软化性、抗冻性、膨胀性及崩解性。本章主要讲述前者,后者在第 4 章中讲述。

　　1.　容水性

　　在岩土的孔隙、裂隙中能够容纳一定数量水体的性能称容水性。容水性常用容水度表示,即岩土中容纳的水的体积与岩土总体积之比。当岩土孔隙、裂隙被水充满时,水的体积就等于孔隙、裂隙的体积,此时容水度在数量上等于孔隙度或裂隙率。孔隙度和裂隙率统称空隙率。但重力水常常不能进入岩土中的封闭孔隙和裂隙,因此,容水度在数量上实际小于孔隙度或裂隙率。

2. 持水性

依靠分子引力或毛细力,在岩土孔隙、裂隙中保持一定数量水体,而且此水体不能在重力作用下自由流动的性能称持水性。能被保持的水主要是吸着水、薄膜水和毛细水。持水性用持水度表示,即靠分子引力和毛细力保持的水的体积与岩土总体积之比。只考虑分子引力保持的水(如薄膜水)的体积与岩土总体积之比称分子持水度。当岩土中毛细孔隙或毛细裂隙被毛细水充填时,毛细水体积与岩土总体积之比称毛细持水度。

3. 给水性

被水饱和的岩土在重力作用下,能够自由流出一定水量的性能称给水性。给水性用给水度表示,即能自由流出的水的体积与岩土总体积之比。可见容水度、持水度与给水度三者之间有密切关系,即给水度应等于容水度减去持水度,而最大给水度为饱和容水度减去最大持水度。

不同岩土的给水度很不相同,对于颗粒粗大的岩土,由于颗粒间孔隙较大,孔隙中除了吸着水、薄膜水和毛细水外,还有较多重力水,可以给出较大水量,如砂卵石土、砂石、砾石(表 3-2)。对于颗粒细小的岩土,由于颗粒间孔隙小,孔隙中除了吸着水、薄膜水和毛细水外,只有少量重力水,或没有重力水,只能给出较小的水量或不能给出水,如黏土、泥岩、页岩。当工程需要排出这类岩土中保持的分子水和毛细水时,必须采取特殊处理措施。对于坚硬岩石来说,分子水数量很小,常可略去不计,因而给水度、容水度和裂隙率三者几乎相等。

表 3-2　砂、砾石的给水度

岩土名称	砾石	粗砂	中砂	细砂	极细砂
给水度	0.35~0.30	0.30~0.25	0.25~0.20	0.20~0.15	0.15~0.10

4. 透水性

岩土容许水透过它的性能称透水性,透水性的大小用渗透系数 K 表示。渗透系数一般由达西层流定律得到,见图 3-18 和公式(3-2)及公式(3-3)。渗透系数是与岩土空隙性和渗透液体的物理性质有关的常数。岩土孔隙、裂隙越大,K 越大。水的渗透性比石油好,是因为水比石油稠度小,流动阻力小。渗透系数的单位与渗透速度相同,即cm/s、m/h、m/d 等。

达西层流定律:

$$Q = K \cdot \frac{\mathrm{d}h}{\mathrm{d}l} \cdot A \qquad (3-2)$$
$$= K \cdot I \cdot A$$

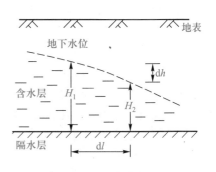

图 3-18　达西层流定律推导示意图

H_1、H_2—不同测点水深;

$\mathrm{d}h$—测点水头差;$\mathrm{d}l$—测点间距

$$K = \frac{Q}{I \cdot A} = \frac{V}{I} \qquad (3-3)$$

式中:Q——流量;

A——过流断面面积;

K——渗透系数;

I——水力梯度;

V——通过测试断面的水流速。

地下水是沿着岩土的孔隙、裂隙流动的,因而孔隙、裂隙的大小和多少与透水性大小密切相关,但决定透水性大小的首先是孔隙、裂隙的大小,其次才是数量的多少。例如,砂岩的孔隙度一般才 30% 左右,由于砂颗粒较大,组成的孔隙较大,孔隙中除了分子水、毛细水外还有大量的重力水存在空间,地下水容易沿大孔隙流动,透水性较大;泥岩的孔隙度虽然高达 50% 以上,但由于黏土颗粒很小,组成的孔隙微小,孔隙多被分子水和毛细水占据,地下水穿过这些微小孔隙非常困难,可以认为实际上是不透水的。孔隙不发育的岩石的透水性则取决于裂隙的发育程度,即裂隙的宽度、密度和连通程度等。

地质学中一般将不能通过重力水的岩土层称为隔水层,可以通过重力水的岩土层称为透水层,透水层中含有重力水的那一部分岩土层称为含水层。

三、地下水的物理性质与化学成分

地下水的物理性质包括温度、颜色、透明度、嗅味、口味、相对密度、导电性及放射性等。地下水的化学成分包括水中所含的各种离子、化合物和气体。地下水的物理性质受周围环境条件和所含化学成分的影响。地下水的化学成分与流经的岩土性质和成分、地下水的补给及排泄条件和气候有密切关系。因此,地下水的物理性质与化学成分随空间和时间的变化而改变。

地下水的物理性质与化学成分决定了地下水的质量。不同用水目的,对水的质量有不同的要求标准。此外,地下水的腐蚀性来源于水中有害的化学成分。

1. 地下水的物理性质

(1) 温度

地下水的温度与其埋藏深度、地下补给条件及地质条件等因素有关。在接近地表面的较浅处,地下水温度受当地气温的影响,埋藏深度 5 m 以内的地下水,其温度有日变化规律;5 m 以下至年常温带之间的地下水,其温度有年变化规律;在常温带以下,地下水温度随埋藏深度增加而升高,通常每向下增深 33 m,温度平均升高 1 ℃。

地下水温度受地下补给条件及地质条件的影响是显而易见的。例如,新火山地区的间歇泉常有很高的温度,有的达 100 ℃ 以上,它们主要是受到地下岩浆活动的影响;在多年冻土地区或高寒山区,地下水温度可达到 0 ℃ 以下。一般在中纬度地区的地下水,若水源补给不深,水温多在 5~12 ℃。若水源补给在常温层以下,则入地愈深,水温愈高。按照地下水的温度高低,可把地下水分为:低于 0 ℃ 的过冷水;0~4 ℃ 的极冷水;4~20 ℃ 的冷水;20~37 ℃ 的温水;37~42 ℃ 的热水;42~100 ℃ 的极热水及高于 100 ℃ 的过热水七种。

(2) 颜色

地下水的颜色取决于水中化学成分及悬浮物,纯水是无色的。地下水所含成分与颜色的关系见表 3-3。

表 3-3 地下水所含成分与颜色的关系

所含成分	硬水	氧化亚铁	氢氧化铁	硫化氢	硫细菌	锰化合物	悬浮物	腐殖质
地下水颜色	浅蓝	浅灰蓝	锈黄	浅蓝绿	红	暗红	浅灰	暗黄、灰黑

（3）透明度

纯水是透明的，然而水中多含有一定数量的矿物质、有机质或胶体物质，从而使地下水透明度有很大不同，所含各种成分越多，透明度越差。根据透明程度可将地下水分为四个等级，见表 3-4。

表 3-4 地下水透明度分级

透明度分级	野外鉴别特征
透明的	无悬浮物及胶体，60 cm 水深可见 3 mm 粗的线
微浊的	有少量悬浮物，30 cm 水深可见 3 mm 粗的线
混浊的	有较多悬浮物，半透明状，20 cm 水深可见 3 mm 粗的线
极浊的	有大量悬浮物或胶体，似乳状，水深很小也不能看清 3 mm 粗的线

（4）嗅味

纯水无嗅味，含一般矿物质也无嗅味，但当水中含有某些气体或有机质时就有了某种嗅味。例如，水中含 H_2S 时有臭蛋味，含腐殖质时有霉味等。有些嗅味在低温时较轻，在温度升高后则加重。

（5）口味

地下水的味道主要决定于水中化学成分。表 3-5 举例说明了这种关系。

表 3-5 地下水所含成分与口味的关系

成分	NaCl	Na_2SO_4	$MgCl_2$、$MgSO_4$	大量有机物	铁盐	腐殖质	H_2S 与碳酸气同时存在	CO_2 与适量 $Ca(HCO_3)_2$、$Mg(HCO_3)_2$
口味	咸	涩	苦	甜	墨水	沼泽	酸	良好适口

（6）相对密度

地下水相对密度取决于所含各种成分的含量。纯水相对密度为 1，水中溶解的各种成分较多时可达 1.2~1.3。

（7）导电性

盐类水溶液是电解质溶液，因此，地下水的导电性取决于溶解于地下水中的盐量。反之，也可利用地下水导电性大小粗略判断水的总矿化度。

（8）放射性

地下水的放射性是由地下水中的气态镭射气（氡）及少量放射性盐类引起的。事实上，除个别情况外，地下水或多或少都具有放射性。

2. 地下水的化学成分

（1）地下水的主要化学成分

地下水在流动和储存过程中,与周围岩土不断发生化学作用,使岩土中可溶成分以离子状态进入地下水,形成地下水的主要化学成分。目前在地下水中已发现的化学元素约 60 多种,但它们在地下水中的含量很不均衡,这主要由它们在地壳中分布的广泛程度和它们的溶解度来决定。在地壳中分布广,溶解度高的成分在地下水中含量就高。因此,地下水的化学成分主要取决于与地下水相接触的岩土成分及其性质。此外,气候条件和地下水的径流、补给条件对地下水化学成分也有较大影响。

地下水中化学成分以离子、化合物和气体三种状态出现：

以离子状态出现的有:阳离子 H^+、Na^+、K^+、NH_4^+、Mg^{2+}、Ca^{2+}、Fe^{2+}、Fe^{3+}、Mn^{2+} 等和阴离子 OH^-、Cl^-、HCO_3^-、NO_2^-、NO_3^-、SO_4^{2-}、CO_3^{2-}、SiO_3^{2-}、PO_4^{3-} 等。

以化合物状态出现的有:Fe_2O_3、Al_2O_3、H_2SiO_3 等。

以气体状态出现的有:N_2、O_2、CO_2、CH_4、H_2S 及放射性气体等。

上述各种化学成分中出现最多的是 Na^+、K^+、Ca^{2+}、Mg^{2+} 和 Cl^-、SO_4^{2-}、HCO_3^- 七种离子,下面分别简述其来源及在地下水中的含量。

钠离子（Na^+）:主要来源于岩盐及其他钠盐沉积物,也来源于岩浆岩或变质岩中某些矿物的风化产物,在地下水中分布广泛。

钾离子（K^+）:来源与钠离子相同,但在地下水中比钠离子含量少,因为钾离子容易被黏土颗粒吸附和植物吸收,容易生成次生矿物。

钙镁离子（Ca^{2+}、Mg^{2+}）:主要由碳酸盐类岩石及含石膏岩石溶解而来,在地下水中分布广泛,但绝对含量不高。

氯离子（Cl^-）:几乎存在于所有地下水中,主要来源于溶解和溶滤含盐岩石,也可来源于动物排泄物或污水和工业废水,在地下水中含量变化范围较大。

硫酸根离子（SO_4^{2-}）:广泛存在于地下水中,主要来源于石膏和其他硫酸盐类岩石的溶解,还可来源于硫化物的氧化作用。在地下水中硫酸根离子含量通常为每升数十毫克,含量变化范围由每升数毫克到每升上千毫克。

重碳酸根离子（HCO_3^-）:主要来自碳酸盐类岩石的溶解,在地下水中广泛分布,但含量一般不超过 1 g/L。

地下水中的化合物多以沉淀物或胶体形式存在。

地下水中的气体也是重要的化学成分。氧和氮主要来源于空气,因此愈靠近地表含量愈多,愈向地下深处愈少。二氧化碳来源较多,既可来自空气,也可由土壤中的生物化学作用生成,还可由碳酸盐类岩石遇热（例如受岩浆活动影响）分解生成。

地下水的化学成分是通过对水进行化学分析测定的,一般称为水质分析。水质分析按目的与要求不同可分为简分析、全分析和专门分析。简分析包括测定水的物理性质和主要的 7 种离子含量,以及总矿化度、总硬度和 pH 等。全分析除简分析进行的项目以外,还应包括前面列举的各种化学成分的测定,以及游离 CO_2、耗氧量等指标的测定。专门分析则根据具体要求而定,如分析地下水中的 CO_2 对建筑物混凝土的侵蚀性等。

　　水质分析结果可用三种形式表示各种离子的含量:① 1 L 水中含某离子的毫克数;
② 1 L 水中含某离子的毫克当量数;③ 各种离子毫克当量相对比较的毫克当量百分数。
　　(2) 地下水按化学成分分类
　　以不同的化学成分为主,按其含量多少,可以对地下水进行不同的分类。下面介绍三
种常用的分类。
　　① 按总矿化度分类。
　　地下水中所含各种离子、分子及化合物的总量称总矿化度。它反映了地下水中溶解
盐的多少,而不包括气体在内。因此,总矿化度用水在 105 ~110 ℃温度下烘干后称得的
干涸残渣的重量来表示(g/L)。多数地下水总矿化度小于 1 g/L,干旱地区地下水总矿化
度可高达每升数克至数十克。
　　按总矿化度大小,地下水可分为五种类型(见表 3-6)。

表 3-6　地下水按总矿化度分类

地下水类型	淡水	弱半咸水	强半咸水	咸水	盐水
总矿化度/(g/L)	<1	1 ~<3	3 ~<10	10 ~<50	≥50

　　② 按硬度分类。
　　地下水的硬度一般是指水中所含钙、镁离子的数量。水中所含钙、镁离子总量称总硬
度。若将水加热至沸腾,水中一部分钙、镁离子与水中重碳酸根离子化合生成碳酸盐沉
淀,这一部分因煮沸化合从水中去掉的钙、镁离子含量称暂时硬度,煮沸后仍保留在水中
的钙、镁离子含量称永久硬度。总硬度等于暂时硬度与永久硬度之和。
　　目前在国内常用的地下水硬度单位有 mg/L(毫克/升)、mgN/L(毫克当量/升),以及
德国度(d)。1 L 水中含有相当于 10 mg 的 CaO(或 7.2 mg 的 MgO),其硬度即为 1 个德
国度(1 d)。这些数值可以互换:
　　1 mgN 的 Ca^{2+}相当于 20.04 mg,1 mgN 的 Mg^{2+}相当于 12.16 mg;
　　1 d 相当于每升水中含 0.357 mgN 的 Ca^{2+}或 Mg^{2+};
　　每升水中含 1 mgN 的 Ca^{2+}或 1 mgN 的 Mg^{2+}相当于 2.8 d。
　　地下水按硬度分类见表 3-7。

表 3-7　地下水按硬度分类

地下水类型	硬　　度	
	$Ca^{2+}+Mg^{2+}$/(mgN/L)	德国度/(d)
极软水	<1.5	<4.2
软水	1.5 ~3.0	4.2 ~8.4
微硬水	3.0 ~<6.0	8.4 ~<16.8
硬水	6.0 ~<9.0	16.8 ~<25.2
极硬水	≥9.0	≥25.2

③ 按 pH 分类。

pH 的大小表示水的酸碱性强弱,因为在纯水中 H^+ 与 OH^- 的浓度是相同的,22 ℃时纯水导电实验测得 H^+ 与 OH^- 离子浓度都是 10^{-7} g/L,纯水呈中性反应。当 H^+ 浓度大于 OH^- 浓度时,水呈酸性反应;当 OH^- 浓度大于 H^+ 浓度时,水呈碱性反应。因此,当 H^+ 离子浓度为 10^{-7} g/L 时,pH=7,水呈中性;当 pH<7 时,水呈酸性;pH>7 时,水呈碱性。可见,pH 越小,地下水酸性越强;pH 越大,碱性越强。地下水按 pH 分类见表 3-8。地下水一般多为弱碱性水。

表 3-8　地下水按 pH 分类

地下水类型	强酸性水	弱酸性水	中性水	弱碱性水	强碱性水
pH	<5	5~<7	7	>7~9	>9

3. 地下水水质评价

在工程建设中,地下水水质评价的目的主要是为了满足生活用水、机械用水和工程用水等对水质的要求。

地下水质量标准,由中国国家质量监督检验检疫总局和中国国家标准化委员会于 2017 年 10 月 14 日发布,2018 年 5 月 1 日实施。

（1）地下水质量分类

依据我国地下水质量状况和人体健康风险,参照生活饮用水、工业、农业等用水质量要求,依据各组分含量高低(pH 除外),分为五类。

Ⅰ类:地下水化学组分含量低,适用于各种用途;

Ⅱ类:地下水化学组分含量较低,适用于各种用途;

Ⅲ类:地下水化学组分含量中等,以《生活饮用水卫生标准》(GB 5749—2006)为依据,主要适用于集中式生活饮用水水源及工农业用水;

Ⅳ类:地下水化学组分含量较高,以农业和工业用水质量要求以及一定水平的人体健康风险为依据,适用于农业和部分工业用水,适当处理后可作生活饮用水;

Ⅴ类:地下水化学组分含量高,不宜作为生活饮用水水源,其他用水可根据使用目的选用。

（2）地下水质量分类指标

地下水质量常规指标及限值见表 3-9。

表 3-9　地下水质量常规指标及限值(GB/T 14848—2017)

序号	指标	Ⅰ类	Ⅱ类	Ⅲ类	Ⅳ类	Ⅴ类
感官性状及一般化学指标						
1	色(铂钴色度单位)	≤5	≤5	≤15	≤25	>25
2	嗅和味	无	无	无	无	有
3	浑浊度/NTU①	≤3	≤3	≤3	≤10	>10
4	肉眼可见物	无	无	无	无	有

续表

序号	指标	Ⅰ类	Ⅱ类	Ⅲ类	Ⅳ类	Ⅴ类
5	pH	6.5≤pH≤8.5			5.5≤pH<6.5 8.5<pH≤9.0	pH<5.5 或 pH>9.0
6	总硬度(以 CaCO₃ 计)/(mg/L)	≤150	≤300	≤450	≤650	>650
7	溶解性总固体/(mg/L)	≤300	≤500	≤1 000	≤2 000	>2 000
8	硫酸盐/(mg/L)	≤50	≤150	≤250	≤350	>350
9	氯化物/(mg/L)	≤50	≤150	≤250	≤350	>350
10	铁/(mg/L)	≤0.1	≤0.2	≤0.3	≤2.0	>2.0
11	锰/(mg/L)	≤0.05	≤0.05	≤0.10	≤1.50	>1.50
12	铜/(mg/L)	≤0.01	≤0.05	≤1.00	≤1.50	>1.50
13	锌/(mg/L)	≤0.05	≤0.5	≤1.00	≤5.00	>5.00
14	铝/(mg/L)	≤0.01	≤0.05	≤0.20	≤0.50	>0.50
15	挥发性酚类(以苯酚计)/(mg/L)	≤0.001	≤0.001	≤0.002	≤0.01	>0.01
16	阴离子表面活性剂/(mg/L)	不得检出	≤0.1	≤0.3	≤0.3	>0.3
17	耗氧量(COD_{Mn}法,以 O_2 计)/(mg/L)	≤1.0	≤2.0	≤3.0	≤10.0	>10.0
18	氨氮(以 N 计)/(mg/L)	≤0.02	≤0.10	≤0.50	≤1.50	>1.50
19	硫化物/(mg/L)	≤0.005	≤0.01	≤0.02	≤0.10	>0.10
20	钠/(mg/L)	≤100	≤150	≤200	≤400	>400
	微生物指标					
21	总大肠菌群/(MPN[②]/100 mL 或 CFU[③]/100 mL)	≤3.0	≤3.0	≤3.0	≤100	>100
22	菌落总数/(CFU/mL)	≤100	≤100	≤100	≤1 000	>1 000
	毒理学指标					
23	亚硝酸盐/(mgN/L)	≤0.01	≤0.10	≤1.00	≤4.80	>4.80
24	硝酸盐/(mgN/L)	≤2.0	≤5.0	≤20.0	≤30.0	>30.0
25	氰化物/(mg/L)	≤0.001	≤0.01	≤0.05	≤0.1	>0.1
26	氟化物/(mg/L)	≤1.0	≤1.0	≤1.0	≤2.0	>2.0
27	碘化物/(mg/L)	≤0.04	≤0.04	≤0.08	≤0.50	>0.50

续表

序号	指标	Ⅰ类	Ⅱ类	Ⅲ类	Ⅳ类	Ⅴ类
28	汞/(mg/L)	≤0.000 1	≤0.000 1	≤0.001	≤0.002	>0.002
29	砷/(mg/L)	≤0.001	≤0.001	≤0.01	≤0.05	>0.05
30	硒/(mg/L)	≤0.01	≤0.01	≤0.01	≤0.1	>0.1
31	镉/(mg/L)	≤0.000 1	≤0.001	≤0.005	≤0.01	>0.01
32	铬(六价)/(mg/L)	≤0.005	≤0.01	≤0.05	≤0.10	>0.10
33	铅/(mg/L)	≤0.005	≤0.005	≤0.01	≤0.10	>0.10
34	三氯甲烷/(μg/L)	≤0.5	≤6	≤60	≤300	>300
35	四氯化碳/(μg/L)	≤0.5	≤0.5	≤2.0	≤50.0	>50.0
36	苯/(μg/L)	≤0.5	≤1.0	≤10.0	≤120	>120
37	甲苯/(μg/L)	≤0.5	≤140	≤700	≤1 400	>1 400
放射性指标[④]						
38	总 α 放射性/(Bq/L)	≤0.1	≤0.1	≤0.5	>0.5	>0.5
39	总 β 放射性/(Bq/L)	≤0.1	≤1.0	≤1.0	>1.0	>1.0

注:①NTU 为散射浊度单位。

②MPN 表示最可能数。

③CFU 表示菌落形成单位。

④放射性指标超过指导值,应进行核素分析和评价。

工程用水主要是施工拌和混凝土用水,其水质标准主要是:pH 不得小于 4;SO_4^{2-} 的含量不超过 1 500 mg/L;此外,不得使用海水或其他含有盐类的水,不得使用沼泽水、泥炭地水、工厂废水及含矿物质较多的硬水拌和混凝土,含有脂肪、植物油、糖类及游离酸等杂质的水也禁止使用。

3.2.2 地下水的基本类型

为了有效地利用地下水和对地下水某些特征进行深入的研究,必须进行地下水分类。由于利用地下水和研究地下水的目的和要求不同,有许多不同的地下水分类方法。总的看来有两大分类法:一是根据地下水某一方面或几个方面因素对其进行分类;另一是尽可能全面地考虑到影响地下水特征的各种因素对其进行综合分类。前者例如地下水按温度分类,按总矿化度分类,按硬度分类,以及按 pH 分类等。后者则主要按埋藏条件和含水层性质对地下水进行综合分类。目前,我国工程地质工作中采用的是地下水综合分类(见表 3-10)。

表 3-10 地下水按埋藏条件和含水层性质分类

埋藏条件 ＼ 含水层性质	孔隙水（岩土孔隙中的水）	裂隙水（岩石裂隙中的水）	岩溶水（岩溶裂隙和空洞中的水）
包气带水	包气带中的土壤水和局部隔水层上的重力水（上层滞水）	基岩裂隙中的非重力水	岩溶区垂直循环带中的水
潜水	地面下第一个稳定隔水层上的重力水。如坡积、洪积、冲积、湖积、冰碛和冰水沉积物中的重力水，沙漠和滨海沙丘中的重力水，基岩上部孔隙中的无压重力水	基岩上部裂隙中的无压重力水，岩层层间裂隙中的无压重力水	裸露岩溶化岩层中的无压重力水
承压水（自流水）	充满两个稳定隔水层之间并具有水压力的重力水。如充满向斜或自流盆地中两个稳定隔水层之间的含水层孔隙中的承压重力水	构造盆地、向斜和单斜构造的基岩中两个稳定隔水层之间的含水层裂隙中的承压水，构造断裂带的深部水	构造盆地、向斜和单斜岩溶化岩层中的承压水

根据表 3-10，地下水可分为九种基本类型，为叙述方便，分别按埋藏条件及含水层性质讨论其特征。

一、地下水按埋藏条件分类及其特征

地下水按埋藏条件可分为包气带水、潜水和承压水。

1. 包气带水

埋藏在地面以下包气带中的水，称包气带水。包气带水又分为上层滞水和土壤水。包气带中局部隔水层上的重力水称为上层滞水。包气带中的吸着水、薄膜水和毛细水，又称为土壤水。如图 3-19 所示。

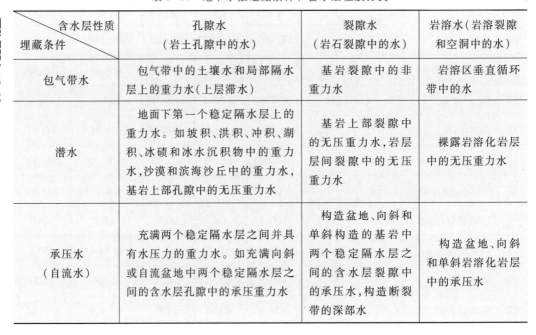

图 3-19 包气带水和潜水示意图

1—地面；2—包气带；3—潜水面；4—潜水带；5—毛细水带；6—局部隔水层；7—上层滞水

包气带水的特征是：分布于接近地表的包气带内，与大气圈关系密切。这类水是季节性的，主要靠大气降水和地表水下渗补给，故分布区与补给区一致，以蒸发或逐渐向下渗透到潜水中的方式排泄；雨季水量增加，干旱季节减少，甚至局部隔水层上的上层滞水亦完全消失。土壤水不能直接被人们取出应用，但能被农作物和植物的根部吸收。上层滞水分布面积小,水量也小,季节变化大,容易受到污染,只能用作小型或暂时性供水水源,从供水角度看意义不大。但从工程地质角度看,上层滞水常常是引起土质边坡滑坍、黄土路基沉陷、路基冻胀等病害的重要因素。

2. 潜水

埋藏在地面以下,第一个稳定隔水层以上的饱水带中的重力水称潜水,如图 3-19 所示。潜水主要特征如下:

(1) 潜水的分布及潜水面特征

潜水分布极广,它主要埋藏在第四纪松散沉积物中,在第四纪以前的某些松散沉积物及基岩的孔隙、裂隙、空洞中也有分布。

潜水有一个无压的自由水面称潜水面。潜水面至地面的垂直距离称潜水埋藏深度(h)。潜水面至下部隔水层顶面的垂直距离称含水层厚度或潜水层厚度(H)(图 3-19),潜水面上每一点的绝对标高称潜水位,因此:

潜水位 = 地面绝对标高 - 潜水埋藏深度

当潜水面为一水平面时,潜水静止不流动,形成潜水湖。在一般情况下,潜水面是一个倾斜面,潜水在重力作用下,由潜水位高的地方流向潜水位较低之处,形成潜水流(图 3-20 中箭头所指方向)。通常,潜水面不是一个延伸很广的平面,从较大范围看,潜水面是一个有起有伏、有陡有缓的面。影响潜水面形状的因素主要有三个:地表地形、含水层厚度及岩土层的透水性。潜水面形态一般与地表地形相适应,地面坡度大,地下潜水面相应坡度也大,但总体看潜水面坡度比地表地形平缓得多,如图 3-20a 所示;含水层厚度变大时,潜水面坡度变缓,如图 3-20b 所示;岩层透水性变大,潜水面也变缓,如图 3-20c 所示。

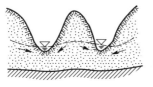 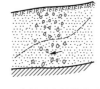

(a) 地表地形的影响　　(b) 含水层厚度的影响　　(c) 岩层透水性的影响

图 3-20　影响潜水面形状的因素示意图

(2) 潜水的补给、径流和排泄

大气降水通过包气带向下渗透是潜水的主要补给来源。此时,潜水的分布区与补给区是一致的。大气降水下渗补给的水量取决于大气降水性质、地表植被覆盖情况、地面坡度、包气带岩土层的透水性及厚度等因素。

时间短、雨量小的降水,补给量不大,甚至不能下渗达到潜水面;短时间的大暴雨,大部分降水形成地表径流,补给潜水的也不多。只有长时间的连绵细雨,才能把大部分降水补给潜水。

植被较多地区,降水不易流走,有利于下渗补给潜水;地面坡度大小更能直接影响下渗量的多少,地面坡度愈小,愈有利于下渗补给潜水。

包气带岩土层透水性愈大,包气带厚度愈小,大气降水就能更多、更快地下渗补给潜水。

潜水的分布区与补给区不一致的情况也是存在的。例如,在某些大河的中下游,特别是在洪水季节,河水位高于两岸地下潜水位,此时地表水成为潜水的补给来源。在某些情况下,潜水还可以从承压水得到补给(见承压水部分)。在沙漠地区,岩土中气态水凝结而成的液态水,对这种地区潜水的形成及补给有重要意义。

潜水的径流和排泄受含水岩土层性质、潜水面水力坡度、地形切割程度及气候条件的影响。岩土透水性好,潜水面水力坡度大,地面被沟谷切割得较深则潜水径流条件好。在山区和河流中上游地区,潜水埋藏较深,潜水通过补给河流或以下降泉的形式流出地表而排泄,以水平排泄为主。在平原和河流下游地区,黏性土增多,透水性变差;潜水面平缓,水力坡度减小,潜水埋藏较浅,主要通过潜水面上毛细带向上蒸发进入大气而排泄,是以垂直排泄为主,径流条件较差。气候条件的影响是明显的,在西北沙漠草原干旱气候区,潜水一般无径流,靠凝结补给,蒸发排泄;在西南、华南及沿海潮湿气候区,潜水径流条件好,是下渗补给,水平排泄。

潜水的水质和水量是潜水的补给、径流和排泄的综合反映。例如,补给来源丰富、径流条件好、以水平排泄为主的潜水,一般水量较大,水质较好。反之,水量小,水质差。在潜水埋藏浅的地区,若以蒸发排泄为主,则随着水分的蒸发,水中所含盐分留在潜水及包气带岩土层内,使潜水矿化度增高,引起包气带土壤的盐渍化。

3. 承压水

埋藏并充满两个稳定隔水层之间具有水压力的重力水,称承压水(图 3-21)。上隔水层称为承压水的顶板,下隔水层称为承压水的底板。由于承压水补给端和排泄端具有水头差,使含水层中水体承受水压力。当由地面向下钻孔或挖井打穿隔水顶板时,这种水能沿钻孔或井上升至承压水位(承压水补给端和排泄端的连线)。若地表低于承压水位时,甚至能喷出地表形成自流,故也称自流水。承压水的主要特征如下:

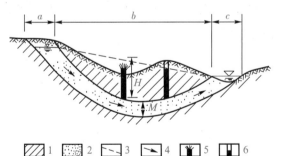

图 3-21　自流盆地承压水

1—隔水层;2—含水层;3—承压水位;4—流向;
5—喷水钻孔;6—不喷水钻孔

(1)承压水的分布

承压水主要分布在第四纪以前的较老岩层中,在某些第四纪沉积物岩性发生变化的地区也可能分布着承压水。承压水的形成和分布特征与地质构造有密切关系,最适宜形成承压水的地质构造有向斜构造和单斜构造两种。有承压水分布的向斜构造可称为自流盆地,有承压水分布的单斜构造可称为自流斜地。

① 自流盆地。

一个完整的自流盆地可分为补给区 a、承压区 b 和排泄区 c 三部分,如图 3-21 所示。

补给区多处于地形上较高的地区,该区的地下水来自大气降水下渗或地表水补给,属于潜水。承压区分布在自流盆地中央部分,该区含水层全部被隔水层覆盖,地下水充满含水层并具有一定水压力。当钻孔打穿隔水层顶板后,水便沿钻孔上升,一直升到该钻孔所在位置的承压水位后稳定不再上升。承压水位到隔水层顶板间垂直距离,即承压水上升的最大高度,称为承压高度(H),隔水层顶板与底板间的垂直距离称含水层厚度(m)。承压高度的大小各处不同,通常隔水层顶板相对位置越低,承压高度越高。只有当地面低于承压水位的地方,地下水才具有喷出地面形成自流水的压力,在其他地方,地下水的压力只能使其上升到承压水位的高度,而不能喷出地面。

排泄区多分布在盆地边缘位置较低的地方,在这里承压水补给潜水或补给地表水,也能以上升泉的形式出露于地表。承压水位于隔水层顶板之下,不易产生蒸发排泄。

由此可见,在自流盆地中,承压水的补给区、承压区及排泄区是不一致的。

构成自流盆地的含水层与隔水层可能各有许多层,因此,承压水也可能不止一层,每个含水层的承压水也都有它自己的承压水位面。各层承压水之间的关系主要取决于地形与地质构造间的相互关系。当地形与地质构造一致,即都是盆地时,下层承压水水位高于上层承压水水位(图 3-22a);若上下两层承压水间被断层或裂隙连通,两层水就发生了水力联系,下层水向上补给上层水。当地形为馒头状,地质构造仍为盆地状时,情况则相反(图 3-22b)。

② 自流斜地。

自流斜地在地质构造上有两种情况,一种是含水层的一端露出地表,另一端在地下某一深处尖灭(图 3-23)。这种自流斜地常分布在山前地带。含水层露出地表的一端接受大气降水或地表水下渗,是补给区;当补给量超过含水层能容纳的水量时,因下部被隔水层隔断,多余的水只能在含水层出露地带的地势低洼处以上升泉的形式排泄,故其补给区与排泄区是相邻的。

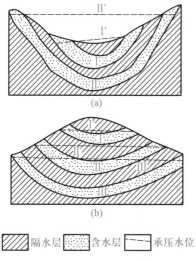

图 3-22　多个含水层的自流盆地

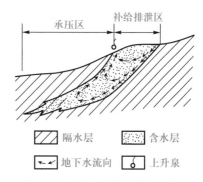

图 3-23　岩性变化形成自流斜地

另一种是断裂构造形成的自流斜地。通常分布在单斜产状的基岩中,含水岩层一端出露于地表,成为接受大气降水或地表水下渗的补给区,另一端在地下某一深度被断层切断,并与断层另一侧的隔水层接触(图 3-24)。当断层带不透水时(如逆断层),这种自流斜地的特征与前述尖灭岩层的情况相同,见图 3-24a。当断层带能够透水时(如正断层),含水层中的承压水沿断层带上升,若断层带出露的地表低于补给区出露的地表,则承压水可沿断层带喷出地表形成自流,以上升泉的形式排泄,断层带成为这种自流斜地的排泄区。见图 3-24b。

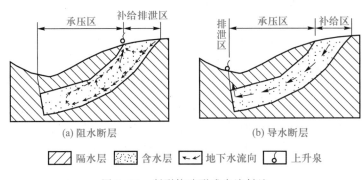

(a) 阻水断层   (b) 导水断层

▨ 隔水层 ░ 含水层 ← 地下水流向 ○ 上升泉

图 3-24 断裂构造形成自流斜地

(2) 承压水的补给、径流和排泄

承压区分布的地下水是承压水,补给区分布的地下水是潜水,因此承压区与补给区分布不一致。补给区一般范围广大,其潜水来源也是各种各样的,可以包括补给区内大气降水下渗,地表水下渗,也可能由补给区外的潜水流入补给区内成为补给承压水的重要来源(图 3-25)。

承压水的径流条件主要取决于补给区与排泄区的高差和两区间的距离,以及含水层的透水性和挠曲程度等因素。一般说来,补给区与排泄区的水位差大、距离短,含水层透水性好、挠曲程度小,则径流条件好;反之,径流条件差。

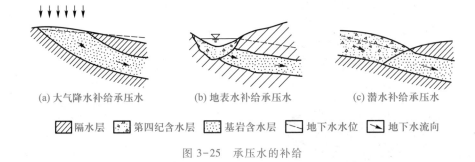

(a) 大气降水补给承压水   (b) 地表水补给承压水   (c) 潜水补给承压水

▨ 隔水层 ▦ 第四纪含水层 ░ 基岩含水层 ～ 地下水水位 ↘ 地下水流向

图 3-25 承压水的补给

承压水排泄方式很多:地面切割使含水层在低于补给区的位置出露于地表,承压水以上升泉的形式排泄(图 3-26a);河谷下切至含水层,则承压水向地表水排泄(图 3-26b);当排泄区含水层与潜水含水层连通时,承压水向潜水排泄(图 3-26c)。

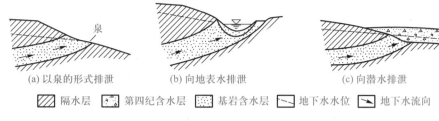

(a) 以泉的形式排泄　　(b) 向地表水排泄　　(c) 向潜水排泄

▨ 隔水层　⋮⋮ 第四纪含水层　⋯ 基岩含水层　⌇ 地下水水位　➘ 地下水流向

图 3-26　承压水的排泄

　　承压水的涌水量与含水层的分布范围、厚度、透水性及补给区和补给水源的大小等因素有关。含水层分布范围越广、厚度越大、透水性越好,补给区面积大、补给来源充足,涌水量就大。同时,由于承压水上有隔水顶板,基本上不受承压区以上地表气候、水文因素影响,不易被污染,且径流途程较长,故水质较好。

　　自流盆地分布范围一般可达数千平方公里,大的可达数十万平方公里。由于补给来源多、面积大,故承压水水量、水质均较稳定,其动态变化比潜水小。

　　二、地下水按含水层性质分类及其特征

　　地下水按含水层性质可分为孔隙水、裂隙水和岩溶水。

　　1. 孔隙水

　　储存和运动在岩土孔隙含水层中的地下水称为孔隙水。孔隙含水层多为松散沉积物,主要是第四纪沉积物。少数孔隙率较高、孔隙较大的基岩,如某些胶结程度不好的沉积碎屑岩,也能成为孔隙含水层。

　　根据孔隙含水层埋藏条件的不同,可以有孔隙-上层滞水,孔隙-潜水和孔隙-承压水三种基本类型,常见情况是孔隙-潜水型。

　　就含水层性质来说,首先,岩土的孔隙性对孔隙水影响最大。例如,岩土颗粒粗大而均匀,颗粒间的孔隙就较大,透水性好,因此孔隙水水量大、流速快、水质好。其次,岩土的成因、成分及颗粒的胶结情况对孔隙水也有较大影响。

　　2. 裂隙水

　　储存和运动在岩石裂隙含水层中的地下水称为裂隙水。这种水的含水层主要由裂隙(即节理)岩石构成。裂隙水运动复杂,水量、水质变化较大,主要与裂隙成因及发育情况有关。岩石中的裂隙按成因可分为成岩裂隙、构造裂隙及表生裂隙三大类,因而裂隙水又分为成岩裂隙水、构造裂隙水和表生裂隙水三种基本类型。

　　（1）成岩裂隙水

　　成岩裂隙是在岩石形成过程中由于冷凝、固结、干缩而形成的,如玄武岩中的柱状节理,页岩中的某些干缩节理等。成岩裂隙的特点是:垂直岩层层面分布,延伸不远,不切层,在同一层中发育均匀,彼此连通。因此成岩裂隙水多具层状分布特点。

　　当成岩裂隙岩层出露于地表,接受大气降水或地表水补给时,则形成裂隙-潜水型地下水;当成岩裂隙岩层被隔水层覆盖时,则形成裂隙-承压水类型地下水。成岩裂隙水的分布特点、水量大小及水质好坏主要取决于成岩裂隙的发育程度、岩石性质和补给条件。

　　我国西南地区,分布有大面积二叠系峨眉山玄武岩,自四川西部一直向南延伸到云南中部,其中某些地区成岩裂隙很发育,含有丰富的成岩裂隙水,泉流量一般为 0.1~0.6 L/s。

（2）构造裂隙水

由于地壳的构造运动在岩石中形成的各种断层和节理,统称为构造裂隙。不同的构造裂隙所含的构造裂隙水特征也不同。在压性、扭性或压扭性的构造裂隙中,裂隙多为密闭型,透水性差,含水量小,可以起隔水层作用,如逆断层、逆掩断层及密闭节理属于此类。在张性或张扭性构造裂隙中,裂隙多为张开型,透水性好,蓄水量大,起良好的含水和透水作用,如正断层和某些平移断层及张开节理属于此类。

构造裂隙多具一定的方向性,沿某一方向很发育,延伸很远;沿另一方向可能很不发育。例如,沿褶皱轴部、断裂带附近裂隙都很发育。因此造成构造裂隙水有下述三种分布特征:

① 脉状分布:多存在于坚硬岩石的节理发育带中,其特点是裂隙分布不均匀,连通性差,所含脉状构造裂隙水各有自己的独立系统、补给源及排泄条件,而不能形成统一的水位。水量较小,有的是潜水型,有的是承压水型。

② 带状分布:多分布于断裂破碎带中,一般受大气降水及地表水补给,在一定范围内有统一的补给源及排泄通道,水量大、延伸远、水位一致。由于断裂破碎带均有一定倾斜角度,故地表浅处为潜水型,地下深处则为承压水型。带状构造裂隙水的特征主要取决于断裂破碎带的性质、宽度、长度、充填物及两盘的岩性情况。

③ 层状分布:主要分布在软硬互层的坚硬岩石中。因为构造运动常使软岩变形而不破裂,而使硬岩形成构造裂隙。例如砂、页岩互层地带,常在砂岩中形成层状构造裂隙水,而页岩成为隔水层,故这种地下水在构造盆地中常属裂隙-承压水型。水量、水质取决于坚硬岩石中裂隙发育程度、岩石性质及埋藏条件。

（3）表生裂隙水

岩石由于卸荷、风化、爆破等作用形成的裂隙具有以下特点:沿地表分布广泛,无一定方向,延伸不远,互相连通,发育程度随深度而减弱,一般深 20~50 m,最大可超过一百多米。因此表生裂隙水常埋藏于地表浅处,含水层厚度不大,水平方向透水性均匀,垂直方向随深度而减弱,逐渐过渡到不透水的未风化岩石。表生裂隙水多为裂隙-潜水型,少量的为裂隙-上层滞水型和裂隙-承压水型。由于表生裂隙主要是风化裂隙,故又简称为风化裂隙,表生裂隙水亦简称为风化裂隙水。

表生裂隙水多靠大气降水补给,有明显的季节性。一般说来由于山区地形起伏大、沟谷发育,径流和排泄条件好,不利于表生裂隙水的储存,所以除了雨季短时期外,水量一般不大。

裂隙水的分布、补给、径流、排泄、水量及水质特征受裂隙的成因、性质、分布规律及发育程度的控制。

3. 岩溶水

储存和运动在可溶岩的裂隙、管道、溶洞及暗河中的地下水称为岩溶水。有关岩溶水的问题见第 5 章中岩溶部分的专门论述。

3.2.3 地下水的地质作用

地下水的地质作用是地下水对岩层破坏和建造作用的总称。地下水在流动过程中对流经的岩石可产生破坏作用，并把破坏的产物从一地搬运到另一地，在适宜的条件下再沉积下来。因此，地下水的地质作用包括侵蚀作用、搬运作用和沉积作用。

一、侵蚀作用

地下水的侵蚀作用是在地下进行的，所以又称为潜蚀作用。按作用的方式分为机械潜蚀作用与化学溶蚀作用。

1. 机械潜蚀作用

指地下水在流动过程中，对土、石的冲刷破坏作用。地下水在土、石中渗透，水体分散，流速缓慢，动能很小，机械冲刷力量微弱，只能将松散堆积物中颗粒细小的粉砂、泥土等物质带走，使原松散堆积物结构变松，孔隙扩大。经过长时间的冲刷作用，也可以形成地下空洞，甚至引起地面陷落，出现陷穴和洼地。这种现象常见于黄土发育地区，一些修筑在松散土层上的城市道路亦出现塌陷现象。疏松的钙质粉砂岩也易受到冲刷破坏。地下水进入松散沉积物的孔隙时，可以软化、削弱以至破坏颗粒间的结合力，产生流砂现象；或浸润黏土物质，使之具有可塑性；引起含膨胀性矿物的黏土体积膨胀；或导致土层抗剪强度不足而蠕动变形或溜坍滑移。

2. 化学溶蚀作用

指地下水溶解可溶性岩土所产生的破坏作用。常见的有对土中易溶盐胶结物的溶解作用（如对黄土胶结物的溶蚀）和对可溶岩的岩溶作用（喀斯特作用）。地下水中普遍含有一定数量的二氧化碳，这种水是一种较强的溶剂，它能溶解碳酸盐岩（如化学成分为碳酸钙的石灰岩），使碳酸盐变为溶于水的重碳酸盐，随水流失。当碳酸盐岩中裂隙发育时，更易遭受溶蚀。岩石中的裂隙在溶蚀作用下逐渐扩大成溶隙、岩溶管道或岩溶洞穴。在碳酸盐岩地区，岩溶作用可产生一系列如溶沟、石芽、石林、溶蚀洼地、落水洞、漏斗、溶柱、溶洞、暗河、地下湖等喀斯特现象（见第 5 章岩溶部分）。

二、搬运作用

地下水将其剥蚀产物沿垂直或水平运动方向进行搬运。由于流速缓慢，地下水的机械搬运力较小，一般只能携带粉砂、细砂和黏土颗粒前进。只有流动在较大洞穴中的地下河，才具有较大的机械动力，能搬运数量较多、粒径较大的砂和砾石，并在搬运过程中稍具分选作用和磨圆作用，这些特征类似于地表河流。

地下水主要进行化学搬运。化学搬运的溶质成分取决于地下水流经地区的岩石性质和风化状况，通常以重碳酸盐为主，氯化物、硫酸盐、氢氧化物较少。搬运物呈真溶液或胶体溶液状态。化学搬运的能力与温度和压力有关，随地下水温度增高和承受压力加大而搬运能力增大。地下水化学搬运物除少数沉积在包气带的中、下部外，大部分搬运至饱水带，最后输入河流、湖泊和海洋。全世界河流每年运入海洋的 2.34×10^9 t 溶解物质中大部分来源于地下水。

三、沉积作用

包括机械沉积作用和化学沉积作用，以化学沉积作用为主。

地下河流到平缓、开阔的洞穴中,水动力减小,在这些洞穴中形成砾石、砂和粉砂等堆积。由于水动力较小,地下河机械沉积物具有粒细、量少、分选性与磨圆性差的特征,沉积物中可能混杂有溶蚀崩落作用产生的呈角砾状的崩积物。

含有溶解物质的地下水在运移中,由于温度、压力变化,可发生化学沉积。例如,由于温度升高或压力降低,二氧化碳逸出,重碳酸钙分解而发生沉淀;或由于水温骤降或水分蒸发,水中溶解物质因过冷却或达到过饱和而发生沉淀。

地下水中溶质在颗粒间孔隙内沉淀,可把松散堆积物胶结成致密的坚硬岩石。常见的起胶结作用的物质有铁质(氧化铁或氢氧化铁)、钙质(碳酸钙)和硅质(二氧化硅)等。

地下水中溶质在岩石裂隙内沉淀或结晶,构成脉体。如由碳酸钙组成的方解石脉,由二氧化硅组成的石英脉。含铁、锰的沉淀物在裂隙面上呈柏叶状,称假化石。

饱含重碳酸钙的地下水,沿岩石的裂隙或断层流入溶洞,压力降低,二氧化碳逸出,水分蒸发,产生碳酸钙沉淀。由洞中滴水形成的碳酸钙沉积,称为滴石。滴石呈锥状、柱状或幕状,横切面具圈层构造,包括石钟乳、石笋、石柱和石幕。

含有溶质的地下水流出地表,在泉口处沉淀形成的化学堆积物,称为泉华。泉华疏松多孔。成分为碳酸钙的称钙华或石灰华,成分为二氧化硅的称硅华。

3.2-3 地下水的沉积作用

3.2.4 地下水对土木工程的影响

地下水对土木工程的不良影响主要有:地下水对混凝土和钢筋的侵蚀,引起斜坡产生崩塌、溜坍、滑坡等不良地质现象,产生砂土液化、流砂、管涌和基坑涌突水,引起地下洞室突水、突泥、坍方、大变形,导致地面沉降、陷落等现象。

1. 地下水对混凝土和钢筋的侵蚀性

土木工程建筑物,如房屋基础和桥梁基础、地下洞室衬砌和边坡支挡建筑物等,都要长期与地下水相接触,地下水中各种化学成分与建筑物中的混凝土产生化学反应,使混凝土中部分物质被溶蚀,强度降低,结构遭到破坏;或者在混凝土中生成新的化合物,这些新化合物生成时体积膨胀,使混凝土开裂破坏。

水泥遇水硬化,主要生成水化硅酸钙、水化铝酸三钙、水化铝酸四钙、水化铁酸四钙和氢氧化钙等物质,但它们的稳定性取决于氢氧化钙的含量,若地下水中的化学成分与混凝土中的氢氧化钙发生反应,降低了氢氧化钙的含量,则混凝土中其他成分将失去稳定性,导致混凝土失去强度而破坏。因此,地下水对混凝土的侵蚀主要表现为地下水中化学成分对混凝土中氢氧化钙含量的改变。

地下水对混凝土的侵蚀有以下几种类型:

(1) 溶出侵蚀

硅酸盐水泥遇水硬化,生成氢氧化钙($Ca(OH)_2$)、水化硅酸钙($2CaO \cdot SiO_2 \cdot 12H_2O$)、水化铝酸钙($2CaO \cdot Al_2O_3 \cdot 6H_2O$)等。地下水在流动过程中将上述生成物中的 $Ca(OH)_2$ 及 CaO 成分不断溶解带走,结果使混凝土强度下降。这种溶解作用不仅和混凝土的密度、厚度有关,而且和地下水中 HCO_3^- 的含量关系很大,因为水中 HCO_3^- 与混凝土中 $Ca(OH)_2$ 化合生成 $CaCO_3$ 沉淀:

$$Ca(OH)_2 + Ca(HCO_3)_2 \longrightarrow 2CaCO_3 \downarrow + 2H_2O$$

$CaCO_3$ 不溶于水,既可充填混凝土空隙,又在混凝土表面形成一个保护层,防止 $Ca(OH)_2$ 溶出,因此 HCO_3^- 含量越高,水的侵蚀性越弱。但是当 HCO_3^- 含量低于 2.0 mg/L 或暂时硬度小于 3 d 时,形成的 $CaCO_3$ 数量较少,不足以充填混凝土中的空隙,而被源源不断地带走,导致混凝土中 $Ca(OH)_2$ 含量不断降低,混凝土遭到侵蚀破坏。

（2）碳酸侵蚀

几乎所有的水中都含有以分子形式存在的 CO_2,常称为游离 CO_2。水中 CO_2 先与混凝土中的 $Ca(OH)_2$ 反应生成 $CaCO_3$;$CaCO_3$ 再与 CO_2 反应生成 $Ca(HCO_3)_2$,$Ca(HCO_3)_2$ 再被分解成 $Ca^{2+}+2HCO_3^-$ 被水带走。上述反应是一种可逆反应：

$$Ca(OH)_2+CO_2 \Longleftrightarrow CaCO_3+H_2O$$

$$CaCO_3+CO_2+H_2O \Longleftrightarrow Ca(HCO_3)_2 \Longleftrightarrow Ca^{2+}+2HCO_3^-$$

当 CO_2 含量过多时,反应向右进行,$Ca(OH)_2$ 不断被溶解;当 CO_2 含量过少,或水中 HCO_3^- 含量过高时,反应向左进行,析出固体的 $CaCO_3$。只有当 CO_2 与 HCO_3^- 的含量达到平衡时,化学反应停止进行,此时所需的 CO_2 含量称为平衡 CO_2。若游离 CO_2 含量超过平衡 CO_2 所需含量,则超出的部分称为侵蚀性 CO_2,它使混凝土中 $Ca(OH)_2$ 溶解,直到形成新的平衡为止。可见,侵蚀性 CO_2 越多,对混凝土侵蚀性越强。当地下水流量、流速都较大时,CO_2 容易不断得到补充,平衡不易建立,侵蚀作用不断进行。

（3）硫酸盐侵蚀

水中 SO_4^{2-} 含量超过一定数值时,对混凝土造成侵蚀破坏。一般 SO_4^{2-} 含量超过 250 mg/L 时,就能与混凝土中的 $Ca(OH)_2$ 作用生成石膏。石膏在吸收 2 分子结晶水生成含水石膏（$CaSO_4 \cdot 2H_2O$）过程中,体积膨胀到原来的 1.5 倍。反应如下：

$$Ca(OH)_2+NaSO_4+2H_2O \longrightarrow CaSO_4 \cdot 2H_2O+NaOH$$

$$Ca(OH)_2+MgSO_4+2H_2O \longrightarrow CaSO_4 \cdot 2H_2O+MgOH$$

SO_4^{2-}、石膏还可以与混凝土中的铝酸三钙作用,生成水化硫铝酸钙晶体,其中含有多达 32 分子的结晶水,又使新生成物比原来体积增大到 2.2 倍。反应如下：

$$3CaSO_4 \cdot 2H_2O+3CaO \cdot Al_2O_3+26H_2O \longrightarrow 3CaO \cdot Al_2O_3 \cdot 3CaSO_4 \cdot 32H_2O$$

水化硫铝酸钙的形成使混凝土严重溃裂,现场称之为水泥细菌。

当使用含水化铝酸钙极少的抗酸水泥时,可大大提高抗硫酸盐侵蚀的能力,可使 SO_4^{2-} 含量低于 3 000 mg/L 时,都不具有硫酸盐侵蚀性。

（4）一般酸性侵蚀

地下水的 pH 较小时,酸性较强,这种水与混凝土中的 $Ca(OH)_2$ 作用生成各种钙盐：$CaCl_2$、$CaSO_4$、$Ca(NO_3)_2$ 等,若生成物易溶于水,将使混凝土中 $Ca(OH)_2$ 不断减少,混凝土被侵蚀。一般认为 pH 小于 5.2 时具有侵蚀性。

（5）镁盐侵蚀

地下水中的镁盐（$MgCl_2$、$MgSO_4$ 等）与混凝土中的 $Ca(OH)_2$ 作用生成易溶于水的 $CaCl_2$ 及易产生硫酸盐侵蚀的 $CaSO_4$,使 $Ca(OH)_2$ 含量降低,引起混凝土中其他水化物的分解破坏。一般认为 Mg^{2+} 含量大于 1 000 mg/L 时有侵蚀性,通常地下水中 Mg^{2+} 的含量都低于此值。

地下水对钢筋的腐蚀主要是水的 pH、水中氯离子和硫酸根离子对钢筋的腐蚀。

2. 引起不良地质现象

3.2-4 地
下水引起的
不良地质
现象

在河谷斜坡及岸边地带,常修建有大量工程建筑物,而河谷斜坡及岸边地带岩土体的稳定性一般相对较差。地下水的渗入和流动,将软化、水解、溶解、崩解、膨胀岩土体,或带走岩土体中一定颗粒或成分,致使岩土体结构遭到破坏,抗剪强度、抗拉强度等大大降低,出现崩塌、溜坍、滑坡、沉降、陷落等不良地质现象。导致建筑物出现开裂、倾斜、倒塌、砸坏、掩埋等现象。特别是地下水位剧烈变化时,破坏现象更为明显。

3. 产生砂土液化、流砂、管涌和基坑突涌水

(1) 砂土液化

砂土液化是指饱水的粉细砂或亚黏土在地震力作用下瞬时丧失强度,土体由固态变成液化状态的力学过程。砂土液化主要是在静力或动力作用下,砂土中孔隙水压力上升,抗剪强度或剪切刚度降低并趋于消失所引起的。

随着破坏性地震的发生,由砂土液化而造成的危害是十分严重的。喷水冒砂使地下砂层中的孔隙水及砂颗粒被搬到地表,从而使地基失效;同时地下土层中固态与液态物质缺失,导致不同程度的沉陷,使地面建筑物倾斜、开裂、倾倒、下沉,道路路基滑移。如道路修建在河流岸边,则表现为岸边滑移、桥梁落架等。此外,强烈的承压水涌出携带土层中的大量砂颗粒一并冒出,堆积在农田中将毁坏大面积的农作物。

(2) 流砂

流砂是指松散细颗粒砂性土被地下水饱和后,在动水压力(即水头差)的作用下,产生的悬浮流动现象。流砂多发生在颗粒级配均匀而细的粉、细砂等砂性土中,有时在粉土中亦会发生。其表现形式是所有颗粒从一类似于管状通道被渗透水流冲走。流砂发展结果是使基础发生滑移或不均匀下沉、基坑坍塌、基础悬浮等。

(3) 管涌

土质斜坡或地基土在具有某种渗透速度(或梯度)的渗透水流作用下,其细小颗粒被冲走,岩土的孔隙逐渐增大,慢慢在岩土中形成管网状渗流通路,从而掏空斜坡或地基土,使斜坡或地基变形、失稳,此现象称为管涌。

(4) 基坑涌突水

当基坑下有承压水存在,开挖基坑减小了含水层上覆隔水层的厚度,在厚度减小到一定程度时,承压水的水头压力能顶裂或冲毁基坑底板,造成涌突水现象。基坑涌突水将会破坏地基强度,并给施工带来很大困难。

上述现象常常是由于工程活动而引起的。砂土液化、流砂、管涌、基坑涌突水等破坏一般是突然发生的,对工程危害很大。

4. 地下洞室突水、突泥、坍方、大变形

(1) 突水、突泥

地下洞室突然涌出大量的水或稀泥(常含碎块石)时称为突水或突泥。前者是指地下洞室修建过程中,地下水通过密集裂隙、断层破碎带、地下空腔、溶洞等通道大量涌入洞室内,造成洞室大量充水或淹没的现象。后者是指洞室通过含水断层破碎带或含有大量承压的碎石稀泥的地下空腔时,突然产生大量含水碎石流或承压碎石稀泥涌入洞室的

现象。

（2）坍方、大变形

地下洞室坍方和大变形是指地下洞室修建过程中洞顶或边墙岩体突然开裂塌落或产生变形量过大的现象。主要发生在节理密集性岩体或断层破碎带或土体洞室开挖中，在地下水软化和附加渗透压力作用下，原有洞室周边岩土体无法支撑松动圈重力，产生变形量过大或塌落。在浅埋洞室开挖中，特别严重的变形塌落可直达地表，产生冒顶现象（形成地面塌陷）。

5. 地面沉降、陷落

（1）地面沉降

由于大量抽取地下水，导致地下水位降低，土层中孔隙水压力亦降低，颗粒间有效应力增加，地层压密并超过一定限度时，表现出地面沉降。

在抽水时，抽水井周围形成降水漏斗，在降水漏斗范围内的土层将发生沉降。由于土层的不均匀性和边界条件的复杂性，降水漏斗往往是不对称的，会使周围建筑物或地下管线产生不均匀沉降，甚至开裂。

除此之外，如果抽水井滤网和砂滤层的设计不合理或施工质量差，抽水时将土层中的黏粒、粉粒甚至细砂等细小土颗粒随同地下水一起带出地面，使周围地面土层很快产生不均匀沉降，造成地面建筑物和地下管线不同程度的损坏。

大面积抽取地下水，将造成大规模的地面沉降，导致地面建筑物开裂、倾斜、倒塌。如我国的天津市由于大量抽取地下水，使地面最大沉降速率高达 262 mm/年，最大沉降量达 2.16 m。

在沿海一带，大量抽取地下水，导致地下水位降低，除产生地面沉降外，当地下水位低于海平面时，还会导致海水回灌，使岩土层中地下水矿化度提高，地下水被污染。

（2）陷落

地面陷落是指地面突然塌陷的现象，主要发生在表层土层中。一般是因为地下水渗透潜蚀过程中带走了土层中细小颗粒，在地下土层中形成空洞，空洞不断发展，洞顶土层不断变薄，最后导致洞顶地面塌陷。

 思 考 题

1. 地表流水地质作用的主要类型及其产物各是什么？工程意义如何？
2. 河流阶地及其主要类型的定义是什么？
3. 为什么泥岩是隔水层，砂岩是透水层？
4. 地下水按化学成分分类的主要类型及定义是什么？
5. 地下水按埋藏条件和含水层性质分类的主要类型和定义是什么？
6. 地下水对土木工程的影响体现在哪些方面？

3.3-1　第3章水的地质作用知识点

3.3-2　第3章自测题

第4章

岩石及特殊土的工程性质

岩石的工程地质性质包括物理性质、水理性质和力学性质。影响岩石工程地质性质的因素,主要是组成岩石的矿物成分、岩石的结构、构造和岩石的风化程度。

有关特殊土的工程性质,本章着重讨论黄土、膨胀土、软土及冻土等。

§4.1　岩石的物理性质

岩石的物理性质是岩石的基本工程性质,主要是指岩石的重力性质和孔隙性。

4.1.1　岩石的重力性质

一、岩石颗粒密度(ρ_s)和相对密度(d_s)

单位体积岩石固体颗粒的质量称岩石的颗粒密度 ρ_s(g/cm³);岩石颗粒密度与 4 ℃水的密度之比称为岩石的相对密度(比重),相对密度用 d_s 表示。

岩石相对密度的大小,取决于组成岩石的矿物相对密度及其在岩石中的相对含量。组成岩石的矿物相对密度大、含量多,则岩石的相对密度大。一般岩石的相对密度约在 2.65 左右,相对密度大的可达 3.3。

二、岩石的重度(γ)

是指岩石单位体积的重力,在数值上,它等于岩石试件的总重力(含孔隙中水的重力)与其总体积(含孔隙体积)之比。

岩石之重度大小取决于岩石中的矿物相对密度、岩石的孔隙性及其含水情况。岩石孔隙中完全没有水存在时的重度,称为干重度。岩石中的孔隙全部被水充满时的重度,称为岩石的饱和重度。组成岩石的矿物相对密度大,或岩石中的孔隙性小,则岩石的重度大,对于同一种岩石,若重度有差异,则重度大的结构致密、孔隙性小,强度和稳定性相对较高。

三、岩石的密度(ρ)

岩石单位体积的质量称为岩石的密度。

岩石孔隙中完全没有水存在时的密度,称为干密度。岩石中孔隙全部被水充满时的密度,称为岩石的饱和密度。常见岩石的密度为 $2.3\sim2.8$ g/cm^3。

4.1.2 岩石的孔隙性

岩石中的空隙包括孔隙和裂隙。岩石的空隙性是岩石的孔隙性和裂隙性的总称,可用空隙率、孔隙率、裂隙率来表示其发育程度。但人们已习惯用孔隙性来代替空隙性。即用岩石的孔隙性,反映岩石中孔隙、裂隙的发育程度。

一、岩石的孔隙率(n)

岩石的孔隙率(或称孔隙度)是指岩石孔隙(含裂隙)的体积与岩石总体积之比值,常以百分数表示,即

$$n = \frac{V_n}{V} \times 100\% \tag{4-1}$$

式中:n——岩石的孔隙率,%;

V_n——岩石中孔隙(含裂隙)的体积,cm^3;

V——岩石的总体积,cm^3。

岩石孔隙率的大小,主要取决于岩石的结构构造,同时也受风化作用、岩浆作用、构造运动及变质作用的影响。由于岩石中孔隙、裂隙发育程度变化很大,其孔隙率的变化也很大。例如,三叠纪砂岩的孔隙率为 $0.6\%\sim27.7\%$。碎屑沉积岩的时代越新,其胶结越差,则孔隙率愈高。结晶岩类的孔隙率较低,很少高于 3%。

常见岩石的物理性质见表 4-1。

表 4-1 常见岩石的物理性质

岩石名称	相对密度 d_s	重度 $\gamma/(\text{kN}\cdot\text{m}^{-3})$	孔隙率 $n/\%$
花岗岩	2.50~2.84	23.0~28.0	0.04~2.80
正长岩	2.50~2.90	24.0~28.5	
闪长岩	2.60~3.10	25.2~29.6	0.18~5.00
辉长岩	2.70~3.20	25.5~29.8	0.29~4.00
斑岩	2.60~2.80	27.0~27.4	0.29~2.75
玢岩	2.60~2.90	24.0~28.6	2.10~5.00
辉绿岩	2.60~3.10	25.3~29.7	0.29~5.00
玄武岩	2.50~3.30	25.0~31.0	0.30~7.20
安山岩	2.40~2.80	23.0~27.0	1.10~4.50
凝灰岩	2.50~2.70	22.9~25.0	1.50~7.50
砾岩	2.67~2.71	24.0~26.6	0.80~10.00
砂岩	2.60~2.75	22.0~27.1	1.60~28.30

岩石名称	相对密度 d_s	重度 $\gamma/(\mathrm{kN\cdot m^{-3}})$	孔隙率 $n/\%$
页岩	2.57~2.77	23.0~27.0	0.40~10.00
石灰岩	2.40~2.80	23.0~27.7	0.50~27.00
泥灰岩	2.70~2.80	23.0~25.0	1.00~10.00
白云岩	2.70~2.90	21.0~27.0	0.30~25.00
片麻岩	2.60~3.10	23.0~30.0	0.70~2.20
花岗片麻岩	2.60~2.80	23.0~33.0	0.30~2.40
片岩	2.60~2.90	23.0~26.0	0.02~1.85
板岩	2.70~2.90	23.1~27.5	0.10~0.45
大理岩	2.70~2.90	26.0~27.0	0.10~6.00
石英岩	2.53~2.84	28.0~33.0	0.10~8.70
蛇纹岩	2.40~2.80	26.0	0.10~2.50
石英片岩	2.60~2.80	28.0~29.0	0.70~3.00

二、岩石的孔隙比(e)

岩石中孔隙的体积与固体颗粒体积之比,称为岩石的孔隙比。孔隙率和孔隙比可以相互换算。

$$n=\frac{e}{1+e};\quad e=\frac{n}{1-n} \tag{4-2}$$

§4.2　岩石的水理性质

岩石的水理性质,是指岩石与水作用时所表现的性质,主要有岩石的吸水性、透水性、溶解性、软化性、膨胀性、崩解性、抗冻性等。

4.2.1　岩石的吸水性

岩石吸收水分的性能称为岩石的吸水性,常以吸水率、饱水率两个指标来表示。

一、岩石的吸水率(w_1)

是指在常压下岩石的吸水能力,以岩石所吸水分的重力与干燥岩石重力之比的百分数表示,即

$$w_1=\frac{G_w}{G_s}\times100\% \tag{4-3}$$

式中:w_1——岩石吸水率,%;

G_w——岩石在常压下所吸水分的重力,kN;

G_s——干燥岩石的重力,kN。

岩石的吸水率与岩石的孔隙数量、大小、开闭程度和空间分布等因素有关。岩石的吸

水率越大,则水对岩石的侵蚀、软化作用就越强,岩石强度和稳定性受水作用的影响也就越显著。

二、岩石的饱和吸水率(w_2)

是指在高压(15 MPa)或真空条件下岩石的吸水能力,使水侵入全部开口的孔隙中,此时的吸水率称为饱和吸水率。

岩石的吸水率与饱和吸水率的比值,称为岩石的饱水系数,其大小与岩石的抗冻性有关,一般认为饱水系数小于 0.8 的岩石是抗冻的。

常见岩石的吸水性见表 4-2。

表 4-2　常见岩石的吸水性

岩石名称	吸水率 w_1/%	饱水率 w_2/%	饱水系数/%
花岗岩	0.46	0.84	0.55
石英闪长岩	0.32	0.54	0.59
玄武岩	0.27	0.39	0.69
基性斑岩	0.35	0.42	0.83
云母片岩	0.13	1.31	0.10
砂岩	7.01	11.99	0.58
石灰岩	0.09	0.25	0.36
白云质石灰岩	0.74	0.92	0.80

4.2.2　岩石的透水性

岩石的透水性,是指岩石允许水通过的能力。岩石的透水性大小,主要取决于岩石中孔隙、裂隙的大小和连通情况。

岩石的透水性用渗透系数(K)来表示。常见岩石的渗透系数见表 4-3。

表 4-3　常见岩石的渗透系数

岩石名称	岩石渗透系数 K/(m · s^{-1})	
	室内试验	野外试验
花岗岩	$10^{-7} \sim 10^{-11}$	$10^{-4} \sim 10^{-9}$
玄武岩	10^{-12}	$10^{-2} \sim 10^{-7}$
砂岩	$3 \times 10^{-3} \sim 8 \times 10^{-8}$	$10^{-3} \sim 3 \times 10^{-8}$
页岩	$10^{-9} \sim 5 \times 10^{-13}$	$10^{-8} \sim 10^{-11}$
石灰岩	$10^{-5} \sim 10^{-13}$	$10^{-3} \sim 10^{-7}$
白云岩	$10^{-5} \sim 10^{-13}$	$10^{-9} \sim 5 \times 10^{-13}$
片岩	10^{-8}	2×10^{-7}

4.2.3　岩石的溶解性

4.2-1　石
灰岩的溶解
（石林）

岩石的溶解性，是指岩石溶解于水的性质，常用溶解度或溶解速度来表示。常见的可溶性岩石有石灰岩、白云岩、石膏、盐岩等。岩石的溶解性，主要取决于岩石的化学成分，但和水的性质有密切关系，如富含 CO_2 的水，则具有较大的溶解能力。

4.2.4　岩石的软化性

4.2-2　泥
岩的软化

岩石的软化性，是指岩石在水的作用下，强度和稳定性降低的性质。岩石的软化性主要取决于岩石的矿物成分和结构构造特征。岩石中黏土矿物含量高、孔隙率大、吸水率高，则易与水作用而软化，使其强度和稳定性大大降低甚至丧失。

岩石的软化性常以软化系数来表示。软化系数等于岩石在饱水状态下的极限抗压强度与岩石风干状态下极限抗压强度的比值：

$$K_R = \frac{R_c}{R} \tag{4-4}$$

式中：K_R——岩石的软化系数；

　　　R_c——饱和状态下岩石单轴极限抗压强度；

　　　R——干燥状态下岩石单轴极限抗压强度。

软化系数用小数表示，其值越小，表示岩石在水的作用下的强度和稳定性越差。未受风化影响的岩浆岩和某些变质岩、沉积岩，软化系数接近于 1，是弱软化或不软化的岩石，其抗水、抗风化和抗冻性强；软化系数小于 0.75 的岩石，认为是强软化的岩石，工程性质较差，如黏土岩类。常见岩石的软化系数见表 4-4。

表 4-4　常见岩石的软化系数

岩石名称	软化系数	岩石名称	软化系数
花岗岩	0.72~0.97	泥质砂岩、粉砂岩	0.21~0.75
闪长岩	0.60~0.80	泥岩	0.40~0.60
闪长玢岩	0.78~0.81	页岩	0.24~0.74
辉绿岩	0.33~0.90	石灰岩	0.70~0.94
流纹岩	0.75~0.95	泥灰岩	0.44~0.54
安山岩	0.81~0.91	片麻岩	0.75~0.97
玄武岩	0.30~0.95	变质片状岩	0.70~0.84
凝灰岩	0.52~0.86	千枚岩	0.67~0.96
砾岩	0.50~0.96	硅质板岩	0.75~0.79
砂岩	0.93	泥质板岩	0.39~0.52
石英砂岩	0.65~0.97	石英岩	0.94~0.96

4.2.5 岩石的抗冻性

岩石的孔隙、裂隙中有水存在时,水一结冰,体积膨胀,则产生较大的压力,使岩石的构造等遭破坏。岩石抵抗这种冰冻作用的能力,称为岩石的抗冻性。在高寒冰冻区,抗冻性是评价岩石工程地质性质的一个重要指标。

岩石的抗冻性,与岩石的饱水系数、软化系数有着密切关系。一般是饱水系数越小,岩石的抗冻性越强;易于软化的岩石,其抗冻性也低。温度变化剧烈,岩石反复冻融,则降低岩石的抗冻能力。

岩石的抗冻性,有不同的表示方法,一般用岩石在抗冻试验前后抗压强度的降低率表示。抗压强度降低率小于 20% ~ 25% 的岩石,认为是抗冻的;大于 25% 的岩石,认为是非抗冻的。

§4.3 岩石的力学性质

4.3.1 岩石的变形指标

岩石的变形指标主要有弹性模量、变形模量和泊松比。

一、弹性模量

是应力与弹性应变的比值,即

$$E = \frac{\sigma}{\varepsilon_e} \tag{4-5}$$

式中:E——弹性模量,Pa;

σ——应力,Pa;

ε_e——弹性应变。

二、变形模量

是应力与总应变的比值

$$E_0 = \frac{\sigma}{\varepsilon_p + \varepsilon_e} \tag{4-6}$$

式中:E_0——变形模量,Pa;

ε_p——塑性应变;

σ、ε_e——意义同上。

三、泊松比

岩石在轴向压力的作用下,除产生纵向压缩外,还会产生横向膨胀。这种横向应变与纵向应变的比值,称为泊松比,即

$$\mu = \frac{\varepsilon_1}{\varepsilon} \tag{4-7}$$

式中:μ——泊松比;

ε_1——横向应变;

ε——纵向应变。

泊松比越大,表示岩石受力作用后的横向变形越大。岩石的泊松比一般在 0.2~0.4 之间。

4.3.2 岩石的强度指标

岩石受力作用破坏有压碎、拉断及剪断等形式,故岩石的强度可分抗压、抗拉及抗剪强度。岩石的强度单位用 MPa 表示。

一、抗压强度

岩石在单向压力的作用下,抵抗压碎破坏的能力,即

$$\sigma_u = \frac{P}{A} \tag{4-8}$$

式中:σ_u——岩石抗压强度,MPa;

　　　P——岩石破坏时的压力,N;

　　　A——岩石受压面面积,cm^2。

各种岩石抗压强度值差别很大,主要取决于岩石的结构和构造,同时受矿物成分和岩石生成条件的影响。

二、抗剪强度

是岩石抵抗剪切破坏的能力,以岩石被剪破时的极限应力表示。根据试验形式不同,岩石抗剪强度可分为:

1. 抗剪断强度

在垂直压力作用下的岩石剪断强度,即

$$\tau_b = \sigma \tan \phi + c \tag{4-9}$$

式中:τ_b——岩石抗剪断强度,MPa;

　　　σ——破裂面上的法向应力,MPa;

　　　ϕ——岩石的内摩擦角;

　　$\tan \phi$——岩石摩擦因数;

　　　c——岩石的内聚力,MPa。

坚硬岩石因有牢固的结晶联结或胶结联结,故其抗剪断强度一般都比较高。

2. 抗剪强度

是沿已有的破裂面发生剪切滑动时的指标,即

$$\tau_c = \sigma \tan \phi \tag{4-10}$$

显然,抗剪强度大大低于抗剪断强度。

3. 抗切强度

压应力等于零时的抗剪断强度,即

$$\tau_c = c \tag{4-11}$$

三、抗拉强度

抗压强度是岩石单向拉伸时抵抗拉断破坏的能力,以拉断破坏时的最大张应力表示。抗拉强度是岩石力学性质中的一个重要指标。岩石的抗压强度最高,抗剪强度居中,抗拉强度最小。岩石越坚硬,其值相差越大,软弱的岩石差别较小。岩石的抗剪强度和抗压强

度,是评价岩石(岩体)稳定性的指标,是对岩石(岩体)的稳定性进行定量分析的依据。由于岩石的抗拉强度很小,所以当岩层受到挤压形成褶皱时,常在弯曲变形较大的部位受拉破坏,产生张性裂隙。

常见岩石力学性质的经验数据及部分强度对比见表4-5和表4-6。

表4-5 常见岩石力学性质的经验数据

岩类	岩石名称	抗压强度 σ_u/MPa	抗拉强度 σ_t/MPa	弹性模量 E/(10^4MPa)	泊松比 μ
岩浆岩	花岗岩	75~110 120~180 180~200	2.1~3.3 3.4~5.1 5.1~5.7	1.4~5.6 5.43~6.9	0.36~0.16 0.16~0.10 0.10~0.02
	正长岩	80~100 120~180 180~250	2.3~2.8 3.4~5.1 5.1~5.7	1.5~11.4	0.36~0.16 0.16~0.10 0.10~0.02
	闪长岩	120~200 200~250	3.4~5.7 5.7~7.1	2.2~11.4	0.25~0.10 0.10~0.02
	斑岩	160	5.4	6.6~7.0	0.16
	安山岩 玄武岩	120~160 160~250	3.4~4.5 4.5~7.1	4.3~10.6	0.2~0.16 0.16~0.02
	辉绿岩	160~180 200~250	4.5~5.1 5.7~7.1	6.9~7.9	0.16~0.10 0.10~0.02
	流纹岩	120~250	3.4~7.1	2.2~11.4	0.16~0.02
变质岩	花岗片麻岩	180~200	5.1~5.7	7.3~9.4	0.20~0.05
	片麻岩	80~100 140~180	2.2~2.8 4.0~5.1	1.5~7.0	0.30~0.20 0.20~0.05
	石英岩	87 200~360	2.5 5.7~10.2	4.5~14.2	0.20~0.16 0.15~0.10
	大理岩	70~140	2.0~4.0	1.0~3.4	0.36~0.16
	千枚岩板岩	120~140	3.4~4.0	2.2~3.4	0.16
沉积岩	凝灰岩	120~250	3.4~7.1	2.2~11.4	0.16~0.02
	火山角砾岩 火山集块岩	120~250	3.4~7.1	1.0~11.4	0.16~0.05
	砾岩	40~100 120~160 160~150	1.1~2.8 3.4~4.5 4.5~7.1	1.0~11.4	0.36~0.20 0.20~0.16 0.16~0.05

续表

岩类	岩石名称	抗压强度 σ_u/MPa	抗拉强度 σ_t/MPa	弹性模量 $E/(10^4 MPa)$	泊松比 μ
沉积岩	石英砂岩	68~102.5	1.9~3.0	0.39~1.25	0.25~0.05
	砂岩	4.5~10	0.2~0.3	2.78~5.4	0.3~0.25
		47~180	1.4~5.2		0.2~0.05
	片状砂岩	80~130	2.3~3.8	6.1	0.25~0.05
	碳质砂岩	50~140	1.5~4.1		0.25~0.08
	碳质页岩	25~80	1.8~5.6	0.6~2.2	0.20~0.16
	黑页岩	66~130	4.7~9.1	2.6~5.5	0.20~0.16
	带状页岩	6~8	0.4~0.6	2.6~5.5	0.30~0.25
	砂质页岩 云页岩	60~180	4.3~8.6	2.0~3.6	0.30~0.16
	软页岩	20	1.4	1.3~2.1	0.30~0.25
	页岩	20~40	1.4~2.8	1.3~2.1	0.25~0.15
	泥灰岩	3.5~20	0.3~1.4	0.38~2.1	0.40~0.30
		40~60	2.8~4.2		0.30~0.20
	黑泥灰岩	2.5~30	1.8~2.1	1.3~2.1	0.3~0.25
	石灰岩	10~17	0.6~1.0	2.1~8.4	0.50~0.31
		25~55	1.5~3.3		0.31~0.25
		70~128	4.3~7.6		0.25~0.16
		180~200	10.7~11.8		0.16~0.04
	白云岩	40~120	1.1~3.4	1.3~3.4	0.36~0.16
		120~140	3.4~4.0		0.16

表 4-6　常见岩石的部分强度对比

岩石名称	σ_t/σ_u	τ_b/σ_u
花岗岩	0.028	0.068~0.09
石灰岩	0.059	0.06~0.15
砂岩	0.029	0.06~0.078
斑岩	0.033	0.06~0.064
石英岩	0.112	0.176
大理岩	0.226	0.272

§4.4 风化作用

在阳光、风、大气降水、气温变化等外营力作用下及生物活动等因素的影响下,地壳表层岩石的矿物成分和化学成分及结构构造发生变化,使岩石逐渐发生破坏的过程称为风化作用。

4.4.1 风化作用类型

按风化作用的性质和特征,风化作用可划分为三类。

一、物理风化作用

岩石在风化营力的作用下,只发生机械破坏,无成分改变的作用,称为物理风化作用。岩石物理风化作用的类型主要有热胀冷缩作用、冰劈作用及盐类结晶的膨胀作用等。

4.4-1 岩石的热胀冷缩作用

1. 热胀冷缩作用

温度变化是导致岩石热胀冷缩作用的主要因素。岩石是热的不良导体,白天阳光强烈照射,岩石表层首先受热膨胀,内部未变热,体积不变;晚上,由于气温下降,岩石表层开始收缩,这时岩石内部可能还在升温膨胀。这种表里不一致的膨胀、收缩长期反复作用,岩石就会逐渐开裂,导致完全破坏。花岗岩的球状风化是这种作用的代表。

2. 冰劈作用

气温降至 0 ℃以下时,岩石裂隙水就会冰冻,水变为冰,体积膨胀,对岩石产生强大压力,促使裂隙扩大,长期反复冻融,会逐渐导致岩石破碎。

3. 盐类结晶作用

岩石裂隙中的水溶液由于水分蒸发,盐分逐渐饱和,当气温降低、溶解度变小时,盐分就会结晶出来,对岩石裂隙产生压力,逐渐促使岩石破裂。

二、化学风化作用

在自然界水和空气的作用下,地表岩石发生化学成分改变,从而导致岩石破坏,称为化学风化作用。常见的化学风化作用有溶解作用、水化作用、氧化作用和碳酸化作用等。

1. 溶解作用

水或水溶液直接溶解岩石中矿物的作用称为溶解作用。由于岩石中可溶解物质被溶解流失,致使岩石孔隙增加,降低了颗粒之间的联系,更易于遭受物理风化。如石灰岩容易被含侵蚀性二氧化碳的水溶解,其反应式如下:

$$CaCO_3 + H_2O + CO_2 \longrightarrow Ca(HCO_3)_2$$

2. 水化作用

岩石中的某些矿物与水化合形成新的矿物,称为水化作用。如石膏($CaSO_4$)吸水后形成石膏($CaSO_4 \cdot 2H_2O$),体积膨胀 1.5 倍,产生压力,导致岩石破裂。

3. 氧化作用

岩石中的某些矿物与大气或水中的氧化合形成新矿物,称为氧化作用。如常见的黄铁矿氧化成褐铁矿,同时形成腐蚀性较强的硫酸,腐蚀岩石中的其他矿物,致使岩石破坏,其反应式如下:

$$4FeS_2 + 15O_2 + 11H_2O \longrightarrow 2Fe_2O_3 \cdot 3H_2O + 8H_2SO_4$$

4. 碳酸化作用

水中的碳酸根离子与矿物中的阳离子化合，形成易溶于水的碳酸盐，使水溶液对矿物的离解能力加强，化学风化速度加快，这种作用称为碳酸化作用。例如，正长石经碳酸化作用形成碳酸钾、二氧化硅胶体及高岭石。其化学反应式为：

$$2KAlSi_3O_8 + CO_2 + 3H_2O \longrightarrow K_2CO_3 + 4SiO_2 \cdot H_2O + Al_2Si_2O_5(OH)_4$$

三、生物风化作用

有动、植物及微生物参与的岩石风化作用称为生物风化作用。如生长在岩石裂缝中的树的根劈作用可以使岩石破裂，属生物物理风化；生长在岩石表面的生物或生物遗体的分泌物可以腐蚀岩石，使岩石分解，属生物化学风化。

4.4-2　根劈作用

4.4.2　风化程度分带

一、影响岩石风化的因素

影响岩石风化的主要因素有岩性、地质构造、气候和地形。

1. 岩性

岩石的成因、矿物成分及结构和构造对风化作用都有重要的影响。

（1）岩石的成因

岩石的成因反映了它生成时的环境和条件。如果岩石的生成环境和条件与目前地表接近，则岩石抗风化能力强，相反就容易风化。如岩浆岩中喷出岩、浅成岩、深成岩抗风化能力依次减弱，一般情况下沉积岩比岩浆岩和变质岩抗风化能力强。

（2）矿物成分

岩石中的矿物成分不同，其结晶格架和化学活泼性也不同。常见造岩矿物的抗风化能力由强到弱的顺序是石英、正长石、酸性斜长石、角闪石、辉石、基性斜长石、黑云母、黄铁矿。从矿物颜色来看，深色矿物风化快，浅色矿物风化慢。对碎屑岩和黏土岩来说，抗风化能力主要还取决于胶结物，硅质胶结、钙质胶结、泥质胶结的抗风化能力依次降低。

（3）结构和构造

一般来说，隐晶质结构的岩石抗风化能力强，细粒显晶结构比粗粒结构岩石抗风化能力强，等粒结构比斑状结构抗风化能力强。从构造上看，致密块状构造的岩石比层理、片理发育的岩石抗风化能力强。

2. 地质构造

地质构造发育的岩石，节理裂隙发育，易于风化破碎，为空气、水进入岩石内部提供了条件，更易于化学风化。因此，褶曲轴部、断层破碎带的岩石风化程度较高。

3. 气候

不同的气候区，气温、降水和生物繁殖都会有显著不同，所以岩石的风化类型和特点也有明显的差别。寒冷的极地和高山区，以物理风化为主；在热带湿润气候区各种风化类型都有，但化学风化和生物风化较显著。我国干旱的西北地区以物理风化为主，而潮湿多雨的南方则各种风化都有，且化学风化较突出。在地表条件下，温度增加 10 ℃化学作用增强 1 倍。

4. 地形

地形可影响风化作用的速度、深度、风化类型和风化产物的堆积。地形陡峭、切割深度很大的地区,以物理风化为主,岩石表面的风化产物(岩屑)不断崩落并被搬运走,新鲜岩石露出地表,直接遭受风化,风化产物较薄。在地形起伏小的平坦地区,水流速度慢,以化学风化作用为主,风化产物搬运距离小,所以风化产物较厚。低洼处有沉积物覆盖,岩石不易风化。

二、风化程度分带

岩石风化后工程性质变坏,岩石风化程度越严重,其强度损失越大。在工程建设中,合理确定岩石的风化程度,对工程设计、施工等有重要意义。目前岩石风化程度的分带,主要根据野外鉴定特征和风化因数、波速比、纵波速度来确定,详见表4-7。

表 4-7 岩体风化程度分带

风化程度分带	野外鉴定特征				风化程度参数指标		
	岩石矿物颜色	结构	破碎程度	坚硬程度	风化因数 k_f	波速比 k_p	纵波速度 $v_p/(m \cdot s^{-1})$
未风化	岩石、矿物及胶结物颜色新鲜,保持原有颜色	保持岩体原有结构	除构造裂隙外肉眼见不到其他裂隙,整体性好	除泥质岩可用大锤击碎外,其余岩类不易击开,放炮才能掘进	$k_f>0.9$	$k_p>0.9$	硬质岩 $v_p>5\,000$ 软质岩 $v_p>4\,000$
微风化	岩石、矿物颜色较暗淡,节理面附近有部分矿物变色	岩体结构未破坏,仅沿节理面有风化现象或有水锈	有少量风化裂隙,裂隙间距多数大于0.4 m,整体性仍较好	要用大锤和楔子才能剖开泥质岩用大锤可以击碎,放炮才能掘进	$0.8<k_f\leq0.9$	$0.8<k_p\leq0.9$	硬质岩 $4\,000<v_p\leq5\,000$ 软质岩 $3\,000<v_p\leq4\,000$
弱风化	岩石、矿物失去光泽,颜色暗淡、部分易风化矿物已经变色,黑云母失去弹性	岩体结构已部分破坏,裂隙可能出现风化夹层,一般呈块状或球状结构	风化裂隙发育,裂隙间距多数为0.2~0.4 m,整体性差	可用大锤击碎,用手锤不易击碎,大部分需放炮掘进,岩心钻方可钻进	硬质岩 $0.4<k_f\leq0.8$ 软质岩 $0.3<k_f\leq0.8$	硬质岩 $0.6<k_p\leq0.8$ 软质岩 $0.5<k_p\leq0.8$	硬质岩 $2\,400<v_p<4\,000$ 软质岩 $1\,500<v_p<3\,000$

续表

风化程度分带	野外鉴定特征				风化程度参数指标		
	岩石矿物颜色	结构	破碎程度	坚硬程度	风化因数 k_f	波速比 k_p	纵波速度 $v_p/(\mathrm{m \cdot s^{-1}})$
强风化	岩石及大部分矿物变色,形成次生矿物	岩体结构已大部分破坏,形成碎块状或球状结构	风化裂隙发育,岩体破碎,风化物呈碎石状或碎石含砂状,裂隙间距小于 0.2 m,完整性差	用手锤可击碎,用镐可以掘进,用锹则很困难,干钻可钻进	硬质岩 $k_f \leqslant 0.4$ 软质岩 $k_f \leqslant 0.3$	硬质岩 $0.4 < k_p \leqslant 0.6$ 软质岩 $0.3 < k_p \leqslant 0.5$	硬质岩 $1\ 000 < v_p < 2\ 000$ 软质岩 $700 < v_p < 1\ 500$
全风化	岩石、矿物已完全变色,大部分发生变异,除石英外大部分风化成土状	岩体结构已完全破坏,仅外观保持原岩特征,矿物晶体失去连接,石英松散成粒状	风化破碎呈碎屑状、土状或砂状	用手可捏碎,用镐就可掘进,干钻较易钻进		硬质岩 $k_p \leqslant 4$ 软质岩 $k_p \leqslant 0.3$	硬质岩 $500 < v_p \leqslant 1\ 000$ 软质岩 $300 < v_p < 700$

注:1. k_f 是同一岩体中风化岩石的单轴饱和抗压强度与未风化岩石的单轴饱和抗压强度的比值;

2. k_p 是同一岩体中风化岩体的纵波波速与未风化岩体纵波波速的比值。

§4.5 岩石、土的工程分类

在工程应用中常根据岩石的工程性质和特征,把岩石划分为不同的类型。据单项指标划分的如岩石按坚硬程度的划分,据多项指标划分的如岩土施工的工程分级。

4.5.1 岩石按坚硬程度的划分

岩石坚硬程度可按定性指标划分,岩石坚硬程度的定量指标采用岩石单轴饱和抗压强度 R_c 的实测值,其对应关系见表 4-8。

表 4-8 岩石坚硬程度的划分

岩石类别		单轴饱和抗压强度 R_c/MPa	定性鉴定	代表性岩石
硬质岩	极硬岩	$R_c > 60$	锤击声清脆,有回弹,振手,难击碎;浸水后,大多无吸水反应	未风化~微风化的 A 类岩石
	硬岩	$30 < R_c \leqslant 60$	锤击声较清脆,有轻微回弹,稍震手,较难击碎;浸水后,有轻微吸水反应	微风化的 A 类岩石;未风化~微风化的 B、C 类岩石

岩石类别		单轴饱和抗压强度 R_c/MPa	定性鉴定	代表性岩石
软质岩	较软岩	$15<R_c \leqslant 30$	锤击声不清脆,无回弹,较易击碎;浸水后,指甲可刻出印痕	强风化的 A 类岩石;弱风化的 B、C 类岩石;未风化～微风化的 D 类岩石
	软岩	$5<R_c \leqslant 15$	锤击声哑,无回弹,有凹痕,易击碎;浸水后,手可掰开	强风化的 A 类岩石;弱风化～强风化的 B、C 类岩石;弱风化的 D 类岩石;未风化～微风化的 E 类岩石
	极软岩	$R_c \leqslant 5$	锤击声哑,无回弹,有较深凹痕,手可捏碎;浸水后,可捏成团	全风化的各类岩石和成岩作用差的岩石

注:1. 当无条件取得单轴饱和抗压强度 R_c 实测值时,也可采用实测的岩石点荷载强度指数 $I_{s(50)}$ 的换算值,换算方法按现行国家标准《工程岩体分级标准》(GB/T 50218—2014)执行;

2. 岩石风化程度可按表 4-7 确定,岩性类型按表 4-9 确定。

表 4-9 岩性类型的划分

岩性类型	代表岩性
A	岩浆岩(花岗岩、闪长岩、正长岩、辉绿岩、安山岩、玄武岩、石英粗面岩、石英斑岩等);变质岩(片麻岩、石英岩、片岩、蛇纹岩等);沉积岩(熔结凝灰岩、硅质砾岩、硅质石灰岩等)
B	沉积岩(石灰岩、白云岩等碳酸盐岩类)
C	变质岩(大理岩、板岩等);沉积岩(钙质砂岩、铁质胶结的砾岩及砂岩等)
D	第三纪沉积岩类(页岩、砂岩、砾岩、砂质泥岩、凝灰岩等);变质岩(云母片岩、千枚岩等),且岩石单轴饱和抗压强度 $R_c>15$ MPa
E	晚第三纪～第四纪沉积岩类(泥岩、页岩、砂岩、砾岩、凝灰岩等)且岩石单轴饱和抗压强度 $R_c \leqslant 15$ MPa

4.5.2 岩土施工工程分级

公路、铁路工程地质勘察时,还应对岩土施工的难易程度进行分级,据此编制施工的概、预算。铁路使用的岩土施工工程分级,详见表 4-10。

表 4-10　岩土施工工程分级（TB 10077—2019）

等级	分类	岩土名称及特征	钻 1 m 所需时间			岩石单轴饱和抗压强度/MPa	开挖方法
			液压凿岩台车、潜孔钻机/净钻分钟	手持风枪湿式凿岩合金钻头/净钻分钟	双人打眼/工日		
I	松土	砂类土、种植土、未经压实的填土					用铁锹挖,脚蹬一下到底的松散土层,机械能全部直接铲挖,普通装载机可满载
II	普通土	硬塑、软塑的粉质黏土,硬塑、软塑的黏土,膨胀土,粉土,Q_3、Q_4 黄土,稍密、中密的细角砾土、细圆砾土,松散的粗角砾土、碎石土、粗圆砾土、卵石土,压密的填土,风积沙					部分用镐刨松,再用锹挖,脚连蹬数次才能挖动;挖掘机、带齿尖口装载机可满载、普通装载机可直接铲挖,但不能满载
III	硬土	坚硬的黏性土、膨胀土,Q_1、Q_2 黄土,稍密、中密的粗角砾土、碎石土、粗圆砾土、卵石土,密实的细圆砾土、细角砾土,各种风化成土状的岩石					必须用镐先全部刨过才能用锹挖,挖掘机、带齿尖口装载机不能满载;大部分采用松土器松动方能铲挖装载

等级	分类	岩土名称及特征	钻 1 m 所需时间			岩石单轴饱和抗压强度/MPa	开挖方法
			液压凿岩台车、潜孔钻机/净钻分钟	手持风枪湿式凿岩合金钻头/净钻分钟	双人打眼/工日		
Ⅳ	软石	块石土、漂石土,含块石、漂石 30%～50% 的土及密实的碎石土、粗角砾土、粗圆砾土;盐岩,各类较软岩、软岩及成岩作用差的岩石:泥质岩类、煤、凝灰岩、云母片岩、千枚岩		<7	<0.2	<30	部分用撬棍及大锤开挖或挖掘机、单钩裂土器松动,部分需借助液压冲击镐解碎或部分采用爆破法开挖
Ⅴ	次坚石	各种硬质岩:硅质页岩、钙质岩、白云岩、石灰岩、泥灰岩、玄武岩、片岩、片麻岩、正长岩、花岗岩	≤10	7～20	0.2～1.0	30～60	能用液压冲击镐解碎,大部分需用爆破法开挖
Ⅵ	坚石	各种极硬岩:硅质砂岩、硅质砾岩、石灰岩、石英岩、大理岩、玄武岩、闪长岩、花岗岩、角岩	>10	>20	>1.0	>60	可用液压冲击镐解碎,需用爆破法开挖

注:1. 软土(软黏性土、淤泥质土、淤泥、泥炭质土、泥炭)的施工工程分级,一般可定为Ⅱ级;多年冻土一般可定为Ⅳ级。

2. 表中所列岩石均按完整结构岩体考虑,若岩体极破碎、节理很发育或强风化时,其等级应按表对应岩石的等级降低一个等级。

4.5.3 土的分类

土是由固体颗粒(固相)、水(液相)和气体(气相)组成的三相体系。它是由岩石经风化作用形成的碎屑物在原地或经搬运在低洼处形成的沉积物。

一、土按颗粒级配的分类

根据土颗粒的形状、级配或塑性指数可将土划分为碎石类土、砂类土、粉土和黏性土。

1. 碎石类土

根据土颗粒的形状和颗粒级配的分类见表 4-11。

表 4-11 碎石类土的划分

土的名称	颗粒形状	土的颗粒级配
漂石土	浑圆或圆棱状为主	粒径大于 200 mm 的颗粒超过总质量的 50%
块石土	尖棱状为主	
卵石土	浑圆或圆棱状为主	粒径大于 20 mm 的颗粒超过总质量的 50%
碎石土	尖棱状为主	
圆石土	浑圆或圆棱状为主	粒径大于 2 mm 的颗粒超过总质量的 50%
角砾土	尖棱状为主	

注:1. 定名时应根据粒径分组,由大到小,以最先符合者确定。
　　2. 本表引自《铁路工程岩土分类标准》(TB 10077—2019)。

2. 砂类土

砂类土的分类见表 4-12。

表 4-12 砂类土的划分

土的名称	土的颗粒级配
砾砂	粒径大于 2 mm 的颗粒占质量的 25%～50%
粗砂	粒径大于 0.5 mm 的颗粒超过总质量的 50%
中砂	粒径大于 0.25 mm 的颗粒超过总质量的 50%
细砂	粒径大于 0.075 mm 的颗粒超过总质量的 85%
粉砂	粒径大于 0.075 mm 的颗粒超过总质量的 50%

注:引自《铁路工程岩土分类标准》(TB 10077—2019),定名时应根据颗粒级配,由大到小,以最先符合者确定。

3. 粉土

塑性指数小于或等于 10,且粒径大于 0.075 mm 颗粒的质量不超过全部质量的 50% 的土,定名为粉土。

4.5-1 漂石土

4.5-2 卵石土

4.5-3 碎石土

4.5-4 角砾土

4. 黏性土

根据土的塑性指数划分为粉质黏土和黏土,见表 4-13。

表 4-13 黏性土的划分

土的名称	塑性指数
粉质黏土	$10 < I_p \leqslant 17$
黏土	$I_p > 17$

注:1. $I_p = \omega_L - \omega_P$。其中 ω_L 为土的液限,ω_P 为土的塑限;

2. 引自《铁路工程岩土分类标准》(TB 10077—2019)。

二、根据土的成因分类

根据土的成因可把土划分为残积土、坡积土、洪积土、冲积土、淤积土、风积土及崩积土等,各个成因类型及其堆积特征详见表 4-14。

表 4-14 土的主要成因类型和堆积特征

成因类型	堆积方式及条件	堆积特征
残积	岩石经风化作用而残留在原地的碎屑堆积物	碎屑物从地表向深处由细变粗,其成分与母岩相关,一般不具层理,碎块呈棱角状,土质不均,具有较大孔隙,厚度在小丘顶部较薄,低洼处较厚
坡积和崩积	风化碎屑物由雨水或融雪水沿斜坡搬运及由本身的重力作用在斜坡上或坡脚堆积而成	碎屑物从坡上往下逐渐变细,分选性差,层理不明显,厚度变化较大,厚度在斜坡较陡处较薄,坡脚地段较厚
洪积	由暂时性洪流将山区或高地的大量风化碎屑物携带至沟口或平缓地带堆积而成	颗粒具有一定的分选性,但往往大小混杂,碎屑多呈次棱角状,洪积扇顶部颗粒较粗,层理紊乱呈交错状,透镜体及夹层较多,边缘处颗粒细,层理清楚
冲积	由长期的地表水流搬运,在河流阶地冲积平原、三角洲地带堆积而成	颗粒在河流上游较粗,向下游逐渐变细,分选性及磨圆度均好,层理清楚,除牛轭湖及某些河床相沉积外厚度较稳定
淤积	在静水或缓慢的流水环境中沉积,并伴有生物化学作用而成	颗粒以粉粒、黏粒为主,且含有一定数量的有机质或盐类,一般土质较松,有时为淤泥质黏性土、粉土与粉砂互层,具有清晰的薄层理
风积	在干旱气候条件下,碎屑物被风吹扬降落堆积而成	颗粒主要由粉粒或砂粒组成,土质均匀,质纯,孔隙大,结构松散

 4.5-5 残积土

 4.5-6 坡积土

 4.5-7 洪积土

 4.5-8 冲积土

　　三、特殊土的分类

　　根据土中特殊物质的含量、结构特征及特殊的工程性质等可将特殊土划分为黄土、红黏土、膨胀土、软土、盐渍土、多年冻土、填土等。

　　一般土的工程性质在土力学等课程中已有详细介绍,本章仅就常见的特殊土的工程性质作重点介绍。

§4.6　特殊土的工程性质

4.6.1　黄土

一、黄土的特征及分布

　　黄土是以粉粒为主,含碳酸盐,具大孔隙,质地均一,无明显层理而有显著垂直节理的黄色陆相沉积物。

　　典型黄土具备以下特征:

　　① 颜色为淡黄、褐黄和灰黄色。

　　② 以粉土颗粒(0.075~0.005 mm)为主,约占 60%~70%。

　　③ 含各种可溶盐,主要富含碳酸钙,含量达 10%~30%,对黄土颗粒有一定的胶结作用,常以钙质结核的形式存在,又称姜石。

　　④ 结构疏松,孔隙多且大,孔隙度达 33%~64%,有肉眼可见的大孔隙、虫孔、植物根孔等。

　　⑤ 无层理,具柱状节理和垂直节理,天然条件下稳定边坡近直立。

　　⑥ 具有湿陷性。

　　具备上述六项特征的黄土是典型黄土,只具备其中部分特征的黄土称为黄土状土,二者的特征列于表 4-15。

图注(左侧):
4.6-1　黄土的直立性

4.6-2　黄土高原

表 4-15　黄土和黄土状土的特征

特征		名称	
		黄土	黄土状土
外部特征	颜色	淡黄色为主,还有灰黄、褐黄色	黄色、浅棕黄色或暗灰褐黄色
	结构构造	无层理,有肉眼可见之大孔隙及由生物根茎遗迹形成之管状孔隙,常被钙质或泥填充,质地均一,松散易碎	有层理构造、粗粒(砂粒或细砾)形成的夹层成透镜体,黏土组成微薄层理,可见大孔隙较少,质地不均一
	产状	垂直节理发育,常呈现大于 70°的边坡	有垂直节理但延伸较小,垂直陡壁不稳定,常成缓坡

续表

特征		名称	
		黄土	黄土状土
物质成分	粒度成分	粉土粒为主(0.007 5~0.005 mm),含量一般大于60%;大于0.25 mm的颗粒几乎没有。粉粒中0.075~0.01 mm的粗粉粒占50%以上,颗粒较粗	粉土粒含量一般大于60%,但其中粗粉粒小于50%;含少量大于0.25 mm或小于0.005 mm的颗粒有时可达20%以上;颗粒较细
	矿物成分	粗粒矿物以石英、长石、云母为主,含量大于60%;黏土矿物有蒙脱石、伊利石、高岭石等;矿物成分复杂	粗粒矿物以石英、长石、云母为主,含量小于50%;黏土矿物含量较高,仍以蒙脱石、伊利石、高岭石为主
	化学成分	以 SiO_2 为主,其次为从 Al_2O_3、Fe_2O_3,富含 $CaCO_3$,并有少量 $MgCO_3$ 及少量易溶盐类如 NaCl 等,常见钙质结核	以 SiO_2 为主,Al_2O_3、Fe_2O_3 次之,含 $CaCO_3$、$MgCO_3$ 及少量易溶盐 NaCl 等,时代老的含碳酸盐多,时代新的含碳酸盐少
物理性质	孔隙度	高,一般大于50%	较低,一般小于40%
	干密度	较低,一般为 1.4 g/cm³ 或更低	较高,一般为 1.4 g/cm³ 以上,可达 1.8 g/cm³
	渗透系数	一般为 0.6~0.8 m/d,有时可达 1 m/d	透水性小,有时可视为不透水层
	塑性指数	10~12	一般大于12
	湿陷性	显著	不显著,或无湿陷性
成岩作用程度		一般固结较差,时代老的黄土较坚固,称为石质黄土	松散沉积物,或有局部固结
成因		多为风成,少量水成	多为水成

黄土分布广泛,在欧洲、北美、中亚等地均有分布,在全球分布面积达 $1.3×10^7 km^2$,占地球表面的2.5%以上。我国是黄土分布面积最大的国家,总面积约 $6.4×10^5 km^2$。西北、华北、山东、内蒙古及东北等地均有分布。黄河中游的陕、甘、宁及山西、河南等省黄土面积广、厚度大,属黄土高原。

二、黄土的成因

黄土按生成过程及特征可划分为风积、坡积、残积、洪积、冲积等成因类型。

1. 风积黄土

分布在黄土高原平坦的顶部和山坡上,厚度大,质地均匀,无层理。

2. 坡积黄土

多分布在山坡坡脚及斜坡上,厚度不均,基岩出露区常夹有基岩碎屑。

3. 残积黄土

多分布在基岩山地上部,由表层黄土及基岩风化而成。

4. 洪积黄土

主要分布在山前沟口地带,一般有不规则的层理,厚度不大。

5. 冲积黄土

主要分布在大河的阶地上,如黄河及其支流的阶地上。阶地越高,黄土厚度越大,有明显层理,常夹有粉砂、黏土、砂卵石等,大河阶地下部常有厚数米及数十米的砂卵石层。

三、黄土的工程性质

1. 黄土的颗粒成分

黄土中粉粒约占 60%~70%,其次是砂粉和黏粒,各占 1%~29% 和 8%~26%。我国从西向东,由北向南黄土颗粒有明显变细的分布规律。陇西和陕北地区黄土的砂粒含量大于黏粒,而豫西地区黏粒含量大于砂粒。黏土颗粒含量大于 20% 的黄土,湿陷性明显减小或无湿陷性。因此,陇西和陕北黄土的湿陷性通常大于豫西黄土,这是由于均匀分布在黄土骨架中的黏土颗粒起胶结作用,湿陷性减小。

2. 黄土的密度

土粒密度在 2.54~2.84 g/cm^3 之间,黄土的密度为 1.5~1.88 g/cm^3,干密度为 1.3~1.6 g/cm^3;干密度反映了黄土的密实程度,干密度小于 1.5 g/cm^3 的黄土具有湿陷性。

3. 黄土的含水量

黄土天然含水量一般较低。含水量与湿陷性有一定关系。含水量低,湿陷性强,含水量增加,湿陷性减弱,当含水量超过 25% 时就不再湿陷了。

4. 黄土的压缩性

土的压缩性用压缩系数 a 表示:

$$a < 0.1 \ MPa^{-1} \qquad 低压缩性土$$
$$a = 0.1 \sim 0.5 \ MPa^{-1} \qquad 中压缩性土$$
$$a > 0.5 \ MPa^{-1} \qquad 高压缩性土$$

黄土多为中压缩性土;近代黄土为高压缩性土;老黄土压缩性较低。

5. 黄土的抗剪强度

一般黄土的内摩擦角 $\phi = 15° \sim 25°$,内聚力 $c = 30 \sim 40 \ kPa$,抗剪强度中等。

6. 黄土的湿陷性和黄土陷穴

天然黄土在一定的压力作用下,浸水后产生突然的下沉现象,称为湿陷。这个一定的压力称为湿陷起始压力。在饱和自重压力作用下的湿陷称为自重湿陷;在自重压力和附加压力共同作用下的湿陷,称为非自重湿陷。

黄土湿陷性评价多采用浸水压缩试验的方法,将原状黄土放入固结仪内,在无侧限膨胀条件下进行天然黄土压缩试验。当变形稳定后,测出试样高 h_2,再测当浸水饱和、变形

稳定后的试样高度 h_2', 计算相对湿陷性系数 δ_s:

$$\delta_s < 0.02 \qquad 非湿陷性黄土$$

$$0.02 \leqslant \delta_s < 0.03 \qquad 轻微湿陷性黄土$$

$$0.03 \leqslant \delta_s \leqslant 0.07 \qquad 中等湿陷性黄土$$

$$\delta_s \geqslant 0.07 \qquad 强湿陷性黄土$$

此外,黄土地区常常有天然或人工洞穴,由于这些洞穴的存在和不断发展扩大,往往引起上覆建筑物突然塌陷,称为陷穴。黄土陷穴的发展主要是由于黄土湿陷和地下水的潜蚀作用造成的。为了及时整治黄土洞穴,必须查清黄土洞穴的位置、形状及大小,然后针对性地采取有效整治措施。

4.6-3 黄土陷穴

四、黄土地质病害的防治

黄土区的地质病害主要由黄土的湿陷性和黄土洞穴引起,为防治黄土地质灾害可采用以下两类措施:

1. 防水措施

水的渗入是黄土地质病害的根本原因,只要能做到严格防水,各种事故是可以避免或减少的。防水措施包括:场地平整,以保证地面排水畅通;做好室内地面防水措施,室外散水、排水沟,特别是施工开挖基坑时要注意防止水的渗入;切实做到上下水道和暖气管道等用水设施不漏水。

2. 地基处理

地基处理是对基础或建筑物下一定范围内的湿陷性黄土层进行加固处理或换填非湿陷性土,达到消除湿陷性,减小压缩性和提高承载力的目的。在湿陷性黄土地区,国内外采用的地基处理方法有重锤表层夯实、强夯、换填土垫层、土桩挤密、预浸水、硅化加固、碱液加固和桩基等方法。

4.6-4 强夯

4.6.2 膨胀土

膨胀土是一种富含亲水性黏土矿物,并且随含水量增减,体积发生显著胀缩变形的高塑性黏土。其黏土矿物主要是蒙脱石和伊利石,二者吸水后强烈膨胀,失水后收缩,长期反复多次胀缩,强度衰减,可能导致工程建筑物开裂、下沉、失稳破坏。膨胀土全世界分布广泛,我国是世界上膨胀土分布广、面积大的国家之一,20 多个省市自治区都有分布。我国亚热带气候区的广西、云南等地的膨胀土,与其他地区相比,胀缩性强烈。形成时代自第三纪的上新世(N_2)开始到上更新世(Q_3),多为上更新统地层。成因有洪积、冲积、湖积、坡积、残积等。

4.6-5 膨胀土

一、膨胀土的工程性质

① 膨胀土多为灰白、棕黄、棕红、褐色等,颗粒成分以黏粒为主,含量在 35% ~ 50% 以上,粉粒次之,砂粒很少。黏粒的矿构成分多为蒙脱石和伊利石,这些黏土颗粒比表面积大,有较强的表面能,在水溶液中吸引极性水分子和水中离子,呈现强亲水性。

② 天然状态下,膨胀土结构紧密、孔隙比小,干密度达 1.6 ~ 1.8 g/cm³;塑性指数为 18 ~ 23,天然含水量接近塑限,一般为 18% ~ 26%,土体处于坚硬或硬塑状态,有时被误认为良好地基。

4.6-6 膨胀土的裂隙性

③ 膨胀土中裂隙发育,是不同于其他土的典型特征,膨胀土裂隙可分为原生裂隙和次生裂隙两类。原生裂隙多闭合,裂面光滑,常有蜡状光泽;次生裂隙以风化裂隙为主,在水的淋滤作用下,裂面附近蒙脱石含量增高,呈白色,构成膨胀土中的软弱面,膨胀土边坡失稳滑动常沿灰白色软弱面发生。

④ 天然状态下膨胀土抗剪强度和弹性模量比较高,但遇水后强度显著降低,内聚力一般小于 0.05 MPa,有的 c 值接近于零,ϕ 值从几度到十几度。

⑤ 膨胀土具有超固结性。超固结性是指膨胀土在历史上曾受到过比现在的上覆自重压力更大的压力,因而孔隙比小,压缩性低,一旦被开挖外露,卸荷回弹,产生裂隙,遇水膨胀,强度降低,造成破坏。膨胀土固结度用固结比 R 表示:

$$R = P_c / P_0 \qquad (4-12)$$

式中:P_c——土的前期固结压力;

　　　P_0——目前上覆土层的自重压力。

正常土层 $R=1$,超固结膨胀土 $R>1$,如成都黏土 $R=2\sim4$。成昆铁路的狮子山滑坡就是由成都黏土组成,施工后强度衰减,导致滑坡。

二、膨胀土的胀缩性指标

常见的膨胀土胀缩指标如下。

1. 膨胀率(C_{sw})

在室内试验,C_{sw} 是烘干土在一定压力(P_{sw})下,而且不允许侧向膨胀的条件下浸水膨胀测定的,膨胀变形仅反映在高度上的变化。C_{sw} 可用下式计算:

$$C_{sw} = \frac{\Delta h}{h_0} \times 100\% = \frac{h - h_0}{h_0} \times 100\% \qquad (4-13)$$

式中:h_0——土样原始高度,cm;

　　　Δh——土样变形后的高度增量,cm;

　　　h——土样膨胀后的高度,cm。

$C_{sw} > 4\%$,$P_{sw} > 0.025$ MPa 时为膨胀土。

2. 自由膨胀率(F_s)

自由膨胀率是烘干土粒全部浸水膨胀后增加的体积 ΔV 与原体积 V_0 之比,以百分数表示:

$$F_s = \frac{\Delta V}{V_0} = \frac{V - V_0}{V_0} \times 100\% \qquad (4-14)$$

式中:V——烘干土样浸水膨胀后的体积。

$F_s \geqslant 40\%$ 为膨胀土。铁道部还规定 $F_s > 40\%$、液限含水量 $w_L > 40\%$ 时为膨胀土。

3. 线缩率(e_{sl})

饱水土样收缩后高度减小量($h_0 - h$)与原高度(h_0)之比:

$$e_{sl} = \frac{h_0 - h}{h_0} \times 100\% \qquad (4-15)$$

式中:h_0——饱水土样高度,cm;

　　　h——收缩后土样高度,cm。

$e_{sl} \geq 50\%$ 时为膨胀土。

三、膨胀土的防治措施

1. 地基的防治措施

（1）防水保湿措施

防水保湿措施的目的是防止地表水下渗和土中水分蒸发,保持地基土湿度稳定,控制胀缩变形。在建筑物周围设置散水坡,设水平和垂直隔水层;加强上下水管道防漏措施及热力管道隔热措施;建筑物周围合理绿化,防止植物根系吸水造成地基土不均匀收缩;选择合理的施工方法,基坑不宜暴晒或浸泡,应及时处理夯实。

（2）地基土改良措施

地基土改良的目的是消除或减少土的胀缩性能,常采用:① 换土法,挖除膨胀土,换填砂、砾石等非膨胀性土;② 压入石灰水法,石灰与水相互作用产生氢氧化钙,吸收周围水分,氢氧化钙与二氧化碳形成碳酸钙,起胶结土粒的作用;③ 钙离子与土粒表面的阳离子进行离子交换,使水膜变薄脱水,使土的强度和抗水性提高。

4.6-7 膨胀土缓坡

2. 边坡的防治措施

（1）地表水防护

防止水渗入土体,冲蚀坡面,设截排水天沟、平台纵向排水沟、侧沟等排水系统。

（2）坡面加固

植被防护,植草皮、小乔木、灌木,形成植物覆盖层防止地表水冲刷。

4.6-8 植草护坡

（3）骨架护坡

采用浆砌片石方形及拱形骨架护坡,骨架内植草效果更好。

（4）支挡措施

采用抗滑挡墙、抗滑桩、片石垛等。

4.6-9 骨架护坡

4.6.3 软土

一、软土及其特征

软土是天然含水量大、压缩性高、承载力和抗剪强度很低的呈软塑-流塑状态的黏性土。软土是一类土的总称,还可以将它细分为软黏性土、淤泥质土、淤泥、泥炭质土和泥炭等。我国软土分布广泛,主要位于沿海平原地带,内陆湖盆、洼地及河流两岸地区。我国软土成因类型主要有:① 沿海沉积型(滨海相、潟湖相、溺谷相、三角洲相);② 内陆湖盆沉积型;③ 河滩沉积型;④ 沼泽沉积型。

软土主要是静水或缓慢流水环境中沉积的以细颗粒为主的第四纪沉积物。通常在软土形成过程中有生物化学作用参与,这是因为在软土沉积环境中生长有喜湿植物,植物死亡后遗体埋在沉积物中,在缺氧条件下分解,参与软土的形成。我国软土有下列特征:

① 软土的颜色多为灰绿、灰黑色,手摸有滑腻感,能染指,有机质含量高时有腥臭味。

② 软土的颗粒成分主要为黏粒及粉粒,黏粒含量高达 60%～70%。

③ 软土的矿物成分,除粉粒中的石英、长石、云母外,黏土矿物主要是伊利石,高岭石次之。此外软土中常有一定量的有机质,可高达 8%～9%。

④ 软土具有典型的海绵状或蜂窝状结构,其孔隙比大,含水量高,透水性小,压缩性

大,是软土强度低的重要原因。

⑤ 软土具层理构造,软土和薄层粉砂、泥炭层等相互交替沉积,或呈透镜体相间沉积,形成性质复杂的土体。

二、软土的工程性质

1. 软土的孔隙比和含水量

软土的颗粒分散性高,连结弱,孔隙比大,含水量高,孔隙比一般大于 1,可高达 5.8,如云南滇池淤泥,含水量大于液限,达 50%~70%,最大可达 300%。沉积年代久,埋深大的软土,孔隙比和含水量降低。

2. 软土的透水性和压缩性

软土孔隙比大,孔隙细小,黏粒亲水性强,土中有机质多,分解出的气体封闭在孔隙中,使土的透水性很差,渗透系数 $k < 10^{-6}$ cm/s:荷载作用下排水不畅,固结慢,压缩性高,压缩系数 a_{1-2} 一般为 0.7~1.0 MPa^{-1},压缩模量 E_s 为 1~6 MPa。软土在建筑物荷载作用下容易发生不均匀下沉和大量沉降,而且下沉缓慢,完成下沉的时间很长。

3. 软土的强度

软土强度低,无侧限抗压强度在 10~40 kPa 之间。不排水直剪试验的 $\phi = 2°~5°$,$c = 10~15$ kPa;排水条件下 $\phi = 10°~15°$,$c = 20$ kPa。所以在确定软土抗剪强度时,应据建筑物加载情况选择不同的试验方法。

4. 软土的触变性

软土受到振动,颗粒连结破坏,土体强度降低,呈流动状态,称为触变,也称振动液化。触变可以使地基土大面积失效,导致建筑物破坏。触变的机理是吸附在土颗粒周围的水分子的定向排列被破坏,土粒悬浮在水中,呈流动状态。当振动停止,土粒与水分子相互作用的定向排列恢复,土强度可慢慢恢复。软土触变用灵敏度 S_τ 表示:

$$S_\tau = \frac{\tau_f}{\tau_f'} \tag{4-16}$$

式中:τ_f——天然结构的抗剪强度;

τ_f'——结构扰动后的抗剪强度;

S_τ——一般为 3~4,个别达 8~9,灵敏度越大,强度降低越明显,造成的危害也越大。

5. 软土的流变性

在长期荷载作用下,变形可延续很长时间,最终引起破坏,这种性质称为流变性。破坏时土强度低于常规试验测得的标准强度。软土的长期强度只有平时强度的 40%~80%。

三、软土的变形破坏和地基加固

1. 软土的变形破坏

软土地基变形破坏的主要原因是承载力低、地基变形大或发生挤出。建筑物变形破坏的主要形式是不均匀沉降,使建筑物产生裂缝,影响正常使用。修建在软土地基上的公路、铁路路堤高度受软土强度的控制,路堤过高,将导致挤出破坏,产生坍塌。如浙江萧穿铁路线[①],经过厚 62 m 的淤泥层,8 m 高的桥头路堤一次整体下沉 4.3 m,坡脚隆起 2 m,

---

① 现为杭甬铁路萧甬段。

变形范围波及路堤外 56 m 远。

2. 软土地基的加固措施

软土地基采用以下加固措施

（1）砂井排水

在软土地基中按一定规律设计排水砂井（图 4-1），井孔直径多在 0.4~2.0 m，井孔中灌入中、粗砂，砂井起排水通道作用，加快软土排水固结过程，使地基土强度提高。

（2）砂垫层

在建筑物（如路堤）底部铺设一层砂垫层（图 4-2），其作用是在软土顶面增加一个排水面。在路堤填筑过程中，由于荷载逐渐增加，软土地基排水固结，渗出的水可以从砂垫层排走。

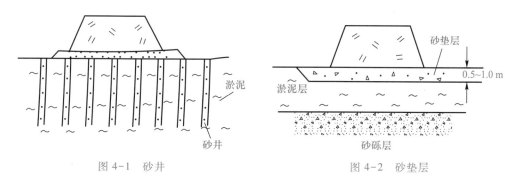

图 4-1 砂井   图 4-2 砂垫层

（3）生石灰桩

在软土地基中打生石灰桩的原理是，生石灰水化过程中强烈吸水，体积膨胀，产生热量，桩周围温度升高，使软土脱水压密强度增大。

（4）强夯法

是目前加固软土常用的方法之一。强夯法采用 10~20 t 重锤，从 10~40 m 高处自由落下，夯实土层，强夯法产生很大的冲击能，使软土迅速排水固结，加固深度可达 11~12 m。

（5）旋喷注浆法

将带有特殊喷嘴的注浆管置入软土层的预定深度，以 20 MPa 左右压力高压喷射水泥砂浆或水玻璃和氯化钙混合液，强力冲击土体，使浆液与土搅拌混合，经凝结固化，在土中形成固结体，形成复合地基。提高地基强度，加固软土地基。

（6）换填土

将软土挖除，换填强度较高的黏性土、砂、砾石、卵石等渗水土。这一方法从根本上改善了地基土的性质。此外还有化学加固、电渗加固、侧向约束加固、堆载预压等加固方法。

4.6.4 冻土

冻土是指温度等于或低于零摄氏度，并含有冰的各类土。冻土可分为多年冻土和季节冻土。多年冻土是冻结状态持续三年以上的土。季节冻土是随季节变化周期性冻结融化的土。

一、季节冻土及其冻融现象

我国季节冻土主要分布在华北、西北和东北地区。随着纬度和地面高度的增加,冬季气温越来越低,季节冻土厚度增加。季节冻土对建筑物的危害表现在冻胀和融沉两个方面。冻胀是冻结时水分向冻结部位转移、集中、体积膨胀,对建筑物产生危害。融化时,地基土局部含水量增大,土呈软塑或塑流状态,出现融沉,严重时使建筑物开裂变形。季节冻土的冻胀和融沉与土的颗粒成分和含水量有关。按土的颗粒成分可将土的冻胀性分为四类,见表 4-16;按土的含水量可将土的冻胀性分为四级,见表 4-17。

表 4-16　土的冻胀性分类

分类	土的名称	冻胀		融化后土的状态
		冻结期内胀起	为 2 m 冻土层厚的百分数	
不冻胀土	碎石-砾石层、胶结砂砾层			固态外部特征不变
稍冻胀土	小碎石、砾石、粗砂、中砂	7 cm 以下	3.5%以下	致密的或松散的,外部特征不变
中等冻胀土	细砂、粉质黏土、黏土	20 cm 以下	10%以下	致密的或松散的,可塑结构常被破坏
极冻胀土	粉土、粉质黄土、粉质黏土、泥炭土	50 cm 以下	20%以下	塑性流动,结构扰动,在压力下变为流砂

表 4-17　土的冻胀性分级

土的名称	天然含水量 w/%	潮湿程度	冻结期间地下水位低于冻深的最小距离 h_w/m	冻胀性分级
粉、黏粒含量 ≤15%的粗颗粒土	$w \leq 12$	稍湿、潮湿	不考虑	不冻胀
	$w > 12$	饱和		弱冻胀
粉、黏粒含量>15%的粗颗粒土,细砂、粉砂	$w \leq 12$	稍湿	1.5	不冻胀
	$12 < w \leq 17$	潮湿		弱冻胀
	$w > 17$	饱和		冻胀
黏性土	$w < w_p$	半坚硬	2.0	不冻胀
	$w_p < w \leq w_p + 7$	硬塑		弱冻胀
	$w_p + 7 < w \leq w_p + 15$	软塑		冻胀
	$w > w_p + 15$	流塑	不考虑	强冻胀

从表 4-16 和表 4-17 可知,土的细颗粒(粉粒和黏粒)含量越多、含水量越大,冻胀越严重,对建筑物危害越大。在地下水埋藏较浅时,季节冻土区能得到地下水的不断补充,地面明显冻胀隆起,形成冻胀土丘,又称冰丘,是冻土区的一种不良地质现象。

二、多年冻土及其工程性质

1. 多年冻土的分布及其特征

我国多年冻土可分为高原冻土和高纬度冻土。高原冻土主要分布在青藏高原及西部高山(天山、阿尔泰山、祁连山等)地区;高纬度冻土主要分布在大、小兴安岭,满洲里-牙克石-黑河以北地区。多年冻土埋藏在地表以下一定深度。从地表到多年冻土,中间常有季节冻土分布。高纬度冻土由北向南厚度逐渐变薄。从连续的多年冻土区到岛状多年冻土区,最后尖灭于非多年冻土区,其分布剖面如图 4-3 所示。

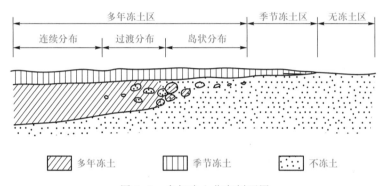

图 4-3 多年冻土分布剖面图

多年冻土具有以下特征:

(1)组成特征

冻土由矿物颗粒、冰、未冻结的水和空气组成。其中矿物颗粒是主体,它的大小、形状、成分比表面积、表面活性等对冻土性质及冻土中发生的各种作用都有重要影响。冻土中的冰是冻土存在的基本条件,也是冻土各种工程性质的形成基础。

(2)结构特征

冻土结构有整体结构、网状结构和层状结构三种。

整体结构是温度降低很快,冻结时水分来不及迁移和集中,冰晶在土中均匀分布,构成整体结构。

网状结构是在冻结过程中,由于水分转移和集中,在土中形成网状交错冰晶,这种结构对土原状结构有破坏,融冻后土呈软塑和流塑状态,对建筑物稳定性有不良影响。

层状结构是在冻结速度较慢的单向冻结条件下,伴随水分转移和外界水的充分补给,形成土层、冰透镜体和薄冰层相间的结构,原有土结构完全被分割破坏,融化时产生强烈融沉。

(3)构造特征

多年冻土的构造是指多年冻土层与季节冻土层之间的接触关系,见图 4-4。

衔接型构造是指季节冻土的下限,达到或超过了多年冻土层的上限的构造。这是稳定的和发展的多年冻土区的构造。

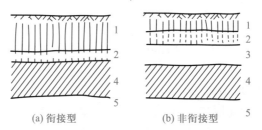

(a) 衔接型　　　　　　(b) 非衔接型

图 4-4　多年冻土构造类型

1—季节冻土层;2—季节冻土最大冻结深度变化范围;

3—融土层;4—多年冻土层;5—不冻层

非衔接型构造是季节冻土的下限与多年冻土上限之间有一层不冻土。这种构造属退化的多年冻土区。

2. 多年冻土的工程性质

（1）物理及水理性质

为了评价多年冻土的工程性质,必须测定天然冻土结构下的重度、密度、总含水量（冰及未冻结水）和相对含冰量（土中冰重与总含水量之比）四项指标。其中未冻结水含量采用下式计算:

$$w_c = K w_p$$

式中:w_c——未冻结水含量;

　　　w_p——土的塑限含水量;

　　　K——温度修正系数（由表 4-18 选用）。

总含水量 w_n 和相对含水量 w_i 按下式计算:

$$w_n = w_b + w_c \tag{4-17}$$

$$w_i = w_b / w_n \tag{4-18}$$

式中:w_b——在一定温度下冻土中的含冰量,%;

　　　w_c——在一定温度下,冻土中的未冻结水量,%。

表 4-18　温度修正系数 K 值表

土的名称	塑性指数 I_p	地温/C°							
		-0.3	-0.5	-1.0	-2.0	-4.0	-6.0	-8.0	-10.0
砂类土、粉土	$I_p \leq 2$	0	0	0	0	0	0	0	0
粉土	$2 < I_p \leq 7$	0.6	0.5	0.4	0.35	0.3	0.28	0.26	0.25
粉质黏土	$7 < I_p \leq 13$	0.7	0.65	0.6	0.5	0.45	0.43	0.41	0.4
	$13 < I_p \leq 17$		0.75	0.65	0.55	0.5	0.48	0.46	0.45
黏土	$I_p > 17$		0.95	0.9	0.65	0.6	0.58	0.56	0.55

（2）力学性质

多年冻土的强度和变形主要反映在抗压强度、抗剪强度和压缩系数等方面。由于多年冻土中冰的存在,使冻土的力学性质随温度和加载时间而变化的敏感性大大增加。在长期荷载作用下,冻土强度明显衰减,变形显著增大。温度降低时,土中含冰量增加,未冻结水减少,冻土在短期荷载作用下强度大增,变形可忽略不计。

3. 多年冻土的分类

多年冻土的冻胀和融沉是重要的工程性质,按冻土的冻胀率和融沉情况对其进行分类。

冻胀率 n 是土在冻结过程中土体积的相对膨胀量,以百分数表示:

$$n = \frac{h_2 - h_1}{h_1} \times 100\% \qquad (4-19)$$

式中:h_1,h_2——分别表示土体冻结前、后高度,单位为 cm。

按冻胀率 n 值的大小,可将多年冻胀土分为四类:

强冻胀土	$n > 6\%$
冻胀土	$6\% \geqslant n > 3.5\%$
弱冻胀土	$3.5\% \geqslant n > 2\%$
不冻胀土	$n \leqslant 2\%$

冻土融化下沉包括两部分:一是外力作用下的压缩变形,另一是温度升高引起的自身融化下沉。

4. 多年冻土的工程地质问题

(1) 道路边坡及基底稳定问题

在融沉性多年冻土区开挖道路路堑,使多年冻土上限下降,由于融沉可能产生基底下沉,边坡滑塌;如果修筑路堤,则多年冻土上限上升,路堤内形成冻土结核,发生冻胀变形,融化后路堤外部沿冻土上限发生局部滑塌。

4.6-12 热融滑塌

(2) 建筑物地基问题

桥梁、房屋等建筑物地基的主要工程地质问题包括冻胀、融沉、长期荷载作用下的流变及人为活动引起的热融下沉等问题。

(3) 多年冻土区主要不良地质现象——冰丘和冰锥

多年冻土区的冰丘和冰锥与季节冻土区的类似,但规模更大,而且可能延续数年不融。它们对工程建筑有严重危害,基坑工程和路堑应尽量绕避。

三、冻土病害的防治措施

1. 排水

水是影响冻胀融沉的重要因素,必须严格控制土中的水分。在地面修建一系列排水沟、排水管,用以拦截地表周围流来的水,汇集、排除建筑物地区和建筑物内部的水,防止这些地表水渗入地下。在地下修建盲沟、渗沟等拦截周围流来的地下水,降低地下水位,防止地下水向地基土集聚。

2. 保温

4.6-13 青藏铁路通风路基

应用各种保温隔热材料,防止地基土温度受人为因素和建筑物的影响,最大限度地防止冻胀融沉。如在基坑、路堑的底部和边坡上或在填土路堤底面上铺设一定厚度的草皮、泥炭、苔藓、炉渣或黏土,都有保温隔热作用,使多年冻土上限保持稳定。

3. 改善土的性质

（1）换填土

用粗砂、砾石、卵石等不冻胀土代替天然地基的细颗粒冻胀土，是最常采用的防治冻害的措施。一般基底砂垫层厚度为 0.8~1.5 m，基侧面为 0.2~0.5 m。在铁路路基下常采用这种砂垫层，但在砂垫层上要设置 0.2~0.3 m 厚的隔水层，以免地表水渗入基底。

（2）物理化学法

在土中加入某种化学物质，使土粒、水和化学物质相互作用，降低土中水的冰点，使水分转移受到影响，从而削弱和防止土的冻胀。

思 考 题

4.7-1　第 4 章岩石及特殊土的工程性质知识点

4.7-2　第 4 章自测题

1. 岩石抗冻性的评价指标有哪些？各有什么优缺点？
2. 风化作用及其主要类型的定义是什么？风化程度分带有哪些？
3. 土的分类主要有哪些？
4. 特殊土的主要类型、定义及分布特征是什么？
5. 特殊土的主要工程地质问题及主要防治措施有哪些？

第5章

不良地质现象及防治

§5.1 崩塌与落石　　　　　　　§5.4 岩溶
§5.2 滑坡　　　　　　　　　　§5.5 地震
§5.3 泥石流　　　　　　　　　§5.6 山地灾害链

　　不良地质现象通常也叫地质灾害,是指自然地质作用和人类活动造成的恶化地质环境,降低环境质量,直接或间接危害人类安全,并给社会和经济建设造成损失的地质事件。我国是地质灾害较多的国家,每年均因此造成不同程度的人员伤亡和巨大的经济损失。其中主要是崩塌、滑坡、泥石流、岩溶、地震造成的损失。随着国民经济的发展,特别是西部大开发战略的实施,人类工程活动的数量、速度及规模越来越大,由人类工程诱发的地质灾害的损失已超过自然地质灾害,因此研究人类工程诱发的地质灾害及防治具有重要意义。本书将重点介绍在工程建设中最常见的几种地质灾害。

§5.1 崩塌与落石

5.1.1 崩塌、落石及其形成条件和影响因素

一、崩塌、落石的定义

　　陡坡上的岩体或土体在重力或其他外力作用下,突然向下崩落的现象叫崩塌。崩塌的岩体(或土体)顺坡猛烈地翻滚、跳跃、相互撞击,最后堆积于坡脚。

　　落石是陡坡上的个别岩石块体在重力或其他外力作用下,突然向下滚落的现象。

二、崩塌、落石的形成条件和影响因素

　　崩塌、落石的形成条件和影响因素很多,主要有地形地貌条件、岩性条件、地质构造条件,以及降雨和地下水的影响;还有地震的影响、风化作用和人为因素的影响等。现说明如下。

　　1. 地形地貌条件

　　① 崩塌、落石多发生在海、湖、河、冲沟岸坡、高陡的山坡和人工斜坡上,地形坡度通常大于45°。

　　② 峡谷陡坡是崩塌、落石密集发生的地段,因为峡谷岸坡陡峻,卸荷裂缝发育,易于

5.1-1 崩塌

5.1-2 岩崩视频

5.1-3 土崩视频

崩塌、落石。

③ 山区河谷凹岸也是崩塌、落石较集中分布的地段,因河曲凹岸遭受侧蚀,易于造成崩塌落石。

④ 冲沟岸坡和山坡陡崖岩体直立,不稳定岩体较多,时有崩塌、落石发生。

⑤ 丘陵和分水岭地段崩塌、落石较少,原因是地形相对平缓,高差较小,如果开挖高边坡也会产生崩塌、落石。

2. 岩性条件

崩塌、落石绝大多数发生在岩性较坚硬的基岩区,因为只有较坚硬的岩石才可能形成高陡的边坡地形。

3. 地质构造条件

① 当建筑物的延伸方向和区域构造线一致,而且采用深挖方案时,崩塌、落石较多。

② 褶皱核部由于岩层强烈弯曲,岩石破碎,地表水渗入,易于产生崩塌、落石,其规模主要取决于褶皱轴向与临空面走向的夹角。

③ 沿构造节理常发生滑移式崩塌、落石;构造节理面以上的潜在崩塌体的稳定性与节理倾角的大小有关,与节理面的粗糙度和充填物有关,当有黏土或其他风化物充填时,易受水浸润软化,促进崩塌、落石的产生。

4. 降雨和地下水的影响

(1)降雨对崩塌、落石的影响

崩塌、落石有 80% 发生在雨季,特别是雨中和雨后不久;连续降雨时间越长,暴雨强度超大,崩塌、落石次数越多;阴雨连绵天气较短促的暴雨天气崩塌、落石多;长期大雨比连绵细雨时崩塌、落石多。

(2)地下水对崩塌、落石的影响

边坡和山坡中的地下水往往可以直接从大气降水中得到补给,使其流量大大增加,地下水和雨水联合作用,更进一步促进了崩塌、落石的发生。

5. 地震对崩塌、落石的影响

地震时由于地壳强烈震动,边坡岩体各种结构面的强度会降低;同时,因有地震力作用,边坡岩体的稳定性会大大降低,导致崩塌、落石的发生。山区的大地震都伴随有大量崩塌、落石的产生。

此外,岩体风化及人类工程活动对崩塌及落石也有一定影响。

5.1.2 崩塌的形成机理

崩塌的规模大小、物质组成、结构构造、活动方式、运动途径、堆积情况、破坏能力等千差万别,但其形成机理是有规律的,常见的有五种。

一、倾倒-崩塌

在河流的峡谷区、岩溶区、冲沟地段及其他陡坡上,常见巨大而直立的岩体,以垂直节理或裂缝与稳定岩体分开,其断面形式如图 5-1 所示。这类岩体的特点是高而窄,横向稳定性差,失稳时岩体以坡脚的某一点为转点,发生转动性倾倒,这种崩塌模式的产生有多种途径:

5.1-4 倾倒-崩塌动画

① 长期冲刷淘蚀直立岩体的坡脚,由于偏压,使直立岩体产生倾倒蠕变,最后导致倾倒式崩塌。

② 当附加特殊水平力(地震力、静水压力、动水压力、冻胀力和根劈力等)时,岩体可能倾倒破坏。

③ 当坡脚由软岩组成时,雨水软化坡脚,产生偏压,引起这类崩塌。

④ 直立岩体在长期重力作用下,产生弯折也能导致这种崩塌。

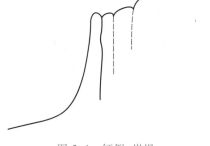

图 5-1　倾倒-崩塌

二、滑移-崩塌

在某些陡坡上,在不稳定岩体下部有向坡下倾斜的光滑结构面或软弱面时,其形式有三种情况,如图 5-2 所示。

 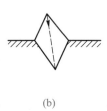 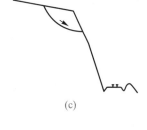

(a)　　　　　　　　　(b)　　　　　　　　　(c)

图 5-2　滑移-崩塌

这种崩塌能否产生,关键在开始时的滑移,岩体重心一经滑出陡坡,突然崩塌就会产生。这类崩塌产生的原因,除重力之外,连续大雨渗入岩体裂缝,产生静水压力和动水压力以及雨水软化软弱面,都是岩体滑移的重要原因。在某些条件下,地震也可能引起这类崩塌。

三、鼓胀-崩塌

当陡坡上不稳定岩体之下有较厚的软弱岩层,或不稳定岩体本身就是松软岩层,而且有长大节理把不稳定岩体和稳定岩体分开,在有连续大雨或有地下水补给的情况下,下部较厚的软弱层或松软岩层被软化。在上部岩体的重力作用下,当压应力超过软岩天然状态下的无侧限抗压强度时,软岩将被挤出,向外鼓胀。随着鼓胀的不断发展,不稳定岩体将不断地下沉和外移,同时,发生倾斜,一旦重心移出坡外,崩塌即会产生,如图 5-3 所示。因此,下部较厚的软弱岩层是否向外鼓胀,是这类崩塌产生的关键。

四、拉裂-崩塌

当陡坡由软硬相同的岩层组成时,由于风化作用或河流的冲刷淘蚀作用,上部坚硬岩层在断面上常以悬臂梁形式突出来,如图 5-4 所示。图中 AB 面上剪力弯矩最大,在 A 点附近承受拉应力最大。所以在长期重力作用下,A 点附近的节理会逐渐扩大发展。因此拉应力更进一步集中在尚未产生节理裂隙的部位,一旦拉应力大于这部分岩石的抗拉强度时,拉裂缝就会迅速向下发展,突出的岩体就会突然向下崩落。除重力长期作用外,震动、各种风化作用,特别是根劈和寒冷地区的冰劈作用等,都会促使这类崩塌的发生。

5.1-5 平面滑移-崩塌动画

5.1-6 楔形体滑移-崩塌动画

5.1-7 鼓胀-崩塌动画

5.1-8 拉裂-崩塌动画

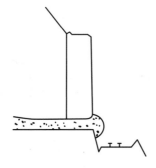

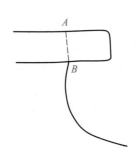

图 5-3　鼓胀-崩塌　　　　　　图 5-4　拉裂-崩塌

五、错断-崩塌

陡坡上的长柱状和板状的不稳定岩体,在某些因素作用下,或因不稳定岩体的重量增加,或因其下部断面减小,都可能使长柱状或板状不稳定岩体的下部被剪断,从而发生错断式崩塌,其破坏形式如图 5-5 所示。这种崩塌取决于岩体下部因自重所产生的剪应力是否超过岩石的抗剪强度,一旦超过,崩塌将迅速产生。通常有以下几种途径:

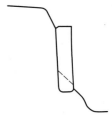

① 由于地壳上升,河流下切作用加强,使垂直节理裂隙不断加深,因此,长柱状和板状岩体自重不断增加。

② 在冲刷和其他风化剥蚀营力的作用下,岩体下部的断面不断减小,从而导致岩体被剪断。

图 5-5　错断-崩塌

③ 由于人工开挖边坡过高、过陡,使下面岩体被剪断,产生崩塌。

5.1.3　崩塌的稳定性评价

崩塌稳定性评价可以采用工程地质类比法,也可以用力学计算法。这里主要介绍"块体平衡理论"计算崩塌稳定性。

一、基本假定

① 在崩塌发展过程中,特别是在突然崩塌运动以前,把崩塌体视为整体。

② 把崩塌体复杂的空间运动问题,简化为平面问题,即取单位宽度的崩塌体进行检算。

③ 崩塌体两侧与稳定岩体之间,以及各部分崩塌体之间均无摩擦作用。

二、各类崩塌体的稳定性检算

1. 倾倒式崩塌

倾倒式崩塌的基本图式如图 5-6 所示,从图 5-6a 可以看出,不稳定岩体的上下各部分和稳定岩体之间均有裂隙分开,一旦发生倾倒,将以 A 点为转点发生转动。检算时应考虑各种附加力的最不利组合。在雨季张开的裂隙可能为暴雨充满,应考虑静水压力;Ⅶ度以上地震区,应考虑水平地震力作用。受力图式见图 5-6b。如不考虑其他力,则崩塌体的抗倾覆稳定性系数 K 可按下式计算:

$$K = \frac{W \times a}{f \times \dfrac{h}{3} + F \times \dfrac{h}{2}} = \frac{W \times a}{\dfrac{\gamma_w h_0^2}{2} \times \dfrac{h_0}{3} + F \times \dfrac{h}{2}} = \frac{6aW}{10h_0^3 + 3Fh} \tag{5-1}$$

式中:f——静水压力,kN;

h_0——水位高,暴雨时等于岩体高,m;

h——岩体高,m;

γ_w——水的重度,10 kN/m³;

W——崩塌体重力,kN;

F——水平地震力,kN;

a——转点 A 至重力延长线的垂直距离,这里为崩塌体宽的 $\frac{1}{2}$,m。

2. 滑移式崩塌

滑移式崩塌的滑移面有平面、弧形面、楔形双滑面三种。这类崩塌关键在于起始的滑移是否形成。因此,可按抗滑稳定性检算。

3. 鼓胀式崩塌

这类崩塌体下有较厚的软弱岩层,常为断层破碎带、风化破碎岩体及黄土等。在水的作用下,这些软弱岩层先行软化。当上部岩体传来的压应力大于软弱层的无侧限抗压强度时,则软弱岩层被挤出,即发生鼓胀。上部岩体可能产生下沉、滑移或倾倒,直至发生突然崩塌,如图 5-7 所示。因此,鼓胀是这类崩塌的关键。所以稳定系数可以用下部软弱岩层的无侧限抗压强度(雨季用饱水抗压强度)与上部岩体在软岩顶面产生的压应力的比值来计算:

$$k=\frac{R_{无}}{\frac{W}{A}}=\frac{A\times R_{无}}{W} \tag{5-2}$$

式中:W——上部岩体质量;

A——上部岩体的断面面积;

$R_{无}$——下部软岩在天然(雨季为饱水)状态下的无侧限抗压强度。

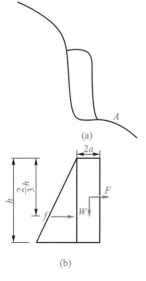

图 5-6 倾倒式崩塌

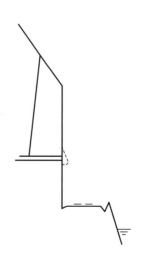

图 5-7 鼓胀式崩塌

4. 拉裂式崩塌

拉裂式崩塌的典型情况如图 5-8 所示。以悬臂梁形式突出的岩体,在 AC 面上承受最大的弯矩和剪力,岩层顶部受拉,底部受压,A 点附近裂隙逐渐扩大,并向深处发展。拉应力将越来越集中在尚未裂开的部位,一旦拉应力超过岩石的抗拉强度时,上部悬出的岩体就会发生崩塌。这类崩塌的关键是最大弯矩截面 AC 上的拉应力能否超过岩石的抗拉强度。故可以用拉应力与岩石的抗拉强度的比值进行稳定性检算。

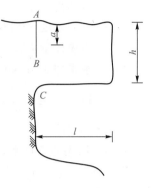

图 5-8　拉裂式崩塌

假如突出的岩体长度 l,岩体等厚,厚度为 h,宽度为 1 m(取单位宽度),岩石重度为 γ。当 AC 断面上尚未出现裂缝,则 A 点上的拉应力为

$$\sigma_{At} = \frac{M \times y}{I} \tag{5-3}$$

式中:M——AC 面上的弯矩,$M = \frac{l^2}{2}\gamma h$;

　　y——$h/2$;

　　I——AC 截面的惯性矩。$I = \frac{h^3}{12}$。

稳定系数 K 值可用岩石的允许抗拉强度与 A 点所受的拉应力比值求得:

$$K = \frac{[\sigma_t]}{\sigma_{At}} = \frac{h[\sigma_t]}{3l^2 \times \gamma} \tag{5-4}$$

如果 A 点处已有裂缝,裂缝深度为 a,裂缝最低点为 B,则 BC 截面上的惯性矩 $I = \frac{(h-a)^3}{12}$,$y = \frac{h-a}{2}$,弯矩 $M = \frac{l^2}{2}\gamma h$,则 B 点所受的拉应力为

$$\sigma_{Bt} = \frac{3l^2 \gamma h}{(h-a)^2} \tag{5-5}$$

$$K = \frac{[\sigma_t]}{\sigma_{Bt}} = \frac{(h-a)^2[\sigma_t]}{3l^2 \gamma h} \tag{5-6}$$

5. 错断式崩塌

图 5-9 所示为错断式崩塌的一种情况,取可能崩塌的岩体 $ABCD$ 来分析。如不考虑水压力、地震力等附加力,在岩体自重 W 作用下,与铅直方向成 45° 角的 EC 方向上将产生最大剪应力。如 CD 高为 h,AD 宽为 a,岩体重度为 γ,则在 BC 面上的最大剪应力 $\tau_{最大}$ 为 $\frac{\gamma}{2}\left(h - \frac{a}{2}\right)$。故岩体的稳定系数 K 值可用岩石的允许抗剪强度 $[\tau]$ 与 $\tau_{最大}$ 的比值计算:

$$K = \frac{[\tau]}{\tau_{最大}} = \frac{4[\tau]}{\gamma(2h-a)} \tag{5-7}$$

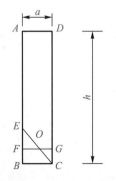

图 5-9　错断式崩塌

5.1.4　崩塌的防治

根据崩塌的规模和危害程度,所采用的防治措施有:绕避,加固山坡和路堑边坡,采用拦挡建筑物,清除危岩,以及做好排水工程等。

一、绕避

对可能发生大规模崩塌地段,即使是采用坚固的建筑物,也经受不了这样大规模崩塌的巨大破坏力,故铁路线路必须设法绕避。对河谷线来说,绕避有两种情况:

① 绕到对岸,远离崩塌体。

② 将线路向山侧移,移至稳定的山体内,以隧道通过。在采用隧道方案绕避崩塌时,要注意使隧道有足够的长度,使隧道进出口避免受崩塌的危害,以免隧道运营以后,由于长度不够,受崩塌的威胁,因而在洞口又接长明洞,造成浪费和增大投资。

二、加固山坡和路堑边坡

在邻近建筑物边坡的上方,如有悬空的危岩或巨大块体的危石威胁行车安全,则应采用与其地形相适应的支护、支顶等支撑建筑物,或是用锚固方法予以加固;对坡面深凹部分可进行嵌补;对危险裂缝进行灌浆。各种加固措施如图 5-10 所示。

5.1-10　柱桩支撑垛

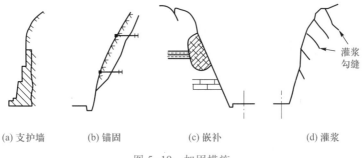

(a) 支护墙　　　(b) 锚固　　　(c) 嵌补　　　(d) 灌浆

图 5-10　加固措施

三、修筑拦挡建筑物

对中、小型崩塌可修筑遮挡建筑物和拦截建筑物。

5.1-11　明洞及被动网

1. 遮挡建筑物

对中型崩塌地段,如绕避不经济时,可采用明洞、棚洞等遮挡建筑物(图 5-11)。

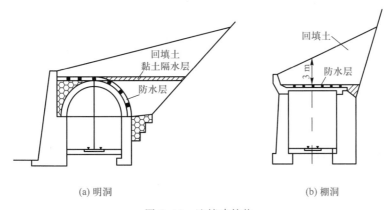

(a) 明洞　　　　　　　　(b) 棚洞

图 5-11　遮挡建筑物

5.1-12　棚洞

2. 拦截建筑物

若山坡的母岩风化严重,崩塌物质来源丰富,或崩塌规模虽然不大,但可能频繁发生,则可采用拦截建筑物,如落石平台、落石槽、拦石堤或拦石墙等措施(图 5-12)。

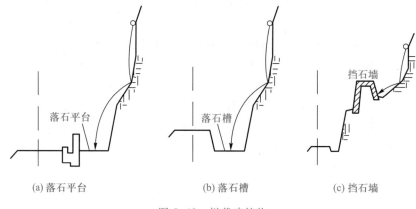

(a) 落石平台　　　　(b) 落石槽　　　　(c) 挡石墙

图 5-12　拦截建筑物

四、清除危岩

若山坡上部可能的崩塌物数量不大,而且母岩的破坏不甚严重,则以全部清除为宜。并在清除后,对母岩进行适当的防护加固。

五、做好排水工程

地表水和地下水通常是崩塌落石产生的诱因,在可能发生崩塌落石的地段,务必还要做好地面排水和对有害地下水活动的处理。

§5.2　滑坡

人工边坡或天然斜坡上的岩土体在重力和内外动力作用下,沿软弱面或软弱带均有向坡下运动的趋势,一旦下滑力大于抗滑力时,岩土体就产生向下的运动,这种现象称为滑坡。滑坡的速度有快有慢,有的滑坡时滑时停,速度缓慢,每月仅几厘米;有的速度很快,每秒几十米。滑体的体积有大有小,小的只有几百立方米,大的可达百万、千万立方米,甚至高达数亿立方米。突然发生的大型滑坡常给国民经济带来巨大损失。如 1992 年宝成铁路某处发生的大型岩石滑坡,导致长期的崩塌、落石,使宝成线中断行车 30 余天,抢险和整治费用高达两千多万元,间接经济损失高达数亿元。2008 年汶川大地震诱发的地震滑坡,多达 15 000 处,造成重大的伤亡事故和经济损失。可见,滑坡对人类的危害是严重的。因此,了解滑坡的形成条件和影响因素,掌握它的发生、发展规律,对滑坡进行有效的防治是非常重要的。

5.2.1　滑坡的形态特征

一个以外动力地质作用为主的发育完全的滑坡,其形态特征和结构比较完备。形态和结构是识别和判断滑坡的重要标志(图 5-13)。

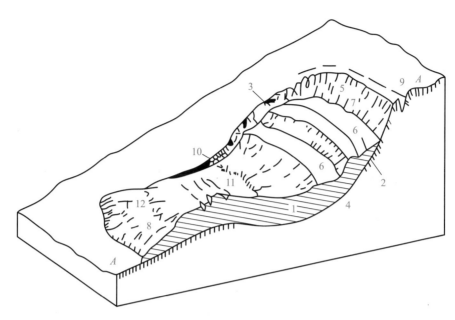

图 5-13　滑坡形态及结构

1—滑坡体;2—滑动面;3—滑坡周界;4—滑坡床;5—滑坡后壁;6—滑坡台阶;7—滑坡封闭洼地;
8—滑坡舌;9—拉张裂缝;10—剪切裂缝;11—鼓张裂缝;12—扇形张裂缝

一、滑坡体

沿滑动面向下滑动的那部分岩体或土体称为滑坡体,简称滑体。滑坡体经滑动变形,相互挤压,整体性相对完整,仍保持有原层位和结构构造体系,但是滑体已裂隙松动。

二、滑动面(滑动带)

滑坡体与不动体之间的界面,滑坡体沿之滑动的面,称为滑动面,简称滑面。滑动面上下受揉皱的厚度为数厘米至数米的被扰动带称为滑动带,简称滑带。

三、滑坡床

滑动面以下未滑动的稳定土体或岩称为滑坡床,简称滑床。

四、滑坡周界

在斜坡地表上,滑坡体与周围不动体的分界线,称为滑坡周界。它圈定了滑坡的范围。

五、滑坡后壁

滑坡向下滑动后,滑体后部与未动体之间的分界面外露,形成断壁,称为滑坡后壁。其坡度较陡,多在 60°~80°。滑坡后壁呈弧形向前延伸,形态上呈圈椅状,也称滑坡圈谷。后壁高矮不等,矮的几米,高的数百米。

六、滑坡台阶

滑坡各个部分由于滑动速度和滑动距离的不同,在滑坡上部常形成一些阶梯状的错台,称为滑坡台阶。台面常向后壁倾斜。有多层滑动面的滑坡,常形成几个滑坡台阶。

七、滑坡封闭洼地

滑坡下滑后,滑体和后壁之间拉开形成沟槽,相邻土楔形成反坡地形,成为四周高、中间低的封闭洼地。洼地内有地下水出露或地表降水汇集,可形成溃泉、湿地或水塘,这种水塘称为滑坡湖。

八、滑坡舌

在滑坡体前部,形如舌状向前伸出的部分,称为滑坡舌。如果滑坡舌受阻,形成隆起小丘,则称为滑坡鼓丘。

九、滑坡裂缝

滑坡的各个部分由于受力状态不同,裂缝形态也不同,按受力状态可把滑坡裂缝划分为四种:

1. 拉张裂缝

滑体下滑时,由于拉张应力在滑体上部形成拉张裂缝,拉张裂缝分布在滑体上部,长数十米至数百米,呈弧形,与滑壁的方向基本吻合或平行。常把最宽的与滑壁周界重合的裂缝,称为滑坡主裂缝。

2. 剪切裂缝

在滑坡中部的两侧,由于滑体与不动体之间的相互剪切位移,所产生的呈雁行排列的裂缝带,称为剪切裂缝。

3. 鼓张裂缝

因滑体下滑前部受阻,土体降起,形成的横向张裂缝。

4. 扇形张裂缝

滑体的中下部因向两侧扩散而形成的张开裂缝,呈放射状,称扇形张裂缝。

十、主滑线(滑坡主轴)

滑坡滑动时,滑坡体滑动速度最快的纵向线叫主滑线,它代表滑坡整体的滑动方向,它可能为直线或曲线,主滑线常位于滑体最厚、推力最大的部位。

上述滑坡的形态特征和结构是识别判断滑坡的重要标志。

5.2.2　滑坡的形成条件

滑坡的形成条件和影响因素主要有地形地貌条件、地层岩性条件、地质构造条件、水文地质条件和人为因素等。现把滑坡的形成条件和影响因素阐述如下。

一、地形地貌条件

斜坡的高度、坡度和斜坡形态、成因与斜坡的稳定性有着密切关系。斜坡的地形地貌条件反映了斜坡的成因、形成历史和发展趋势。因此,斜坡的地形地貌是研究滑坡的必不可少的一个主要条件。下述斜坡地形地貌特征易于发生滑坡。

① 宽谷的重力堆积坡常为滑移坡,是已经产生的古滑坡堆积地形,在人为或自然因素作用下,时常复活,是不稳定的山坡。

② 峡谷缓坡地段,往往表示各种重力堆积地貌、水流重力堆积地貌及岩堆、古滑坡、古错落、洪积扇地貌等,当线路以挖方形式通过时,常出现老滑坡复活或新滑坡。

③ 山间盆地边缘区、起伏平缓的丘陵地貌是岩石滑坡和黏性土滑坡集中分布的地貌

单元。

④ 凸形山坡或凸形山嘴,在岩层倾向临空面时,可产生层面岩石滑坡;有断层通过时,可产生构造面破碎岩石滑坡。

⑤ 单面山缓坡区常产生构造面破碎岩石滑坡。

⑥ 线状延伸的断层崖下的崩积、坡积地形常分布有堆积土滑坡。

⑦ 容易汇集地表水、地下水的山间缓坡地段,滑坡较多。

⑧ 易受水流冲刷和淘蚀的山区河流凹岸,滑坡较多。

⑨ 黄土地区高阶地的前缘坡脚,易受水浸湿而强度降低的地段,滑坡较多。

二、地层岩性条件

地层岩性是滑坡产生的物质基础。虽然几乎各个地质时代,各种地层岩性中都可能有滑坡产生,但有些地层岩性中滑坡很多,有些滑坡很少。据统计下列地层岩组中滑坡较发育。

1. 黏性土岩组

包括第四系冲积、湖积和残积黏土,上第三系至第四系更新统的杂色黏土,滑坡较多。

2. 堆积土岩组

包括第四系坡、崩积为主的松散堆积物,滑坡较多。

3. 砂页岩岩组

软弱夹层发育是该岩组的特点,包括中生界、古生界的各有关地层,滑坡分布较多。

4. 含煤砂页岩岩组

夹有煤层或炭质页岩是该岩组的特点,包括三选系、二叠系、石炭系等有关地层,易产生滑坡。

5. 变质岩岩组

包括板岩、千枚岩、片岩等变质岩地层,滑坡较多。

6. 黄土岩组

含不同成因的第四系黄土。

三、地质构造条件

地质构造条件与滑坡的形成和发展关系十分密切,主要表现在:构造破碎带为滑坡产生提供了大量滑体物质;各种构造结构面(如断层面、层间错动面、节理面、片理面及不整合面等)控制了滑动面的空间位置及滑坡范围;地质构造是在一定程度上决定了滑坡区地下水的类型、分布、状态和运动规律,对滑坡的产生和发展具有重要影响。大量工程实践证明下列地质构造地区或构造部位滑坡较多。

① 活动性强的大断裂带及不同构造单元的交接带,滑坡较多。

② 断层破碎带有利于地表水、地下水活动,易于形成滑坡。

③ 褶曲轴部岩层较破碎,滑坡分布较集中。

④ 与区域主要构造线平行的铁路公路及其他工程建筑地区,滑坡分布较多。

⑤ 逆断层上盘是断裂构造活动中移动距离大、变形严重的一盘,层间错动多,顺层滑坡较发育。

⑥ 各种结构面形成上陡下缓的组合形式,易于产生岩石滑坡。

⑦ 地震震级高的地区,滑坡较多。

四、水文地质条件

滑坡区的地下水和渗入滑体的地表水都能促进滑坡的形成和发展,其主要作用是:增加滑体重量,并湿润滑带使之抗剪强度降低;地下水和滑带的岩土体长期作用,不断改变岩土体的性质和强度,引起滑坡的滑动;地下水的流动和水位的升降还会产生很大的静水和动水压力。这些有利于滑坡的产生。滑坡区的地下水和渗入滑体的地表水都受降雨补给,因此,降雨是滑坡产生的重要诱因。下列水文地质条件有利于滑坡的产生。

① 松散堆积层下为不透水的基岩面时,由于大量地下水沿基岩面活动,降低了接触带土的强度,这是堆积层滑坡分布广泛的重要原因。

② 山坡岩体中的地下水如果具有稳定的储水构造(如断层破碎带水)补给时,易于产生滑坡。

③ 堆积层山坡下部,如果有埋藏在基底中的汇集地下水的古沟槽时,易于产生大型堆积层滑坡。

④ 当地表水渗入顺坡岩体之后,沿下部相对不透水的软弱岩层(如软弱夹层)流动时,易于形成顺层滑坡。

⑤ 黄土层中的砂层和砂卵石层通常富含地下水,其上部的黄土体常沿此层滑动。

⑥ 河、湖、水库水位的大涨大落,由于动水压力的变化,易于形成岸边滑坡。

⑦ 坡体上部的地表水大量渗入,易于引起滑坡。

五、人为因素

① 在边坡的中上部放置弃土或修建房层,增加荷载,促进滑坡产生。

② 在边坡下部切坡,使支撑减弱,易于形成滑坡。

③ 破坏山坡地表覆盖层及植被,加速岩体风化,使大量地表水下渗,可能引起滑坡。

④ 人工渠道、稻田渗漏及大量排泄生活用水,都能促进滑坡产生。

⑤ 人为的大爆破、机械振动,可能引起滑坡。

5.2.3　滑坡与崩塌的区别

① 崩塌发生猛烈,运动速度快,而滑坡运动速度多数缓慢。

② 崩塌不沿固定的面和带运动,而滑坡多沿固定的面或带运动。

③ 崩塌体完全被破坏,而滑坡体多保持原来的相对整体性。

④ 崩塌垂直位移大于水平位移,而滑坡正相反。

5.2.4　滑坡的分类

国内外学者从不同的观点和研究目的出发,对滑坡进行了各种各样的分类,通常下述三种分类最具普通意义。

一、按滑坡体的主要物质组成分类

1. 堆积层滑坡

堆积层滑坡多出现在河谷缓坡地带或山麓的坡积、残积、洪积及其他重力堆积层中。

它的产生往往与地表水和地下水直接参与有关。滑坡体一般多沿下伏的基岩顶面、不同地质年代或不同成因的堆积物的接触面,以及堆积层本身的松散的软弱面滑动。滑坡体厚度一般从几米到几十米。

2. 黄土滑坡

发生在不同时期的黄土层中的滑坡,称为黄土滑坡。它的产生常与裂隙及黄土对水的不稳定性有关,多见于河谷两岸高阶地的前缘斜坡上,常成群出现,且大多为中、深层滑坡。其中有些滑坡的滑动速度很快,变形急剧,破坏力强。

3. 黏土滑坡

发生在均质或非均质黏土层中的滑坡,称为黏土滑坡。黏土滑坡的滑动面呈圆弧形,滑动带呈软塑状。黏土的干湿效应明显,干缩时多张裂,遇水作用后呈软塑或流动状态,抗剪强度急剧降低,所以黏土滑坡多发生在久雨或受水作用之后,多属中、浅层滑坡。

4. 岩层滑坡

发生在各种基岩岩层中的滑坡,属岩层滑坡,它多沿岩层层面或其他构造软弱面滑动。其中沿岩层层面、堆积层与基岩交界面滑动的滑坡,统称为顺层滑坡,如图 5-14 所示。但有些岩层滑坡也可能切穿层面滑动而成为切层滑坡,如图 5-15 所示。岩层滑坡多发生在由砂岩、页岩、泥岩、泥灰岩及片理化岩层(片岩、千枚岩等)组成的斜坡上。

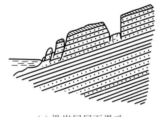 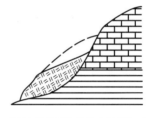

(a) 沿岩层层面滑动 (b) 沿堆积层与基岩交界面滑动

图 5-14 顺层滑坡示意图

在上述滑坡中,如按滑坡体规模的大小,还可以进一步分为:小型滑坡(滑坡体小于 $3×10^4 m^3$;中型滑坡(滑坡体介于$(3~50)×10^4 m^3$);大型滑坡(滑坡体介于$(5~30)×10^5 m^3$);巨型滑坡(滑坡体大于 $3×10^6 m^3$)。如按滑坡体的厚度大小,又可分为浅层滑坡(滑坡体厚度小于 6 m):中层滑坡(滑坡体厚度为 6~20 m);深层滑坡(滑坡体厚度大于 20 m)。

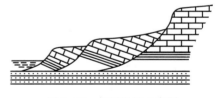

图 5-15 切层滑坡示意图

二、按成因的滑坡分类

1. 内动力地质作用为主的滑坡

地球内部的能量十分巨大,因此内动力地质作用是促使地球特别是岩石圈不断演化的主导作用。大型高速滑坡和地震滑坡(特别是大型高速地震滑坡)都属于内动力地质作用为主的滑坡。这类滑坡在滑坡发生时常伴有巨大的响声;滑体常以较大的加速度,直接从高陡斜坡被抛射(弹射)出来,或以高速碎屑流向坡下运动。

2. 外动力地质作用为主的滑坡

包括风化作用、河流地质作用、地下水地质作用、海洋的地质作用、湖泊与沼泽的地质作用、冰川和风的地质作用、人类工程活动的地质作用及重力地质作用等形成的滑坡。这类滑坡的发生多与水的活动有关,滑动面或滑带的抗剪强度应选天然状态下的抗剪强度指标。

3. 内、外动力地质混合作用的滑坡

通常发生在残余构造应力较大的斜坡或边坡部位,如残余的挤压应力较大的顺层边坡或残余挤压应力较大的顺坡构造节理边坡是常发生内、外动力地质混合作用滑坡的部位。这类滑坡发生时伴有震动的响声,但滑坡体滑动基本是沿滑面或滑带向下滑动。滑面或滑带的抗剪强度指标应选震动条件下的抗剪强度指标,或用反算法确定抗剪强度指标。

三、按滑坡的力学特征分类

1. 牵引式滑坡

主要是由于坡脚被切割(人为开挖或河流冲刷等)使斜坡下部先变形滑动,因而使斜坡的上部失去支撑,引起斜坡上部相继向下滑动。牵引式滑坡的滑动速度比较缓慢,但会逐渐向上延伸,规模越来越大。

2. 推动式滑坡

主要是由于斜坡上部不适当地加荷载(如建筑、填堤、弃渣等)或在各种自然因素作用下,斜坡的上部先变形滑动,并挤压推动下部斜坡向下滑动。推动式滑坡的滑动速度一般较快,但其规模在通常情况下不会有较大发展。

5.2.5 滑坡的野外识别

在地质测绘中,识别滑坡的存在,是工程地质工作的基本任务。

斜坡在滑动之前,常有一些先兆现象。如地下水位发生显著变化,干涸的泉水重新出水并且混浊,坡脚附近湿地增多,范围扩大;斜坡上部不断下陷,外围出现弧形裂缝,坡面树木逐渐倾斜,建筑物开裂变形;斜坡前缘土石零星掉落,坡脚附近的土石被挤紧,并出现大量鼓张裂缝等。

如经调查证实,山坡农田变形、水田漏水、水田改为旱田、大块田改为小块田,或者斜坡上某段灌溉渠道不断破坏或逐年下移,则说明斜坡已在缓慢滑动过程中。

斜坡滑动之后,会出现一系列的变异现象。这些变异现象,为我们提供了在野外识别滑坡的标志。其中主要有:

1. 地形地物标志

滑坡的存在,常使斜坡不顺直、不圆滑而造成圈椅状地形和槽谷地形,其上部有陡壁及弧形拉张裂缝;中部坑洼起伏,有一级或多级台阶,其高程和特征与外围河流阶地不同,两侧可见羽毛状剪切裂缝;下部有鼓丘,呈舌状向外突出,有时甚至侵占部分河床,表面有鼓张或扇形裂缝;两侧常形成沟谷,出现双沟同源现象(图 5-16),有时内部多积水洼地,喜水植物茂盛,有"醉汉林"(图 5-17)及"马刀树"(图 5-18)和建筑物开裂、倾斜等现象。

图 5-16   双沟同源

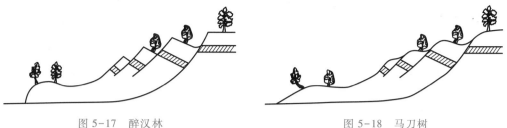

图 5-17　醉汉林　　　　　　　　　　　　图 5-18　马刀树

2. 地层构造标志

滑坡范围内的地层整体性常因滑动而破坏,有扰乱松动现象;层位不连续,出现缺失某一地层、岩层层序重叠或层位标高有升降等特殊变化;岩层产状发生明显的变化;构造不连续(如裂隙不连贯、发生错动)等,都是滑坡存在的标志。

3. 水文地质标志

滑坡地段含水层的原有状况常被破坏,使滑坡体成为单独含水体,水文地质条件变得特别复杂,无一定规律可循。如潜水位不规则、无一定流向,斜坡下部有成排泉水溢出等。这些现象均可作为识别滑坡的标志。

上述各种变异现象,是滑坡运动的统一产物,它们之间有不可分割的内在联系。因此,在实践中必须综合考虑几个方面的标志,不能根据某一标志,就轻率地作出结论。例如,某线快活岭地段,从地貌宏观上看,有圈椅状地形存在,其内有几个台阶,曾被误认为是一个大型古滑坡,后经详细调查,发现圈椅范围内几个台阶的高程与附近阶地高程基本一致,应属同一期的侵蚀堆积面;圈椅范围内的松散堆积物下部并无扰动变形,基岩产状也与外围一致;而且外围的断裂构造均延伸至其中,未见有错断现象;圈椅状范围内,仅见一处流量微小的裂隙泉水,未见有其他地下水露头。通过对这些现象的分析研究,判定此圈椅状地形应为早期溪流流经的古河弯地段,而并非滑坡。

5.2.6　滑坡稳定性的评价

一、山体平衡核算法反求滑带土的抗剪强度指标

通过调查把滑坡主轴断面恢复到滑动瞬时的地面线,认为当时的各种条件是山体处于极限平衡状态(即稳定系数 $K=1$),且假定沿滑动面各处的抗剪强度相同。这样就可以按滑动面的形状(圆弧或折线形),根据 $K=1$ 的条件,反算求出滑带土的抗剪强度指标,然后将所求得的抗剪强度指标代入当前滑坡所处的状态(滑动后的断面),求出相应的稳定系数 K 值。用反算法求滑带土抗剪强度指标,根据土的性质可分为如下几种。

1. 综合 c 法

此法只适用于以黏性土为主的滑动带,或滑带饱水且滑动中排水困难,或虽然有少量粗颗粒,但被黏性土所包裹,滑动时粗颗粒不能相互接触,即内摩擦角(ϕ)接近零时才比较准确。也可以用于人工填筑的路堤滑坡、岸边同一层黄土因河流冲刷所形成的滑坡及软土滑坡等。

① 当滑动面为圆弧形时,如图 5-19a 所示。图中 OO' 为通过圆心的铅直线。

$$K = \frac{W_2 d_2 + SR}{W_1 d_1} = \frac{W_2 d_2 + c_{综合} LR}{W_1 d_1} \tag{5-8}$$

式中: K ——滑体的稳定系数;

W_1 ——滑体 OO' 线左侧的重力,kN;

d_1 ——滑体左侧的重心离 OO' 线的距离,m;

W_2 ——滑体 OO' 线右侧的重力,kN;

d_2 ——滑体右侧的重心离 OO' 线的距离,m;

S ——滑动面上的抗剪力($S = c_{综合} L$),kPa;

$c_{综合}$ ——恢复滑动瞬间($K=1$)状态下求出的滑动面综合内聚力,kPa;

L —— 滑动面长度,m;

R ——滑动圆弧的半径,m。

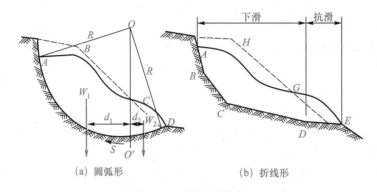

(a) 圆弧形　　　　(b) 折线形

图 5-19　滑动面形状

当反求 $c_{综合}$ 值时, W_1, d_1, W_2, d_2, L 按滑动前瞬时断面计算,令 $K=1$,即可求出 $c_{综合}$ 值,由 $c_{综合}$ 值来计算滑坡稳定状态时, W_1, d_1, W_2, d_2, L 均按图 5-19a 中实线断面计算,将数值代入公式(5-8)中,即可求出 K 值。

② 滑动面为折线形时,如图 5-19b 所示。由滑体各块之下滑力与抗滑力在水平面上投影之和得:

$$K = \frac{\sum W_{i抗} \sin\alpha_i \cos\alpha_i + c_{综合} \sum L_i \cos\alpha_i}{\sum W_{i下} \sin\alpha_i \cos\alpha_i} \tag{5-9}$$

式中: K ——滑坡的稳定系数;

$\sum W_{i抗} \sin\alpha_i \cos\alpha_i$ ——抗滑地段各块抗滑力投影之和,kN;

$\sum W_{i下} \sin\alpha_i \cos\alpha_i$ ——下滑地段各块下滑力投影之和,kN;

$W_{i抗}$ ——抗滑地段每块滑体的重力,kN;

$W_{i下}$ ——下滑地段每块滑体的重力,kN;

L_i ——下滑和抗滑地段各块的滑面长度,m;

α_i ——各块动滑面与水平面的夹角,(°);

$c_{综合}$ ——恢复滑动瞬间状态($K=1$)时,反求出的滑动面上平均综合内聚力,kPa。

2. 综合 ϕ 法

当滑带土基本上由岩屑碎粒组成,如断层破碎带,风化产生的粗颗粒破碎岩屑和硬质岩石风化残积物等,滑动过程中有大量滑带水溢出,这时滑带土的抗剪强度基本上以摩擦强度为主,内聚强度甚微,可采用综合 ϕ 法,将反求出的综合 ϕ 值代入滑动后的断面中,求其稳定系数。

$$K = \frac{\sum W_{i\text{抗}} \sin\alpha_i \cos\alpha_i + \sum W_i \cos^2\alpha_i \tan\phi_{\text{综合}}}{\sum W_{i\text{下}} \sin\alpha_i \cos\alpha_i} \qquad (5-10)$$

式中: $\sum W_i \cos\alpha_i = \sum W_{i\text{抗}} \sin\alpha_i \cos_i + \sum W_{i\text{下}} \sin\alpha_i \cos_i$

其他符号意义同前。

3. 同时求出 c、ϕ 值法

当滑带土由岩屑碎粒和黏性土共同组成,c、ϕ 值均起作用时,可选用地质条件类似的两个沿坡断面,恢复滑动前瞬时的状态,即 $K=1$ 的断面,列出两个求稳定系数公式,解联立方程,同时求出 c 值和 ϕ 值,代入滑动后的断面,求得滑坡的稳定系数。

$$K = \frac{\sum W_{i\text{抗}} \sin\alpha_i \cos\alpha_i + \sum W_i \cos^2\alpha_i \tan\phi + c\sum L_i \cos\alpha_i}{\sum W_{i\text{下}} \sin\alpha_i \cos\alpha_i} \qquad (5-11)$$

式中符号意义同前。

按滑动后的断面计算出的稳定系数,$K>1$ 时,滑坡稳定;$K<1$ 时,滑坡不稳定;$K=1$ 时,滑坡处于极限平衡状态。但从抗滑工程来说,还应考虑在工程使用年限内,各种条件和影响因素的变化,所以应考虑一定的安全储备,故一般稳定系数 K 值大于 $1.5\sim3.0$ 才属于稳定。

二、斜坡稳定性计算

对于复杂的老滑坡,要恢复滑动前瞬时状态反求强度指标判断滑坡稳定性是有困难的。因此,只能将影响滑动的各种条件、因素、营力,按可能出现的不利组合,尽可能地反映到稳定性计算中。计算的方法随滑坡性质不同而异。计算中所需用的指标随滑动状态而变化,应利用多种手段(如观测、测绘、试验和反算等)尽可能地获得资料,并经过分析而选用。

1. 滑体厚度各处相同或基本相同,滑动面为平面时的滑坡稳定性计算

当组成滑床的岩体坚硬、完整,为相对隔水层,滑带土的湿度变化不大(即 c、ϕ 值稳定),滑带较薄,无水头压力作用在滑带上时,如图 5-20 所示,c、ϕ 值可采用模拟相应滑动情况下的试验指标,K 值采用下式计算:

$$K = \frac{\gamma h \cos\alpha \tan\phi + \dfrac{c}{\cos\alpha}}{\gamma h \sin\alpha} = \cot\alpha\tan\phi + \frac{2c}{\gamma h \sin2\alpha} \qquad (5-12)$$

式中:K——滑坡稳定系数;

　　γ——滑体单位重力,kN;

　　h——滑体铅直厚度,m;

　　α——滑动面倾角,(°);

　　ϕ——滑带土的内摩擦角,(°);

　　c——滑动面单位面积上的内聚力,kPa。

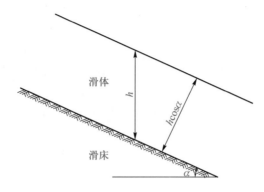

图 5-20　滑体等厚滑面为平面滑坡

　　如果在滑体饱水或部分饱水及地震作用情况下,可考虑动水压力、静水压力和地震力等不利因素,按最不利的组合情况代入公式(5-12)中进行计算,求出滑坡稳定系数。

　　2. 滑动面为折线形的滑坡稳定性计算

　　由于滑动面各处倾角和组成物质不同,其含水情况和抗剪强度也有差异,因此在进行检算和判别稳定性时,在平面上顺滑动方向将其分条,在立面上横切滑动方向将其分级、分层,在每条每层上又可根据滑动面倾角变化分成若干块。这样先判断每条、每级和每层滑坡中各个局部块段的稳定性,再从局部与整体关系上判断整体稳定性。

　　对于一个简单的滑动面为折线形滑坡,按滑动面倾角的不同可分成若干段(块),如图 5-21 所示。稳定性检算时,既要算每块的稳定,又要计算整体的稳定性,同时要考虑上、下块滑体间下滑力的传递关系。这里以图 5-21 中的第二块为例来说明每块的稳定性和力的传递关系。其稳定系数计算公式为:

$$K_2=\frac{W_2\cos\alpha_2\tan\phi_2+E_1\sin(\alpha_1-\alpha_2)\tan\phi_2+c_2L_2}{W_2\sin\alpha_2+E_1\cos(\alpha_1-\alpha_2)} \tag{5-13}$$

式中: W_2——第二块滑体重力,kN;

　　E_1——第一块的剩余下滑力(推力),kN。

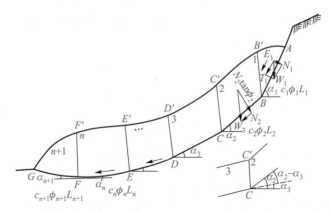

图 5-21　滑动面为折线形滑坡

其他符号同前。

同理,第 n 块滑体的稳定系数为

$$K_n = \frac{W_n \cos\alpha_n \tan\phi_n + E_{n-1}\sin(\alpha_{n-1}-\alpha_n)\tan\phi_n + c_n L_n}{W_n \sin\alpha_n + E_{n-1}\cos(\alpha_{n-1}-\alpha_n)}$$
$$= \frac{W_n \cos\alpha_n \tan\phi_n + E_{n-1}\sin\Delta\alpha_n \tan\phi_n + c_n L_n}{W_n \sin\alpha_n + E_{n-1}\cos\Delta\alpha_n} \qquad (5-14)$$

式中: $\Delta\alpha = \alpha_{n-1}-\alpha_n$ —— 上下两段滑动面倾角之差。

其他符号同前。

和单一滑动面的稳定性计算一样,应考虑各种因素的影响,按各种因素出现的可能性,用力的形式代入公式中进行运算,这样的稳定性计算才能符合客观实际。

自然界滑坡的滑动面比较复杂,在稳定性计算时通常把滑动面简化成平面、圆弧形滑动面、折线滑动面三种。相应的滑坡稳定性计算也有三种方法。

滑坡稳定性计算,一方面对与工程活动有关的天然边坡作出定性和定量的评价;另一方面,为合理设计人工边坡和防治边坡变形破坏提供依据。计算的基本原则是用抗滑力矩与滑动力矩的比值作为安全因数来评价滑坡的稳定性。

5.2.7　滑坡的防治

一、避开滑坡的危害

对于大型滑坡或滑坡群的治理,由于工程量大、工程造价高、工期较长,故在工程勘测设计阶段以绕避为主。如成昆线牛日河左岸一处滑坡,滑体厚度大并正在滑动中,故在勘测后定线时两次跨越牛日河来避开滑坡的危害。

二、排除地表水和地下水

滑坡的滑动多与地表水或地下水有关。因此在滑坡的防治中往往要排除地表水或地下水,可以减少水对滑坡岩土体的冲蚀、减少水的浮托力和增大滑带土的抗剪强度等,从而增加滑坡的稳定性。有的滑坡在疏干滑带中地下水之后就稳定了。在整治初期,采取一些排除地表水或地下水的措施,往往收到防止或减缓滑坡发展的效果。

地表排水的目的是拦截滑坡范围以外的地表水流入滑体,使滑体范围内的地表水排出滑体。地表排水工程可采用截水沟(图 5-22)和排水沟等。

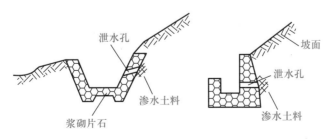

图 5-22　截水沟

排除地下水是用地下建筑物拦截、疏干地下水及降低地下水位等,来防止或减少地下水对滑坡的影响。根据地下水的类型、埋藏条件和工程的施工条件,可采用的地下排水工程有:截水盲沟、支撑盲沟、边坡渗沟、排水隧洞及设有水平管道的垂直渗井、水平钻孔群和渗管疏干等。截水盲沟排水如图 5-23 所示,平孔排水如图 5-24 所示。

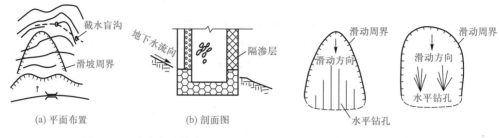

(a) 平面布置   (b) 剖面图

图 5-23　截水盲沟排水   图 5-24　平孔排水平面布置

三、抗滑支挡

根据滑坡的稳定状态,用减小下滑力增大抗滑力的方法来改变滑体的力学平衡条件,使滑坡稳定,这是防止某些滑坡继续发展而立即生效的措施。近年来,随着工程建设的飞速发展,抗滑支挡工程发展很快,主要抗滑支挡结构有:抗滑挡墙、抗滑桩、锚索抗滑桩、预应力锚索、微型钢花管注浆群桩等。

1. 抗滑挡墙

抗滑挡墙由于施工时破坏山体平衡小,稳定滑坡收效较快,故在整治滑坡中是经常采用的一种有效措施。对于中小型滑坡可以单独采用,对于大型复杂滑坡,抗滑挡墙可作为综合措施的一部分,同时还要做好排水等措施。设置抗滑挡墙时必须弄清滑坡的滑动范围、滑动面层数及位置、推力方向及大小等,并要查清挡墙基底情况,否则会造成挡墙变形,甚至挡墙随滑体滑动,使工程失效。

抗滑挡墙按其受力条件、墙体材料及结构可分为片石圬工的、混凝土的、实体的、装配式的和桩板式的等。在以往山区滑坡整治中,采用重力式的较多,近年来,在一些工程中也采用了桩板式挡墙,取得了较好的效果。

抗滑挡墙与一般挡土墙的主要区别在于它所承受压力的大小、方向和合力作用点不同。由于滑坡的滑动面已形成,所以抗滑挡墙受力与挡墙高度和墙背形状无关,主要由滑坡推力所决定。其受力方向与墙背较长一段滑动面方向有关,即平行墙后的一段滑动面的倾斜方向。推力的分布为矩形,合力作用点为矩形的中点。因此,重力式抗滑挡墙有胸坡缓、外形矮胖的特点,为抗滑挡墙的主要结构形式。为了保证施工安全,修筑抗滑挡墙最好在旱季施工,并于施工前做排水工程,施工时必须跳槽开挖,禁止全拉槽。开挖一段应立即砌筑回填,以免引起滑动。施工时应从滑体两边向中间进行,以免中部推力集中,推毁已成挡墙。

2. 抗滑桩和锚索抗滑桩

5.2-4　抗滑桩

抗滑桩是以桩作为工程措施来抵抗滑坡滑动。这种工程措施像是在滑体和滑床间打入一系列铆钉,使两者成为一体,从而使滑坡稳定,所以有人称之为锚固桩。桩的材料有木桩、钢管桩、混凝土桩和钢筋混凝土桩等。为了改变抗滑桩的受力状态,减小桩身弯矩和剪力,变被动受力为主动受力,减小滑体位移量。近几年来在滑坡整治中,还采用了锚索抗滑桩等新型支挡结构。适用治理各种大中型滑坡。它已成为一种主要工程措施而较广泛应用,取得了良好的效果。

抗滑桩的布置取决于滑体密实程度、含水情况、滑坡推力大小等因素,通常按需要布置成一排或数排,如图 5-25 所示。目前我国多采用钢筋混凝土的挖孔桩,截面多为方形或矩形,其尺寸取决于滑坡的推力和施工条件。由于分排间隔设桩,截面小,分批开挖,因而具有工作面多,互不干扰,施工简便、安全等优点。

3. 预应力锚索

预应力锚索具有结构简单、施工安全、对坡体扰动小、对附近建筑物影响小、节省工程材料的优点,同时对滑坡的稳定性起立竿见影的效果,从 20 世纪 80 年代以来逐渐被用在滑坡治理上。用预应力锚索治理滑坡是将锚索的锚固段设置在滑动面(或潜在滑动面)以下的稳定地层中,在地面通过反力装置(桩、框架、地梁或锚墩)将滑坡推力传入锚固段,用以稳定滑坡。曾用预应力锚索框架治理过山西太原至古胶二级公路 K14 滑坡,取得了良好的效果。更多的是采用预应力锚索框架(地梁或锚墩)与抗滑桩、抗滑挡墙等结构综合治理滑坡。预应力锚索主要是用于岩石滑坡和滑动面以下可提供锚固的稳定岩体。图 5-26 是预应力锚索与抗滑挡墙结合治理滑坡的示意图。

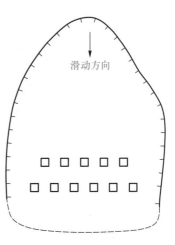

5.2-5 综合措施

图 5-25 抗滑桩平面布置

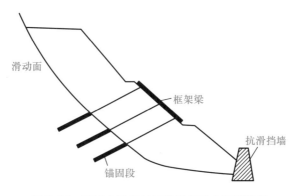

图 5-26 预应力锚索与抗滑挡墙结合治理滑坡

4. 微型钢花管注浆群桩

微型钢花管注浆群桩治理滑坡是在滑坡体抗滑段采用两排或多排钻孔,下入钢花管进行压力注浆,用以加固钢花管周围的滑坡体、滑动面及其以下的岩土体,使密排的钢花管微型桩及其间的岩土体形成一个坚固的连续体,共同起抗滑挡墙的作用。微型钢花管注浆群桩在滑坡平面和断面的分布,如图 5-27 所示。

微型钢花管注浆群桩适合治理不很厚的中小型黏性土滑坡。这种治理滑坡的结构有以下作用和优点:① 微型钢花管注浆群桩对滑坡起支挡作用;② 注浆体改善了滑坡体及滑动面的性质,使滑带的 c、ϕ 值提高,增大了抗滑力;③ 微型桩和周围的注浆体及加固的

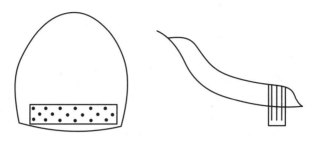

图 5-27 微型钢花管注浆群桩治理滑坡

岩土体形成一个较坚固的连续体,起抗滑挡墙的作用;④ 压力注浆体的挤密加固作用;⑤ 便于施工,环境破坏小,钢材和水泥用量小。

微型钢花管注浆群桩近年来在公路滑坡治理中已有多处应用。如京珠高速公路 K108 滑坡治理及四川广巴高速公路 K109 滑坡治理,都采用了微型钢花管压力注浆群桩,治理效果良好。

四、减重反压

经过地质调查、勘探和综合分析之后,确认滑坡性质为推动式或者是错落转化而成的滑坡,具有上陡下缓的滑动面,并经过技术经济比较之后,认为减重方法确属有效并无后患时才可采用,有的情况减重甚至也可起到根治滑坡的作用。但对牵引式滑坡和顺层滑坡,后部减重只能减少滑坡推力,起不到根治作用。

减重必须经过滑坡推力计算,求出沿各滑动面的推力,才能判断各段滑体的稳定。减重不当,不但不能稳定滑坡,反而可能加剧滑坡的发展。减重后还要检算是否有可能沿某些软弱处重新滑出。采用减重时也要做好排水和地表的防渗工作。

滑坡反压处理在前缘必须确有抗滑地段存在,才能在此段加载,增加抗滑能力,否则将起到相反的作用。尤其不可在牵引地段加载,增加下滑力促使滑动加剧。前部加载也和减重一样,也要经过反复计算,使之能达到稳定滑坡的目的。

五、其他方法

主要是改变滑带土的性质,提高滑带土强度的方法,这些方法包括钻孔爆破、焙烧、化学加固和电渗排水等。从理论上来说,这些方法都能起到加固作用,但由于技术和经济的原因,在实践中还很少应用。

§5.3 泥石流

5.3.1 泥石流的概念

泥石流是一种含大量泥、砂、石块等固体物质的特殊洪流。它与挟砂洪流的本质区别在于流体中固体物质的含量。实验表明,当泥石流流体密度大于 1 420 kg/m³ 时,流体性质将发生质的改变,表露出某些泥石流的特征。如形成龙头,堆积成泥石流垄岗,产生束流现象,直进性爬高,弯道超高,具有较大撞击能力和对沟槽有较大侵蚀能力等。所以,不少学者将密度 1 420 kg/m³ 作为划分泥石流与挟砂洪流的界线。通常泥石流密度在 1 420~2 440 kg/m³ 之间。

泥石流爆发具有突然性,常在集中暴雨或积雪大量融化时突然爆发。一旦泥石流爆发,顷刻间大量泥、砂、石块形成的"洪流"像一条"巨龙"一样,沿沟谷迅速奔泻而出,有时尘烟腾空、巨石翻滚、泥浆飞溅、山谷雷鸣、地面震动,直到沟口平缓处堆积下来,将沿途遇到的村镇房屋、道路、桥梁瞬间摧毁、掩埋,甚至堵河断流,造成严重的自然灾害,给人民生命财产带来巨大损失。如图 5-28 所示。

泥石流冲出物在小江河谷大量沉积而形成的相互交错的洪积扇

图 5-28　云南东川小江泥石流洪积扇

泥石流是一种山区地质灾害。主要分布在北纬 30°~50°之间的山地。这一纬度带中的中国、日本、美国、俄罗斯南部、法国、意大利等,都是泥石流发育的主要国家。在这一纬度带中,又主要发育在挤压造山带和地震带,特别是构造破碎带。如太平洋山系、喜马拉雅山脉、阿尔卑斯山脉等。我国是一个多山国家,山区面积达 70%左右,是世界上泥石流最发育的国家之一。我国西南、西北、华北、华东、中南、东北等山区均有泥石流发育,遍及 23 个省区,尤以西南、西北山区最多。天山-阴山山脉、昆仑-秦岭山脉、横断山脉、大凉山、雪峰山、大别山、长白山等山脉,都是泥石流发育地带,如:穿越在大凉山的成昆铁路沙湾至禄丰段 800 km 线路内,就有 249 条泥石流沟。甘肃全省 82 个县市就有 40 个县内有泥石流发育,泥石流分布范围约占全省面积的 15%。

泥石流具有强大的破坏性。例如:1981 年 7 月 9 日凌晨 1 点钟,四川省甘洛县利子依达沟爆发泥石流,泥石流密度达 2 340 kg/m³,流速达 13.4 m/s,最大泥深 10.6 m,8.4×10^5 m³ 固体物质冲入大渡河,将宽 120 m,水深流急的大渡河拦腰截断 4 小时,冲毁成都端桥台,剪断 2 号桥墩,冲毁桥梁 2 孔,将行驶至此的 442 次列车的机车及两节客车车厢冲入大渡河,数百人丧生,直接经济损失达 2 000 多万元。1990 年西藏东部章尤弄巴沟爆发泥石流,泥石流冲出沟口,横穿 80 m 宽的易贡藏布江,向对岸推进 300 m,形成一座高达 60~80 m 的拦江大坝,将上游围成一个长达 20 km 的巨大湖泊,淹没大片农田和村庄。1970 年 5 月 31 日,秘鲁乌阿斯卡雷山区大地震引起大规模山崩,巨石同泥砂、冰水形成泥石流,从 3 570 m 的高度奔泻而下,以 30 km/h 的速度冲毁了山下一些城镇,造成 5 万余人丧生,80 多万人无家可归。1921 年,苏联哈萨克斯坦天山北坡,3.5×10^6 m³ 泥石流物质冲入阿拉木图城,造成上万人死亡。

5.3-1　泥石流沟

5.3-2　泥石流冲毁村庄

5.3-3　泥石流冲毁铁路

5.3-4　泥石流冲毁铁路路基

5.3.2　泥石流形成条件

泥石流形成必须具备三个基本条件,即丰富的松散物质、充足的突发性水源和陡峻的地形条件。

一、物质条件

5.3-5　泥石流物源

组成泥石流松散物质的类型、数量和位置,取决于泥石流沟流域内的地质环境条件。松散物质的来源主要包括:断层破碎带物质,风化壳物质,崩塌、滑坡及坡积层物质,支沟洪积物质,人工弃渣物质,古泥石流扇等。

泥石流松散物质的来源是多方面的,一条泥石流沟可以具有多种松散物质来源。此外,松散物质能否参加泥石流活动,取决于松散物质的堆积位置、固结程度、底坡坡度、水动力大小等。靠近沟尾的松散物质一般不易被搬动,临近沟口的松散物质则相对容易被搬动。固结程度低的松散物质容易被搬动,固结程度高的松散物质在临近沟口也不一定能被搬动。有多少松散物质能参加泥石流活动,应视具体情况而定。在松散物质储量中,可以参加泥石流活动的松散物质的储量称为松散物质动储量。

二、水源条件

水不仅是泥石流的组成部分和搬运介质,同时也是启动松散物质(如浸泡软化松散物质,降低其抗剪强度,产生浮力,推动瓦解松散物质等)和产生松散物质(如诱发崩塌、滑坡等)的主要因素,所以水是形成泥石流的基本条件之一。

形成泥石流的突发水源主要来自集中暴雨、冰雪融水和湖库溃决三种形式。我国大部分地区降雨量都集中在5~9月份,雨季降雨量占全年降雨量的60%~90%,并且常以集中暴雨的形式出现。例如东川支线老干沟,1963年一次暴雨,1小时降雨55.2 mm,暴发了50年一遇的泥石流。又如成昆铁路三滩泥石流沟,1976年6月29日,1小时降雨55.1 mm;7月3日,1小时降雨86.7 mm,也暴发了50年一遇的泥石流。再如西藏东部古乡沟,1959年9月29日,大量冰雪融水卷起冰碛物,形成泥石流,排出固体物质$1.4 \times 10^5 \text{ m}^3$,泥石流先堵断谷口,然后以高9.5 m的龙头冲出,方圆几公里成为一片石海,毁坏大片森林和村庄;泥石流还冲入波斗藏布江,把上游堵成一个宽2 km,长5 km的湖泊。

三、地形条件

泥石流常发生在地形陡峻、沟床纵坡大的山地,流域形态多呈瓢形、掌形、漏斗形或梨叶形。这种地形因山坡陡峭,植被不易发育,风化、剥蚀、崩塌、滑坡等现象严重,可为泥石流提供丰富的松散物质。同时有利于地表水迅速汇集,形成洪峰,以卷起松散物质形成泥石流。还可使泥石流具有很大的动能。一条典型的泥石流沟,从上游到下游一般可以分为三个区段,即形成区、流通区和沉积区。如图5-29所示。

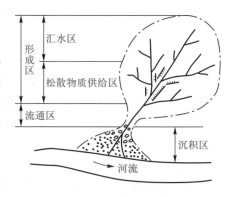

图5-29　泥石流沟分区

1. 形成区

一般位于泥石流沟的中上游,由汇水区和松散物质供给区组成。汇水区山坡坡度常在30°以上,是迅速汇集水流,形成洪峰径流的地方;地形越陡,植被越少,水流汇集越快。松散物质供给区一般位于汇水区下部,常常坡面侵蚀强烈,两岸岩体破碎,崩塌、滑坡等不良地质发育,可提供大量泥石流松散物质。该段沟床纵坡一般大于14°,松散物质稳定性差,当遇特大洪峰时,则可能形成泥石流。

2. 流通区

一般位于泥石流沟中下游,为泥石流通道。一般沟床纵坡大,相对狭窄顺直,两岸沟坡稳定,能约束泥石流使之保持较大泥深和流速,并使泥石流不易停积。该段沟床常有跌水陡坎。由于泥石流一旦发生则不需要太陡的沟床纵坡也能运动,所以该段沟床纵坡有时仅8°左右,也能通过泥石流。

在坡面型泥石流沟中,有时没有明显的流通区。

3. 沉积区

一般位于沟口一带的地形开阔平坦地段。泥石流到此后流速变缓,流体分散,迅速失去动能而停积下来,多形成扇形堆积,称为泥石流扇。有的泥石流扇则为多次泥石流改道堆积形成。

在山区,有时被位于泥石流沟口的主河床弯道冲刷,使泥石流沟无沉积区。但在主河床下游不远处,一般可见泥石流物质形成的大面积边滩或心滩。

5.3.3 泥石流分类

为深入研究和有效整治泥石流,必须对泥石流进行合理分类。多年来,各相关研究单位和相关行业部门,大多建立有自己的泥石流分类及分类标准。常见的主要分类形式如下。

一、按泥石流流体性质分类

1. 黏性泥石流

一般指泥石流密度大于1 800 kg/m³(泥流大于1 500 kg/m³),流体黏度大于0.3 Pa·s,体积浓度大于50%的泥石流。该类泥石流运动时呈整体层流状态,阵流明显,固、液两相物质等速运动,沉积物无分选性,常呈垄岗状,如图5-30所示。流体黏滞性强、浮托力大,能将巨大漂石悬移。由于泥浆的铺床作用,泥石流流速快,冲击力大,破坏性强,弯道处常有较大超高和直进性爬高等现象。

2. 稀性泥石流

一般指泥石流密度小于1 800 kg/m³(泥流小于1 500 kg/m³),流体黏度小于0.3 Pa·s,体积浓度小于50%的泥石流。该类泥石流运动时呈湍流状态,无明显阵流,固、液两相物质不等速运动,漂石流速慢于浆体流速,堆积物有一定分选性。其流速和破坏性均小于黏性泥石流。

二、按泥石流物质组成分类

1. 泥流

泥流中固体物质主要为泥砂,仅有少量碎块石,液体黏度大,有时出现大量泥球。在我国主要分布在西北黄土高原地区。

图 5-30　黏性泥石流垄岗的混杂堆积

2. 泥石流

泥石流中固体物质主要为大量泥、砂、碎石和巨大块石、漂石。在我国主要分布在温暖、潮湿、化学风化强烈的南方地区,如西南、华南等地。

3. 水石流

泥石流中固体物质主要为砂、砾、卵石、漂石,黏土含量很少。在我国,主要分布在干燥、寒冷,以物理风化为主的北方地区和高海拔地区。北京密云山区即为水石流区。

三、按泥石流地貌特征分类

1. 坡面型泥石流

坡面型泥石流主要沿山坡坡面上的冲沟发育。沟谷短、浅,沟床纵坡常与山坡坡度接近。泥石流流程短,有时无明显的流通区。固体物质来源主要为沟岸塌滑或坡面侵蚀。

2. 沟谷型泥石流

沟谷型泥石流沟谷明显,长度较大,沟内一般有多条支沟发育。形成区、流通区、沉积区明显,固体物质来源主要为流域内的崩塌、滑坡,沟岸坍塌、支沟洪积扇等。

3. 河谷型泥石流

当泥石流沟床纵深大,长达十多公里,沟内长年流水发育,松散物质为沿途补给,沟内分段沉积现象发育时,被称为河谷型泥石流沟。

此外,尚有按泥石流固体物质来源分类、按泥石流发育阶段分类、按泥石流沉积规模分类、按泥石流发生频率分类、按泥石流激发因素分类和按泥石流危险程度分类等多种分类方法。

5.3.4　泥石流防治措施

泥石流防治是一个综合性工程,在泥石流沟的不同区段,其防治目的和主要防治手段均有所不同。

一、形成区

形成区防治以水土保持和排洪为主。水土保持主要体现在两方面,一是在汇水区,广种植被,延迟地表水汇流时间,降低洪峰流量。二是在松散物质供给区,以灌浆、锚固、支挡等形成加固边坡,稳定松散物质。

排洪主要是在松散物质供给区修建环山排洪渠或排洪隧道,使地表径流不经过松散物质堆积场地,残留的地表径流也不足以启动松散物质。例如:四川省峨眉水泥厂左侧的干溪沟,该沟下游从厂区通过,中游因山腰采矿区弃碴堆积,沟中停积上百万立方米松散物质,已超过拦碴坝高度数米,随时有形成泥石流的可能。但峨眉水泥厂在干溪沟松散物质堆积区上游修筑截水坝,在右岸修建一截面面积为 9 m^2 的排洪隧道,将沟中地表径流通过排洪隧道从松散物质堆积区下游排出,从而避免了泥石流发生。

二、流通区

流通区防治以拦碴坝为主。在流通区泥石流已经形成,一般采用一道或多道拦碴坝的形式进行拦截,目的是将主要泥石流物质拦截在沟中,使其不能到达下游或沟口建筑物场地。当为多道坝配置时,又称为梯形坝。拦碴坝常见的有重力坝和格栅坝两种。如图 5-31 和图 5-32 所示。重力坝抗冲击能力强,当为多道坝设置时一般间隔不远,以便坝内拦截的物质能够停积到上游坝基处,起到防冲和护基作用。坝的数量和高度,以能全部拦截或大部分拦截泥石流物质为准。格栅坝既能截留泥石流物质,又能排走流水,已越来越多地被采用,但应注意使其具有足够的抗冲击能力。类似格栅坝作用的还有框窗坝、拱形坝等。

5.3-6 拦碴坝

5.3-7 格栅坝

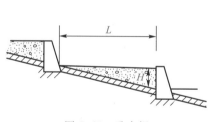

图 5-31 重力坝

图 5-32 格栅坝

三、沉积区

沉积区防治以排导工程为主。常见的工程措施有排导槽、明洞渡槽和导流堤。排导槽位于桥下,用浆砌片石构筑而成。槽的底坡应大于泥石流停积坡度,使泥石流在桥下一冲而过。槽的横截面积应大于泥石流龙头横截面积,排导槽出口常与沟口河流锐角相交,以便河流顺利带走排出物质。明洞渡槽主要用于危害严重又不易防治的泥石流沟,在桥梁位置修建明洞,在明洞上方修建排导槽,使上游泥石流通过明洞上方排导槽越过线路位置,从而起到保护线路的目的。明洞一定要有足够的长度,以防特大型泥石流从明洞两端洞门灌入明洞内。导流堤主要用于引导泥石运动和沉积方向,以保护居民点。

5.3-8 渡槽

上述防治措施应综合运用,以求取得较好效果。

5.3.5　泥石流地区选线

一、泥石流地区道路位置选择及防治原则

铁路、公路通过泥石流地区时,应遵循下列工程地质选线原则:

① 绕避处于发育旺盛期的特大型、大型泥石流或泥石流群,以及淤积严重的泥石流沟。

② 远离泥石流堵河严重地段的河岸。

③ 线路高程应考虑泥石流发展趋势。

④ 峡谷河段以高桥大跨通过。

⑤ 宽谷河段,线路位置及高程应根据泥石流沟淤积率、河床摆动趋势确定。

⑥ 线路跨越泥石流沟时,应避开河床纵坡由陡变缓和平面上急弯部位,不宜压缩沟床断面、改沟并桥或沟中设墩。桥下应留足净空。

⑦ 严禁在泥石流扇上挖沟设桥或作路堑。

二、泥石流沟道路位置选择及防治原则

山区道路通过具体的泥石流沟时,通常有下述五个方案可供比选,宜遵循下列工程地质选线原则(图 5-33):

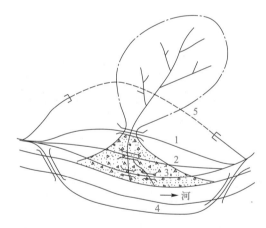

图 5-33　道路通过泥石流沟的方案

① 线路从流通区通过(方案 1)。这里沟床相对狭窄顺直,沟岸相对稳定,工程措施较少,是线路通过的最佳方案。但该处泥石流一冲而过,泥石流冲击力大,泥深大,线路标高大,展线长。宜采取一跨高净空桥梁的形式通过,沟中不宜设墩。

② 线路从沉积区中部通过(方案 2)。这里沟床变迁不定,泥沙石块冲刷、淤积严重,是最不利方案。若受技术条件限制,线路不得不从此通过时,则在路桥设计原则和配套工程措施上必须谨慎和有力,一般可采用排导槽、明洞渡槽,结合导流堤等措施通过。并且不宜改沟、并沟或任意压缩沟槽,少设桥墩,多用大跨,墩台基础深埋,线路尽可能与主沟流向正交等。

③ 线路沿泥石流扇外缘通过(方案 3)。这里为泥石流堆积的边缘,冲刷、淤积均较弱,是线路通过的较好方案。但泥石流在各沟槽中堆积的变迁大,线路展线相对比方案 2

长。一般采取逢沟设桥的措施,并考虑特大泥石流的可能堆积范围和强度。

　　④ 泥石流规模巨大,危害严重,整治困难或整治造价过高时,宜采用彻底绕避方案。可采用桥梁方式跨河绕避(方案 4),或采用靠山从形成区下稳定岩层中修筑隧道绕避(方案 5)。绕避方案宜在新建铁路时采用。对已建铁路,此方案虽彻底避开了泥石流,但耗资巨大,废弃工程多,应进行全面综合分析。

§5.4   岩溶

5.4.1   岩溶的概念

　　岩溶是指地表水和地下水对可溶性岩石的长期溶蚀作用及形成的各种岩溶现象的总称。南斯拉夫的喀斯特高原是岩溶现象的典型地区,国际上最早在此开展全面研究,并用此地名代表岩溶现象,称为喀斯特现象。我国在 1966 年第二届全国岩溶会议上,决定在我国可用岩溶一词指代喀斯特。

　　岩溶以碳酸盐岩分布最为广泛。在我国广西(有 $1.39×10^5$ km²)、贵州(有 $1.56×10^5$ km²)、云南(有 $2.41×10^5$ km²)、四川(有 $3.6×10^5$ km²)、湖南(有 $1.13×10^5$ km²)、湖北(有 $7.8×10^4$ km²)等地,都有大面积连续分布的碳酸盐岩,如贵州面积的 51%,广西面积的 33%,都是出露的碳酸盐岩。这些都是著名的岩溶地区。此外,在我国华南、华东、华北及青海(有 $1.9×10^5$ km²)、西藏(有 $8.63×10^5$ km²)等地,也有大量碳酸盐岩分布。因此,我国是一个岩溶发育的国家。全国陆地碳酸盐岩分布面积 $3.44×10^6$ km²,出露面积 $9.07×10^5$ km²。

　　值得注意的是,钙质胶结的沉积岩如钙质砾岩、砂岩等,也可能形成大规模的岩溶,尤其是在强烈水动力条件和构造背景下,如位于四川省雅安市芦山县龙门镇青龙场村的龙门溶洞即发育于白垩系巨厚钙质砾岩层中。该溶洞是目前探明的中国最大岩溶洞穴、亚洲最大的砾岩溶洞群,据估计溶洞面积超过 80 km²、长度逾 100 km,被誉为"中国地质奇观、巴蜀砾岩世界"。洞内砾岩具有显著切割特征(图 5-34),是青藏高原东缘特殊地形地貌、地质、构造和水文条件下的奇特地质现象。

图 5-34   四川省雅安市芦山县龙门镇青龙场村龙门溶洞中砾岩切割现象

与该溶洞具有水力联系的围塔漏斗(图 5-35)是迄今为止全世界发现的最大规模地质漏斗,被誉为"天漏之地,大地之耳"。漏斗内人类长期居住,为罕见的人居漏斗。围塔漏斗地处青藏高原与四川盆地过渡地带,发育于 1 600 万年前的白垩系钙质砾岩地层中,是此前已知最大漏斗(四川兴文漏斗)规模的 10 倍,漏斗长径达 6 000 m,短径逾 2 000 m,总面积超 12 km²,漏斗中分布有 73 座大小不等的小山丘。漏斗底部海拔 999~1 200 m,四周山脊海拔 1 450~1 770 m,漏斗底端落差约 800 m。该漏斗和龙门溶洞成因复杂,是研究地形激变带水动力条件及岩溶现象的良好场所。

图 5-35　四川省雅安市芦山县围塔漏斗(航拍图)

岩溶与工程建设关系密切。在修建水工建筑物时,岩溶造成的库水渗漏,轻则造成水资源或水能损失,重则使水库完全不能蓄水而失效。在岩溶地区开挖隧道,常遇到溶洞充填物坍塌,暗河和溶洞封存水突然涌入,溶洞充填物不均匀沉降导致衬砌开裂等问题。当遇到大型溶洞时,洞中高填方或桥跨施工困难,造价昂贵,不仅延误工期,有时甚至需改变线路方案。如天生桥隧道开挖到山体内部,遇到一个高 100 m(路基下高度大于 50 m)、宽 120 m、长 90 m 的大溶洞,建筑物悬空,技术上很难处理,被迫改设弯道绕避。此外,岩溶地面塌陷,风化表土不均匀沉降或岩溶漏斗覆盖土潜移,也对工程建筑造成危害。因此,充分认识岩溶作用及岩溶现象,对岩溶地区修建工程建筑物有着重要意义。

5.4.2　岩溶的形成条件

岩溶形成必须具备四个基本条件:可溶性岩石、岩石具有透水性、水具有溶蚀能力和流动的水。

一、可溶性岩石

可溶岩可分为易溶的卤素盐类(如岩盐)、中等溶解度的硫酸盐类(如石膏、硬石膏、芒硝)、难溶的碳酸盐类(如石灰岩、白云岩)和钙质胶结的沉积岩类。卤素盐类及硫酸盐虽易溶解,但分布面积有限,对岩溶的影响远远不如分布广泛的碳酸盐类岩石。

碳酸盐岩常由不同比例的方解石、白云石组成,并含有泥质、硅质、有机质等杂质。纯方解石的溶解速度约为纯白云石的 2 倍,故纯石灰岩地区岩溶发育,当含白云石时次之。当含硅质、有机质等杂质时,岩石溶解减慢,岩溶发育程度降低。当含黄铁矿或石膏时,大量的 SO_4^{2-} 离子能导致岩石溶解,加速岩溶发育。当含黏土杂质时,由于黏土颗粒包裹方解石、白云石矿物,减少了岩石有效溶蚀表面,降低了岩溶速度。但如地下水具有一定流速,冲刷并带走黏土颗粒,则加快了整个岩溶过程,使岩溶发育程度大于无杂质岩区。当含生物碎屑时,因孔隙度增加,导致岩溶发育。

二、岩石的透水性

完整的岩石或节理不发育的岩石,地下水不易渗透到岩石内部,溶蚀只是在岩石表面进行,故岩溶发育速度相对较低。节理发育的岩石,尤其是构造节理发育的岩石,节理深达岩体内部,互相连通形成渗透裂隙网络,岩溶发育速度相对较快。因此,岩溶主要发育在节理裂隙发育的部位,如褶曲轴部、断层破碎带及其影响带等。

三、水的溶蚀性

具备侵蚀性的水对可溶岩的溶蚀作用是岩溶发育的主要原因。碳酸盐岩在纯水中的溶解度是很小的,在16℃时仅为 1.31 mg/L,在25℃时仅为 14.3 mg/L,所以纯水中岩溶难以发育。当地下水中含侵蚀性 CO_2 时,CO_2 与方解石($CaCO_3$)反应,最终生成 Ca^{2+} 离子,使碳酸盐岩的溶解度高达每升几百毫克,大大提高了岩溶发育速度。其化学反应式如下:

$$CaCO_3 + CO_2 + H_2O \Leftrightarrow Ca(HCO_3)_2 \Leftrightarrow Ca^{2+} + 2HCO_3^-$$

该反应式为可逆反应,反应达到平衡时的 CO_2 含量称为平衡 CO_2,当地下水中 CO_2 含量超过平衡 CO_2 时,反应才会向右进行,超过部分称为侵蚀性 CO_2,所以地下水中含有侵蚀性 CO_2 时,才能与石灰岩发生溶蚀作用,侵蚀性 CO_2 含量越高,岩溶越发育。此外,水中 CO_2 的含量与空气中 CO_2 的含量成正比,空气中 CO_2 含量越高,地下水中 CO_2 含量也越高,所以地壳浅层岩溶相对发育,地壳深层岩溶相对不发育。水中 CO_2 的含量与植被发育程度成正比,植物根系排泄 CO_2,植被发育程度越高,地下水中 CO_2 含量越高。水中 CO_2 的含量还与温度成反比,但化学反应速度与温度成正比,温度升高 1 倍,化学反应速度增加 10 倍。因此,在我国南方岩溶比北方发育。

四、水的流动性

水的溶蚀性与水的流动性密切相关。在水流停滞的条件下,地下水中 CO_2 不断消耗而达到平衡状态,使水丧失溶蚀能力。当含侵蚀 CO_2 的地下水流通时,一方面源源不断地补充新的侵蚀性 CO_2,另一方面不断带走生成的 Ca^{2+} 和 HCO_3^-,使化学反应不断向右进行,岩溶得以继续。

5.4.3　岩溶水和岩溶地貌

储藏和运动在可溶岩孔隙、裂隙及溶洞中的地下水称为岩溶水。岩溶的发育是以地下水流动为前提的,地下水流强度大的地方,也常常是岩溶发育较强的地方。

按含水层性质,岩溶水可分为孔隙水、裂隙水和溶洞水。

由岩溶水刻蚀出来的岩溶地貌(地表岩溶地貌和地下岩溶地貌)与岩溶水的分布和运动方式有着成因上的联系。主要表现在水平方向和垂直方向上。

一、水平方向

在岩溶地区岩溶水向局部侵蚀基准面渗流,地下水交替强度通常由河谷向分水岭核部逐渐变弱。如图 5-36 所示。由岩溶侵蚀基准面向分水岭,岩溶地貌由溶蚀平原,向溶蚀洼地、石林、溶沟、石芽、岩溶剥蚀面依次过渡。

5.4-1　岩溶漏斗

图 5-36　岩溶地貌形态示意图

1—溶沟；2—石芽；3—溶蚀漏斗；4—溶蚀洼地；5—落水洞；6—溶洞；7—溶柱；8—天生桥；
9—暗河及伏流；10—溶湖；11—石钟乳；12—石笋；13—石柱；14—隔水层；15—河流阶地；
Ⅰ—岩溶侵蚀面；Ⅱ—侵蚀面上发育的溶沟、石芽；Ⅲ—石林；Ⅳ—洼地、谷地；Ⅴ—溶蚀平原

二、垂直方向

1. 在地表

地表片流或土壤底层水,在可溶岩表面向低洼处流动,并沿岩石裂隙向下渗流,对岩石进行化学溶蚀和水力剥蚀,使洼地和裂隙扩大。在地表上形成的沟槽称作溶沟,一般深几厘米到十几米,溶沟之间凸起的石脊称作石芽,溶沟和石芽相间出现,在坡度较大的地面,它们顺着最大倾斜方向排列,在平坦地面,它们纵横交错。当溶沟和石芽加深扩大(有时伴随落水洞的扩大连通),使石芽高达十几米到几十米,并成片出露时,远望之有如树林,称作石林。如云南石林,石林高达 50 余米,石峰林立,千姿百态,蔚为奇观。

2. 在地下

岩溶水在地下可分为四个运动特征明显的带,即垂直循环带、季节循环带、水平循环带和深部循环带,如图 5-37 所示。各带岩溶发育特征各不相同。

(1) 垂直循环带

5.4-2 岩溶形成的天坑(大漏斗)

5.4-3 岩溶形成的一线天

指可溶岩区地表面到雨季潜水位之间的地带。地下水主要沿节理、裂隙向下渗透。并将裂隙(特别是一些垂直相交的裂隙)溶蚀扩大,形成落水洞。落水洞一般深度大于宽度,下部多与溶洞或暗河连通,是地表水向下渗流的主要通道之一,有时可以将地表河流部分或全部导入地下,形成伏流或暗河。当落水洞稍具规模后,流水对洞壁和洞底的机械侵蚀也可促进落水洞加深、加大。

落水洞附近地面,常被暂时性流水和地下水侵蚀成漏斗状洼地,称作溶蚀漏斗。一般大致呈圆形

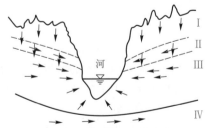

图 5-37　岩溶水垂直分带

Ⅰ—垂直循环带；Ⅱ—季节循环带；
Ⅲ—水平循环带；Ⅳ—深部循环带

或椭圆形,直径几米至几十米,深十几米到几十米。由溶蚀作用与陷落作用形成的漏斗,一般规模较大,有时直径或深度可达数百米。溶蚀漏斗发育的地区,地表宛如蜂窝状。当地面漏斗群不断扩大汇合,可在地表形成溶蚀洼地,面积由数平方米至数万平方米不等。地表大型的封闭洼地称为波立谷,也称溶蚀盆地,面积由数平方公里到数百平方公里不等,进一步发展则成为溶蚀平原。波立谷周为陡峻斜坡,谷底平坦,常有较厚的第四纪沉积物。谷中还可见残留的未被溶蚀掉的孤峰,当孤峰成片出现时称作峰林。有时地表河流在谷周边转入地下,形成伏河。

（2）季节循环带

指雨季潜水位与旱季潜水位之间的地带。在雨季,该带充满地下水,地下水向河床方向沿岩层面、节理或断裂带作近水平运动。并不断将裂隙溶蚀扩大,形成近水平方向的洞穴,称为溶洞。在旱季,潜水位下降,重力水在该带向下渗透,形成落水洞。季节循环带内溶洞和落水洞交错连接,形成复杂的、高低曲折的、时宽时窄的地下洞穴系统,如图5-38所示。

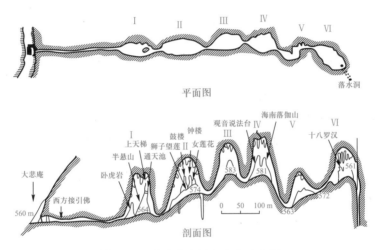

图5-38 北京房山区上方山云水洞

（3）水平循环带

指旱季潜水位至河床下一定深度范围内的地带。该带常年有水,地下水主要向河床方向做水平运动,将可溶岩溶蚀成水平方向的溶洞,这些溶洞常常相互贯通形成暗河,溶洞形态各异,有时宽如大厅、有时窄如长廊。在地壳长期稳定的地区,溶洞得到充分发育,在同一标高上的溶洞层往往形成许多溶洞,沿河可见暗河河口与枯水位等高并流入河流的现象。当地壳抬升,原溶洞层抬升到潜水位以上。溶洞中常有后期渗流水中碳酸钙沉积形成的石钟乳、石笋、石柱和石幕等,如图5-39所示。有时还伴有大量的溶洞洞顶坍塌堆积。

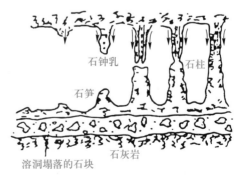

图5-39 石钟乳、石笋、石柱

在溶洞发育的地区,随着溶洞的扩展,成片溶洞因上部岩层失去支撑而坍塌,在地表形成大片洼地,也称为溶蚀洼地,见图 5-40。如云南石林某处,在下二叠统石灰岩洼地中,残留着许多上二叠统的玄武岩。大面积岩溶塌陷也能在地表形成波立谷。

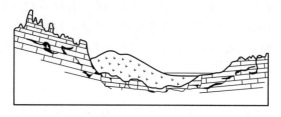

图 5-40   云南石林的一个溶蚀洼地

（4）深部循环带

位于水平循环带之下,地下水向更深更远的侵蚀基面运动。由于深部基岩裂隙一般不发育,地下水运动缓慢,岩溶一般不发育,仅有蜂窝状溶蚀孔洞。

5.4.4　岩溶发育规律

岩溶发育规律也是岩溶的分布规律。岩溶发育主要受气候、岩性及岩层产状、地质构造和地壳运动的影响和控制,呈有规律的分布。

一、气候的影响

气候是影响岩溶发育的一个重要因素。在温暖潮湿的热带、亚热带地区,岩溶较发育,在寒冷干燥的高纬度或高海拔地区,岩溶不发育。虽然温度升高,使水中 CO_2 含量减少,但温度升高 1 倍,可使化学反应速度增加 10 倍。此外,温暖潮湿的地区植被发育,土层厚,生物化学作用强烈,导致地下水中 CO_2 含量高,有的地方可达到 1 000 mg/L 以上,为岩溶发育提供了充分的条件。例如:我国广西中部可溶岩年溶蚀量为 0.12～0.3 mm,长江流域为 0.06 mm,河北西北部为 0.02～0.03 mm,相差最高可达 10 倍。

二、岩性及岩层产状的影响

在可溶岩中,岩性越纯,结晶越好,岩溶越发育。一般厚层岩石含不溶物较少,故比薄层岩石岩溶发育。泥灰岩因地下水对泥质胶结物的潜蚀作用,使泥灰岩中岩溶也发育。当可溶岩与非可溶岩组合出现时,如上覆为可溶岩,下伏为不透水的非可溶岩,则在两者接触界面处,岩溶发育。当岩层产状水平或倾斜时,溶洞发育,当岩层产状直立时,漏斗、落水洞发育。

三、地质构造的影响

岩溶发育与可溶岩节理裂隙的分布有关。所以,岩溶与地质构造关系密切,常沿地质构造节理裂隙发育部位成带状分布。

背斜顶部承受张应力,垂直张节理发育,地下水沿张节理垂直下渗,然后向两翼运动。沿背斜轴部,岩溶多以漏斗、落水洞、竖井等垂直洞穴为主。背斜倾伏端,节理裂隙发育,岩溶也发育。

向斜核部为地下水汇集地点,当向斜轴与沟谷一致时,地表水和地下水均沿两翼向轴部汇集,并沿轴向流动,或向河流排泄,所以向斜轴部岩溶以水平溶洞或暗河为主。同时,向斜轴部也发育有各种垂直裂隙,也会形成溶洞、漏斗、落水洞等垂直岩溶形态。向斜仰起端节理裂隙发育,岩溶也发育。

褶曲翼部,岩层倾斜,是地下水的径流通道,岩溶也发育。但褶曲的节理裂隙由核部向翼部逐渐减弱,所以翼部岩溶没有核部发育,岩溶从核部向翼部逐渐减弱。

正断层属张性断裂、断层破碎带受张拉作用,断层角砾岩结构松散,张性裂隙发育,有利于地下水渗透溶解,是岩溶强烈发育地带。其两侧断层影响带,节理裂隙发育,也是岩溶发育地带。

逆断层属压性断裂,断层破碎带受挤压作用,断层角砾岩挤压紧密,有的甚至挤压成糜棱岩或断层泥,地下水不易流通,所以岩溶发育较差。在逆断层主动盘的断层影响带内,节理裂隙发育,并受下伏断层破碎带隔水的影响,该影响带内地下水富集,岩溶发育。扭性断层为张扭性时,岩溶发育强烈;为压扭性时,岩溶发育差。

四、地壳运动的影响

地下水侵蚀基准面受地壳升降运动控制,当地壳处于稳定时期,侵蚀基准面在该时期稳定不变,地下水以水平运动为主,岩溶主要发育成水平的溶洞、暗河。当地壳处于抬升时期,侵蚀基准面下降,地下水以垂直运动为主,岩溶主要发育为落水洞等垂直岩溶形态。当地壳抬升、稳定交替进行时,在地壳剖面上形成垂直的落水洞与水平的溶洞交替出现的现象。有时可出现多层水平溶洞,中间由落水洞相通。它们分别反映了地壳不同的稳定和抬升阶段,并与阶地高程有相应关系。

5.4.5 岩溶地区的主要工程地质问题及防治措施

岩溶地区进行工程建设,经常遇到的主要工程地质问题是不均匀沉降、溶洞塌陷、基坑和洞室涌突水、岩溶渗漏、地表土潜移等地质问题。

一、地基不均匀沉降

由于地表岩溶深度不一致,基岩岩面起伏,导致上覆土层厚度不均匀,使建筑物地基产生不均匀沉降。在岩溶发育地区,水平方向上相距很近(如1~2 m)的两点,有时土层厚度相差可达4~6 m,甚至十余米。在土层较厚的溶沟(槽)底部,往往又有软弱土存在,加剧了地基的不均匀性。此外,在一些溶洞中,存在溶洞坍塌堆积物,当在上面修筑路堤或桥墩等建筑物时,也存在上述不均匀沉降问题,特别是隧道横断面一半在基岩中,一半在溶洞中,而隧道底部高于溶洞底部时,需进行填补支护。溶洞土层的不均匀沉降常导致隧道底面倾斜和衬砌开裂。

在工程上,对不均匀沉降的处理,当土层较浅时,可挖掉大部分土层,然后打掉一定厚度的石芽,再铺以褥垫材料,也可采用换填法或灌浆法加固土层。当土层较厚时,可设桩基,使基底荷载传至基岩上。也可挖掉部分溶沟中较厚土层,将基底做成阶梯状,使相邻点可压缩层厚度使其相对一致或呈渐变状态。

二、溶洞塌陷

当建筑物(如桥梁墩台、隧道等)位于溶洞上方时,在附加荷载作用下,常因溶洞顶板厚度不足而产生洞顶坍塌陷落,有的还导致地表产生塌陷。当从溶洞中通过时,由于洞顶风化作用,有时也产生洞顶塌方。

5.4-4 岩溶塌陷威胁房屋安全

在工程上,溶洞顶板厚度是否属于安全范围应予以验算。

1. 溶洞顶板抗弯厚度验算

所需顶板安全厚度 z 为

$$z = \sqrt{\frac{qL^2}{2\sigma b}} \qquad (5-15)$$

式中:q——长边每延米均布荷载,N/m;

　　L、b——洞的长、短径,m;

　　σ——岩体弯曲应力,Pa;对石灰岩一般取抗压强度的 $0.10 \sim 0.125$。

2. 溶洞顶板抗剪厚度验算

所需顶板安全厚度 z' 为

$$F + G = u z' \tau_b \qquad (5-16)$$

式中:F——上部荷载传至顶板的竖向力,kN;

　　G——顶板岩土自重,kN;

　　u——洞体平面周长,m;

　　τ_b——顶板岩体抗剪强度,kPa,对石灰岩一般取抗压强度的 $0.06 \sim 0.13$。

3. 溶洞顶板坍落厚度验算

坍落厚度 H 为

$$H = \frac{0.5b + H_0 \tan(90° - \phi)}{f} \qquad (5-17)$$

式中:b——洞体跨度,m;

　　H_0——洞体高度,m;

　　ϕ——洞壁岩体的内摩擦角;

　　f——洞体围岩坚实因数。

坍落拱高加上上部荷载作用所需的岩体厚度才是洞顶的安全厚度。

当溶洞顶板不安全时,常用的加固方法有:灌浆、加钢垫板等方法加固顶板;扩大基础,减轻顶板单位荷载;填死溶洞或洞内做支撑等。

三、基坑和洞室涌突水

建筑物基坑或地下洞室开挖中,若挖穿了暗河、蓄水溶洞、含水高压岩溶管道、富水断层破碎带等都可能产生突然涌突水,给工程施工带来严重困难,甚至淹没坑道,造成事故。如大瑶山隧道通过斑谷坳地区石灰岩地段时,遇到断层破碎带,发生大量突水,竖井一度被淹没,造成停工。襄渝线中梁山隧道,1972 年 6 月涌水量为 26 000 t/d,10 年后增加到 54 000 t/d。此外,当开挖的洞室与地表有溶蚀管道联通,在暴雨时,也可能产生突然涌突水。当开挖遇到地下暗河时,更是如此。

在工程上,当涌水量较小时,可用注浆堵水,也可利用洞室中心沟或侧沟排水。当涌水量较大时,可用平行导坑排水,有时只能绕避。此外,还可修建截水盲沟、截水墙和截水盲洞等拦截地下水。但因岩溶地区地下水分布极不均匀,排水时还应考虑地面居民的生活环境等问题。

5.4-5 岩溶塌陷威胁铁路安全

四、岩溶渗漏

在岩溶发育地区修筑水坝时,库水常沿溶蚀裂隙、岩溶管道、溶洞、地下暗河等产生渗漏,严重时可造成水库不能蓄水。由于渗漏错综复杂,防渗工程处理难度大,所以,应慎重选址,进行详细的工程地质勘察。

五、地表土潜移

地表土潜移主要发生在溶蚀漏斗的上覆土层及溶蚀斜坡的上覆土层。在地下水侵蚀和土体自身重力作用下,土层沿基底斜坡,发生长期缓慢的移动,每年仅运动几毫米至几厘米,以致短期内无法察觉,但其长期积累效应,则可对工程建筑造成危害,如路基变形、桥墩移位等。特别是不合理的工程开挖或增加上部荷载,甚至可以导致上述地段本来稳定的土层产生潜移。

在工程上,对可能产生潜移的地区应详细勘察,工程开挖后应进行细致准确的观察测量,对产生潜移的工点,可用抗滑桩、挡土墙等进行整治,必要时应绕避。

5.4-6 溶蚀形成的危岩

§5.5　地震

5.5.1　地震的概念

在地下深处,由于某种原因导致岩层突然破裂,或滑移,或塌陷,或由于火山喷发等产生振动,并以弹性波的形式传递到地表的现象称为地震。地震发生在海底时称为海震。地震是一种特殊形式的地壳运动,发生迅速,振动剧烈,引起地表开裂、错动、隆起或沉降、喷水冒砂、山崩、滑坡等地质现象,并引起工程建筑的变形、开裂、倒塌,造成巨大的生命财产损失。地震又是一种常见地质现象,据统计,全世界每年约发生地震500万次,其中绝大多数很微弱而不为人们所感觉,人们有感觉的地震约5万次,造成破坏的约1 000次,造成很大破坏的约10多次(七级以上地震有十多次,八级以上地震有一两次)。世界上主要灾害性地震见表5-1。

5.5-1 汶川地震后的北川县城

表5-1　世界上主要灾害性地震

年	震级	位置	死亡数/人	年	震级	位置	死亡数/人
365	未知	希腊:克利特岛	50 000	1737		印度加尔各答	300 000
526	未知	叙利亚地区	250 000	1755	8.7	葡萄牙里斯本	60 000
893	未知	印度	180 000	1783		意大利	50 000
1138	未知	叙利亚	100 000	1797		厄瓜多尔	41 000
1293	未知	日本	30 000	1868		厄瓜多尔和哥伦比亚	70 000
1455	未知	意大利	40 000	1908	7.5	意大利南部	58 000
1556	未知	中国陕西关中	830 000	1915	7.5	意大利中部	32 000
1667	未知	高加索	80 000	1920	8.6	中国宁夏海源	200 000
1693		西西里	60 000	1923	8.3	日本横滨	103 000

年	震级	位置	死亡数/人	年	震级	位置	死亡数/人
1927	8.3	中国甘肃古浪	200 000	1976	7.5	危地马拉	23 000
1932	7.6	中国甘肃昌马	70 000	1978	7.7	伊朗东北部	25 000
1935	7.5	印度北部	60 000	1985	8.1	墨西哥城	95 000
1939	7.8	智利	40 000	1988	6.8	亚美尼亚	25 000
1939	7.9	土耳其埃尔津詹	23 000	1990	7.7	伊朗西北部	40 000
1960	5.8	摩洛哥阿加迪尔	12 000	1995	7.2	日本阪神	5 492
1970	7.7	秘鲁钦博特	67 000	2004	9.0	印尼苏门答腊岛	320 000
1976	7.8	中国唐山	242 000	2008	8.0	中国四川汶川	95 000

注：这里给出的死亡数据包括火灾、滑坡和海啸造成的死亡。数据主要出自 Gree 和 Shah(1984)。阪神的数据出自瑞士再保险公司的 *The Great Hanshin Earthquake:Trial,Error,Success* 一书。

世界地震主要分布在三个大地震带上，即环太平洋地震带(占发生地震 80% 以上)、地中海—中亚地震带(占发生地震 15%)、大洋中脊和大陆裂谷地震带。我国被前两种大地震带相夹，是一个多地震国家，受害之深占世界首位。我国有文字可考的地震记载已有四千年历史。自公元前 1831 年至 1977 年年底，4.75 级以上地震已记录了 3 000 多次。我国内陆地震占世界内陆地震的 70%，防震烈度 7 度以上的地区占国土面积的近 1/3。处于 6~7 度地区的百万以上人口的城市有上百个。

我国主要有 5 大地震带，即：

① 东南沿海及台湾地震带。其中台湾地震最频繁，属环太平洋地震带。

② 郯城—庐江地震带。自安徽庐江往北至山东郯城一线，并穿过渤海，经营口，与吉林舒兰、黑龙江依兰断裂带连接，是我国东部的强地震带。

③ 华北地震带。北起燕山，南经山西到渭河平原，构成"S"形地震带。

④ 横贯中国的南北向地震带。北起贺兰山、六盘山，横越秦岭，通过甘肃文县，沿岷江向南经四川盆地西缘，直达滇东地区。

⑤ 西藏—滇西地震带。属地中海—中亚地震带。

此外，还有河西走廊地震带、天山南北地震带及塔里木盆地南缘地震带等。20世纪我国发生 8 级左右地震 15 次。近 50 年来，我国平均每年发生 6 级以上地震 7次，给国民经济造成了严重损失。如 1975 年辽宁海城地震、1976 年河北唐山地震、2008 年四川汶川地震。据统计，20 世纪以来，中国因地震造成死亡的人数，占国内所有自然灾害包括洪水、山火、泥石流、滑坡等总人数的 54%。

5.5.2 地震类型及地震波

一、地震类型

地震按成因类型可分为构造地震、火山地震、陷落地震、诱发地震和人工地震五类。

1. 构造地震

由地壳运动引起的地震称为构造地震。地壳运动使组成地壳的岩层发生倾斜、褶皱、断裂、错动及大规模岩浆活动等,在此过程中因应力释放、断层错动而造成地壳震动。构造地震约占地震总数的90%左右。构造地震机制有两种流行学说,一种是弹性回跳说,一种是黏滑说。弹性回跳说认为,当地壳运动使岩体变形时,在岩体内部产生应力,当岩体内应力积累到超过岩石强度极限时,岩体发生突然破裂或错动,同时释放大量的应变能引起地震,岩体随即弹回原状。黏滑说认为,断裂面上摩擦阻力不均匀,断裂错动过程中因摩擦受阻而产生黏滞现象,同时积累应变能。当积累的应变能足以克服摩擦阻力时,断裂产生错动并回跳,同时释放大量的应变能引起地震。板块构造理论认为,地震主要发生在各板块衔接地带,洋脊受到拉张,以浅源地震为主,板块之间相互错动的俯冲带或仰冲带,则沿接触带向下,震源由浅变深。最深震源可达 720 km。如图 5-41 所示。

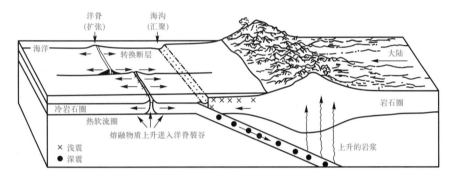

图 5-41　地震与板块运动的关系

2. 火山地震

由火山喷发引起的地震称为火山地震。这类地震强度较大,但受震范围较小,它只占地震总数的7%左右。如1972年黑龙江五大连池火山喷发引起的地震。

3. 陷落地震

由于地下岩洞或矿井顶部塌陷而引起的地震称为陷落地震。此外,将山崩、巨型滑坡等引起的地震也归入这一类。地层塌陷主要发生在石灰岩岩溶地区,岩溶溶蚀作用使溶洞不断扩大,导致上覆地层塌落、形成地震。大规模地下开采的矿区也易发生顶部塌陷形成地震。陷落地震一般地震能量小,规模小,次数也很少。此类地震只占地震总数的3%左右。

4. 诱发地震

由于水库蓄水、油田注水等活动而引发的地震称为诱发地震。这类地震仅仅在某些特定的水库库区或油田地区发生。如1967年12月10日印度科因纳水库地震,震级6.5级,造成科因纳市绝大部分砖石房屋倒塌,死177人,伤2 300人,水坝和附属建筑物受到严重损坏,被迫放空水库进行加固处理。

5. 人工地震

地下核爆炸、炸药爆破等人为引起的地面振动称为人工地震。随着人类工程活动日益加剧,人工地震也越来越引起人们关注。有的学者将诱发地震和人工地震均归为一类,统称人工地震。

二、震源、震中和地震波

地壳内部发生振动的地方称为震源。震源在地面上的垂直投影称为震中,震中可以看作地面上震动的中心,震中附近地面震动最大,叫极震区,远离震中地面震动减弱。震中到震源的距离称为震源深度。震源深度一般从几公里到 300 km 不等,最大深度可达720 km。按震源深度可将地震分为浅源地震(小于 70 km)、中源地震(70~300 km)、深源地震(大于 300 km)。地面上任何一个地方到震中的距离称为震中距。地面上地震影响程度相同地点的连线称等震线。如图 5-42 所示。

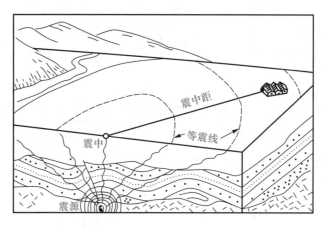

图 5-42　震源、震中和等震线

地震发生时,震源处产生剧烈振动,该振动以弹性波方式向四周传播能量,此弹性波称为地震波。

地震波在地球内部传播时,称为体波。体波到达地面,经过反射、折射而沿地面附近传播时称为面波。

体波分为纵波和横波。纵波又称压缩波或 P 波,岩土质点振动方向与波的前进方向一致,由于质点开始简谐运动的时刻先后不一,故在某一瞬间沿波传播方向形成一疏一密的分布。纵波振幅小,周期短,传播速度快,在近地表岩石中速度约为 5~6 km/s,可以在固体或液体中传播。横波又称剪切波或 S 波。岩土质点振动方向与传播方向垂直,各质点间发生周期性剪切振动,其振幅大,周期长,传播速度相对较小,在近地表岩土中速度约为 3~4 km/s。因液体能抵抗剪切变形,所以,横波不能通过液体。当岩土泊松比 $\mu = 0.22$ 时,纵波速(u_P)是横波速(u_S)的 1.67 倍,即 $u_P = 1.67 u_S$。

面波(L)是体波到达地表面时激发的次生波,限于地面运动,向地面以下迅速消失。面波有两种,一种是在地面滚动前进的瑞利波(R),质点沿平行于波传播方向的垂直平面内作椭圆运动,长轴垂直地面。另一种是在地面作蛇形运动的勒夫波(Q),质点在水平面内垂直于波传播方向作水平振动。面波传播速度比体波慢,如瑞利波是横波波速的0.9。

典型的地震波记录如图 5-43 所示。地震时,纵波总是最先到达,其次是横波,然后是面波。纵波引起地面上下颠簸,横波引起地面水平摇摆,面波则引起地面波状起伏。横波和面波振幅较大,所以造成的破坏也最大。随着与震中距离的增加,能量不断消耗,振动逐渐减弱,破坏也逐渐减小,直到消失。

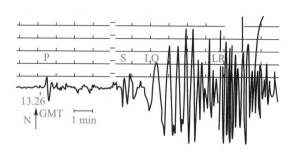

图 5-43　典型地震波记录

5.5.3　地震震级与地震烈度

一、地震震级

地震震级是表示地震本身大小程度的等级。地震大小由震源释放出来的能量多少来决定,能量越大,震级越大。地震震级与震源释放能量的关系见表 5-2。

表 5-2　地震震级与能量

地震震级	能量/J	地震震级	能量/J
1	2.00×10^6	6	6.31×10^{13}
2	6.31×10^7	7	2.00×10^{15}
3	2.00×10^9	8	6.31×10^{16}
4	6.31×10^{10}	8.5	3.55×10^{17}
5	2.00×10^{12}	8.9	1.41×10^{18}

从表中可以看出,1 级地震的能量相当于 2.00×10^6 J,震级相差一级,能量相差 32 倍,8 级地震释放出来的能量是 4 级地震的 100 万倍。一个 7 级地震相当于 30 颗两万吨级原子弹的能量。小于 2 级的地震称为微震,2~4 级的地震称为有感地震,5~6 级以上地震称为破坏性地震,7 级以上地震称为强烈地震。现有地震震级最大不超过 8.9 级。这是因为岩石强度不能积蓄超过 8.9 级地震的弹性应变能。

地震震级是根据地震仪记录的地震波振幅来测定的。一般采用里氏震级标准。按里克特-古登堡的最初定义,震级(M)是距震中 100 km 处的伍德-安德森扭力式地震仪(周期 0.8 s,阻尼比 0.8,放大倍数 2 800 倍)所记录的地震波最大振幅值的对数来表示的。振幅值以 μm 计算。如最大振幅为 10 mm,即 10 000 μm,它的对数值是 4,故震级定为 4 级。实际上,距震中 100 km 处不一定恰好有地震仪,现今也不一定都采用上述标准地震仪,现一般是根据任意震中距的任意型号地震仪的记录经修正而求得震级。目前震级均以面波震级为准。

二、地震烈度

地震烈度是指地震时地面振动的强烈程度。一次地震只有一个震级,但距震中不同的距离,地面振动的强烈程度不同,故有不同地震烈度的地震烈度区。所以,地震烈度是相对于震中某点的某一范围内平均振动水平而言的。地震烈度不仅与震级有关,还和震源深度、距震中的距离及地震波通过介质的条件(如岩石性质、地质构造、地下水埋深、地形等)有关。一般情况下,震级越高,震源越浅,距震中越近,地震烈度就越高。地震烈度随距震中的距离加大而逐渐减小,形成多个不同的地震烈度区,烈度由大到小依次分布。但因地质条件不同,可出现偏大或偏小的烈度异常区。对于浅源地震可以采用以下经验公式来表示震中烈度(I_0)与震级(M)的关系:

$$M = 0.58I_0 + 1.5 \tag{5-18}$$

地震烈度的鉴定,是根据地震后,地面的宏观破坏现象和定量指标(如地震加速度等)两方面的标准划定的。以前我国多采用中国科学院地质与地球物理研究所1956年编制的地震烈度鉴定表。

现行《中国地震烈度表》(GB/T 17742—2008)在上述地震烈度表基础上增加了水平向地震动峰值加速度和平均震害指数等定量指标,详见表5-3。

表5-3 地震烈度鉴定表

地震烈度	人的感觉	房屋震害			其他震害现象	水平向地震动参数	
		类型	震害程度	平均震害指数		峰值加速度/($m \cdot s^{-2}$)	峰值速度/($m \cdot s^{-1}$)
I	无感	—	—	—	—	—	—
II	室内个别静止中的人有感觉	—	—	—	—	—	—
III	室内少数静止中的人有感觉	—	门、窗轻微作响	—	悬挂物微动	—	—
IV	室内多数人、室外少数人有感觉,少数人梦中惊醒	—	门、窗作响	—	悬挂物明显摆动,器皿作响	—	—
V	室内绝大多数、室外多数人有感觉,多数人梦中惊醒	—	门窗、屋顶、屋架颤动作响,灰土掉落,个别房屋墙体抹灰出现细微裂缝,个别屋顶烟囱掉砖	—	悬挂物大幅晃动,不稳定器物摇动或翻倒	0.31(0.22~0.44)	0.03(0.02~0.04)

地震烈度	人的感觉	房屋震害			其他震害现象	水平向地震动参数	
		类型	震害程度	平均震害指数		峰值加速度/(m·s⁻²)	峰值速度/(m·s⁻¹)
Ⅵ	多数人站立不稳,少数人惊逃户外	A	少数中等破坏,多数轻微破坏和/或基本完好	0.00~0.11	家具和物品移动;河岸和松软土出现裂缝,饱和砂层出现喷水冒砂;个别独立砖烟囱轻微裂缝	0.63(0.45~0.89)	0.06(0.05~0.09)
		B	个别中等破坏,少数轻微破坏,多数基本完好				
		C	个别轻微破坏,大多数基本完好	0.00~0.08			
Ⅶ	大多数人惊逃户外,骑自行车的人有感觉,行驶中的汽车驾乘人员有感觉	A	少数毁坏和/或严重破坏,多数中等破坏和/或轻微破坏	0.09~0.31	物体从架子上掉落;河岸出现塌方,饱和砂层常见喷水冒砂,松软土地上地裂缝较多;大多数独立砖烟囱中等破坏	1.25(0.90~1.77)	0.13(0.10~0.18)
		B	少数中等破坏,多数轻微破坏和/或基本完好	0.09~0.31			
		C		0.07~0.22			
Ⅷ	多数人摇晃颠簸,行走困难	A	少数毁坏,多数严重和/或中等破坏	0.29~0.51	干硬土上亦出现裂缝,饱和砂层绝大多数喷水冒砂;大多数独立砖烟囱严重破坏	2.50(1.78~3.53)	0.25(0.19~0.35)
		B	个别毁坏,少数严重破坏,多数中等和/或轻微破坏				
		C	少数严重和/或中等破坏,多数轻微破坏	0.20~0.40			

地震烈度	人的感觉	房屋震害			其他震害现象	水平向地震动参数	
		类型	震害程度	平均震害指数		峰值加速度/($m \cdot s^{-2}$)	峰值速度/($m \cdot s^{-1}$)
IX	行动的人摔倒	A	多数严重破坏和/或毁坏	0.49~0.71	干硬土上多处出现裂缝，可见基岩裂缝、错动，滑坡、塌方常见；独立砖烟囱多数倒塌	5.00 (3.54~7.07)	0.50 (0.36~0.71)
		B	少数毁坏，多数严重和/或中等破坏				
		C	少数毁坏和/或严重破坏，多数中等和/或轻微破坏	0.38~0.60			
X	骑自行车的人会摔倒，处不稳状态的人会摔离原地，有抛起感	A	绝大多数毁坏	0.69~0.91	山崩和地震断裂出现，基岩上拱桥破坏；大多数独立砖烟囱从根部破坏或倒毁	10.00 (7.08~14.14)	1.00 (0.72~1.41)
		B	大多数毁坏				
		C	多数毁坏和/或严重破坏	0.58~0.80			
XI		A	绝大多数毁坏	0.89~1.00	地震断裂延续很长；大量山崩滑坡	—	—
		B					
		C		0.78~1.00			
XII		A	几乎全部毁坏	1.00	地面剧烈变化，山河改观		
		B					
		C					

注：表中给出的"峰值加速度"和"峰值速度"是参考值，括号内给出的是变动范围；参考《建筑抗震设计规范（2016 年版）》（GB 50011—2010）。

　　为了把地震烈度应用到工程实际中，地震烈度本身又分为基本烈度、建筑场地烈度和设计烈度。

　　基本烈度是指一个地区未来 100 年内，在一般场地条件下可能遇到的最大地震烈度。它是对地震危险性作出的综合性平均估计和对未来地震破坏程度的预测，目的是作为工程设计的依据和抗震标准。1957 年李善邦等编制了中国地震烈度区域划分图，1977 年国家地震局又编制和发表中国地震烈度区域划分图，1992 年国家地震局和建设部颁布了新的《中国地震烈度区划图》，图中烈度均为基本地震烈度。基本烈度大于Ⅶ度的地区为高烈度地震区。

建筑场地烈度也称小区域烈度,它是指建筑场地范围内,因地质条件、地形地貌条件、水文地质条件不同而引起基本烈度降低或提高后的烈度。通常建筑场地烈度比基本烈度提高或降低半度至一度。

设计烈度是指抗震设计中实际采用的烈度。又称设防烈度或计算烈度。它是根据建筑物的重要性、永久性、抗震性对基本烈度的适当调整。大多数一般性建筑物不需调整,基本烈度即为设计烈度。对特别重要的建筑物,如特大桥梁、长大隧道、高层建筑、水库大坝,应提高一度,并按规定上报有关部门批准。对次要建筑物,如仓库、临时建筑物等,设计烈度可降低一度。但基本烈度为Ⅵ度以上时,不降低。

5.5.4　地震对建筑物的影响

地震造成的破坏,称震害,也称地震效应。震害可分为直接震害和间接震害。直接震害指地层直接引起的人身伤亡与财产损失。财产损失中包括各种人工建筑(如房屋、桥梁、隧道、地下厂房、道路、水利工程等)和自然环境(如农田、河流、湖泊、地下水等)的破坏所造成的损失。间接震害指与地震相关的灾害和损失。如火灾、水灾(海啸、大湖波浪等)、山地灾害(滑坡、崩塌、泥石流、液化、地面塌陷、不均匀沉降、地表断裂等)、流行疾病,以及由于劳动力丧失、交通中断等引起的一系列经济损失。与建筑物有关的地震破坏又可分为震动破坏和地面破坏两个方面。

5.5-2　汶川地震都江堰某房屋垮塌

一、震动破坏对建筑物的影响

震动破坏指地震力和振动周期的破坏。地震力是指地震波传播时施加于建筑物的惯性力。随着惯性力性质不同,建筑物出现水平振动破坏、竖直振动破坏、剪切破坏等。建筑物所受地震惯性力的大小,取决于地震加速度和建筑物的质量大小。地震时质点运动在水平方向的最大加速度(a_{max}),可按下式求取:

5.5-3　汶川地震小渔洞大桥完全垮塌

$$a_{max} = \pm A \left(\frac{2}{T} \right)^2 \tag{5-19}$$

式中:A——振幅;

　　T——振动周期。

假设建筑物的重力为 G,g 为重力加速度,则建筑物所受最大水平惯性力 F 为

$$F = \frac{G}{g} a_{max} = G \frac{a_{max}}{g} = G K_H \tag{5-20}$$

5.5-4　地震导致桥梁及桥墩折断

式中:K_H——水平地震指数。

水平最大地震加速度 a_{max} 和水平地震指数 K_H 是两个重要参数,它们与地震烈度的对应值见表 5-3。

由于垂直地震加速度仅为水平地震加速度的 1/2~1/3,并且建筑物竖向安全贮备较大,所以,设计时一般只考虑水平地震力。因此,水平地震指数也称震害指数。

此外,地震对建筑物的破坏还与振动周期有关,如果建筑物的自振周期与地震振动周期相等或接近时,将发生共振,使建筑物振幅加大而破坏。地震振动时间越长,建筑物破坏也越严重。

二、地面破坏对建筑物的影响

与建筑物有关的地面破坏主要有地面断裂、斜坡破坏和地基失效。

1. 地面断裂

地面断裂指地震造成的地面断开与沿断裂面的错动。常引起断裂附近及跨越断裂的建筑物发生位移、变形、开裂、倒塌等破坏。地裂缝多产生在河、湖、水库的岸边和高陡悬崖上边,多以数条或十数条大致平行岸边或崖边排列。在平原地区松散沉积层中也多见。

2. 斜坡破坏

斜坡破坏指地震使自然山坡或人工边坡失去稳定而产生的破坏现象。如崩塌、滑坡等。大规模的崩塌、滑坡不仅可以掩埋村镇、中断交通、破坏水利工程,还可以堵河断流形成堰塞湖,甚至造成新的地震。崩塌、滑坡物质还可以与冰水、库水、暴雨等组成泥石流,对建筑物造成新的破坏。

3. 地基失效

地基失效指地基土体在地震作用下产生的振动压密、震陷、振动液化、喷水冒砂、不均匀沉降、塑性流变、地基承载力下降或丧失等造成的地基破坏和失效。从而导致建筑物破坏。

此外,海震时,海啸对港口、码头等沿海建筑也可造成巨大破坏。

§5.6　山地灾害链

5.6.1　山地灾害链的概念

目前已确定的山地灾害有 8 种类型,除崩塌、滑坡、泥石流之外,还有山洪、冰崩、雪崩、堰塞湖、水土流失。这些灾害虽同为山地特殊的自然环境在演化过程中伴生,或在演化过程中与人类活动共同作用引起的,但它们都各有独立特性。

1. 山洪

山洪发生在山区的流动快速、规模很大、暴涨暴落的沟谷或河川径流,往往含有大量泥沙。根据其重度(γ)可分为两个亚类:挟沙山洪($\gamma \leqslant 10.8$ kN·m^{-3})和高含沙山洪(10.8 kN·m$^{-3} \leqslant \gamma \leqslant 12.8$ kN·m^{-3})。挟沙山洪和高含沙山洪尽管均为牛顿流体,但后者的含沙量比前者大许多,因此二者的动力状态和对沟床与沟岸的侵蚀能力及造成的危害有明显的差异,因此在山地灾害链组合时,把二者作为相对独立的灾种。

2. 冰崩

冰崩是分布在陡急斜坡上的冰川,在重力作用下沿着冰川内部的某一剪切破裂面或脆弱面,脱离母体倾倒或滑塌、坠落的现象。冰川通常分布在高山、极高山和高纬度地区,冰崩也发生在这些地区,其中发生在高山和极高山地区的冰崩,属于山地灾害。

3. 雪崩

雪崩是分布在陡急斜坡上的积雪,在重力作用下,沿着积雪体内的某一剪切破裂面或脆弱面脱离母体而倾倒、坠落或崩塌的现象。积雪通常分布在高山与极高山和高纬度地区,雪崩便发生在这些地区。其中发生在高山和极高山地区的雪崩属于山地灾害。

5.5-5 汶川地震地表裂缝穿过公路

5.5-6 汶川地震边坡崩塌阻断交通

4. 堰塞湖(由崩塌、滑坡、泥石流形成)

大规模的崩塌、滑坡、泥石流进入河流或沟谷后,由于其体积庞大,往往形成壅塞体,阻水可形成堰塞湖。堰塞湖不仅淹没河流(沟谷)上游沿岸较低处,而且当壅塞体在湖水的作用下溃决时,其上游因退水迅速,岸坡应力快速调整,往往两岸形成数量众多、规模大小不等的崩塌和滑坡;在其下游形成规模巨大的山洪,甚至形成泥石流,对两岸造成强烈冲刷,并在河底造成严重淤积。人类工程活动也往往形成壅塞体,如弃土、尾矿库等。它们虽由人类工程活动形成,但与自然壅塞体具有相同的属性和作用。

5. 水土流失

水土流失是指土壤中的水、土和土中养分被水冲走或被风吹走的一种自然现象。这里所指的水土流失是指因山地斜坡的存在而形成的土壤中水、土、肥流失的现象,不包括风蚀,因为风蚀在平坦的大荒原也可存在。作为山地灾害之一的水土流失与其他类型的山地灾害相比,是唯一的一种不是突发性特征的山地灾害。

山地灾害链是具有灾变条件的山地环境,在致灾因素的作用下,一种山地灾害发生后,引起其他种类山地灾害也相继或滞后发生的灾变现象,通常由山洪、崩塌、滑坡、泥石流、冰崩、雪崩、堰塞湖和水土流失等灾种及其相关灾变现象构成,种类繁多,结构复杂,危害严重。山地灾害链是由多种山地灾害组成的线状或带状灾害;是山地灾害的物质、能量和信息,在特定条件下,相互传递、相互渗透、相互作用和相互转化的结果。我国是山地大国,山地灾害(链)危害十分严重,开展山地灾害链的研究不仅对山地灾害学的发展和完善具有重要的理论意义,而且对保障国民经济建设和人民生命财产安全,也具有重要的实用价值。

5.6.2 山地灾害链的类型与结构

山地灾害发育的环境复杂,致灾因素有地球的内营力、外营力和人为作用等多种。其中最常见的致灾因素有地球内营力作用的构造(造山)运动、地震,外营力作用的降水,人为作用4种。

一、构造运动致灾形成的山地灾害链

构造(造山)运动在地表形成相对高度后,位于高位的岩土体就具有较高的势能,在山高坡陡和具备激发因素的条件下,势能迅速地转化为动能,并启动岩土体形成山地灾害链的首环、次环……进而形成山地灾害链。构造(造山)运动致灾形成的山地灾害链的类型众多、结构复杂,主要有30种形式和结构(表5-4)。

表5-4 构造(造山)运动致灾的山地灾害链

序号	链首灾种	灾害链形式和结构	环数
1	崩塌	崩塌—坡面泥石流灾害链	2
2	崩塌	崩塌—沟谷泥石流灾害链	2
3	崩塌	崩塌—沟谷泥石流—挟沙山洪灾害链	3
4	崩塌	崩塌—沟谷泥石流—高含沙山洪—挟沙山洪灾害链	4
5	崩塌	崩塌—堰塞湖—堰塞湖(坝堤)溃决—沟谷泥石流—高含沙山洪—挟沙山洪灾害链	6

序号	链首灾种	灾害链形式和结构	环数
6	滑坡	滑坡—坡面泥石流灾害链	2
7	滑坡	滑坡—坡面泥石流—沟谷泥石流—挟沙山洪灾害链	4
8	滑坡	滑坡—坡面泥石流—沟谷泥石流—高含沙山洪—挟沙山洪灾害链	5
9	滑坡	滑坡—沟谷泥石流灾害链	2
10	滑坡	滑坡—沟谷泥石流—挟沙山洪灾害链	3
11	滑坡	滑坡—沟谷泥石流—高含沙山洪—挟沙山洪灾害链	4
12	滑坡	滑坡—堰塞湖—堰塞湖(坝堤)溃决—沟谷泥石流—高含沙山洪—挟沙山洪害链	6
13	崩塌+滑坡	崩塌+滑坡—堰塞湖—堰塞湖(坝堤)溃决—沟谷泥石流—高含沙山洪—挟沙山洪灾害链	6
14	坡面泥石流	坡面泥石流—挟沙山洪灾害	2
15	坡面泥石流	坡面泥石流—高含沙山洪—挟沙山洪灾害链	3
16	坡面泥石流	坡面泥石流—沟谷泥石流灾害链	2
17	坡面泥石流	坡面泥石流—沟谷泥石流—挟沙山洪灾害链	3
18	坡面泥石流	坡面泥石流—沟谷泥石流—高含沙山洪—挟沙山洪灾害链	4
19	沟谷泥石流	沟谷泥石流—挟沙山洪灾害链	2
20	沟谷泥石流	沟谷泥石流—高含沙山洪—挟沙山洪灾害链	3
21	冰崩	冰崩—沟谷泥石流—高含沙山洪—挟沙山洪灾害链	4
22	冰崩	冰崩—冰湖(坝堤)溃决—沟谷泥石流—高含沙山洪—挟沙山洪灾害链	5
23	冰崩	冰崩—冰湖(坝堤)溃决—高含沙山洪—崩塌+滑坡—沟谷泥石流—高含沙山洪—挟沙山洪灾害链	7
24	雪崩	雪崩—挟沙山洪—沟谷泥石流—高含沙山洪—挟沙山洪灾害链	5
25	雪崩	雪崩—挟沙山洪—高含沙山洪—崩塌+滑坡—沟谷泥石流—高含沙山洪—挟沙山洪灾害链	7
26	冰崩+雪崩	冰崩+雪崩—冰湖(坝堤)溃决—高含沙山洪—沟谷泥石流—高含沙山洪—挟沙山洪灾害链	6
27	冰崩+雪崩	冰崩+雪崩—冰湖(坝堤)溃决—高含沙山洪—崩塌+滑坡—沟谷泥石流—高含沙山洪—挟沙山洪灾害链	7
28	水土流失	水土流失—挟沙山洪灾害链	2
29	水土流失	水土流失—挟沙山洪—高含沙山洪—挟沙山洪灾害链	4
30	水土流失	水土流失—挟沙山洪—高含沙山洪—崩塌+滑坡—沟谷泥石流—高含沙山洪—挟沙山洪灾害链	7

二、地震致灾形成的山地灾害链

地震具有巨大的能量。发生在山区的强烈地震,常形成山地灾害链。以地震致灾的灾种为链首的山地灾害链也十分丰富,常见的有 18 种形式和结构(表 5-5)。

表 5-5　地震致灾的山地灾害链

序号	链首灾种	灾害链形式和结构	环数
31	崩塌	崩塌—坡面泥石流灾害链	2
32	崩塌	崩塌—坡面泥石流—沟谷泥石流—挟沙山洪灾害链	4
33	崩塌	崩塌—沟谷泥石流—挟沙山洪灾害链	3
34	崩塌	崩塌—沟谷泥石流—高含沙山洪—挟沙山洪灾害链	4
35	崩塌	崩塌—堰塞湖—堰塞湖(坝堤)溃决—沟谷泥石流—高含沙山洪—挟沙山洪灾害链	6
36	滑坡	滑坡—沟谷泥石流灾害链	2
37	滑坡	滑坡—沟谷泥石流—挟沙山洪灾害链	3
38	滑坡	滑坡—沟谷泥石流—高含沙山洪—挟沙山洪灾害链	4
39	滑坡	滑坡—堰塞湖—堰塞湖(坝堤)溃决—沟谷泥石流—高含沙山洪—挟沙山洪灾害链	6
40	崩塌+滑坡	崩塌+滑坡—堰塞湖—堰塞湖(坝堤)溃决—沟谷泥石流—高含沙山洪—挟沙山洪灾害链	6
41	坡面泥石流	坡面泥石流—挟沙山洪灾害链	2
42	坡面泥石流	坡面泥石流—沟谷泥石流灾害链	2
43	坡面泥石流	坡面泥石流—沟谷泥石流—挟沙山洪灾害链	3
44	坡面泥石流	坡面泥石流—沟谷泥石流—高含沙山洪—挟沙山洪灾害链	4
45	沟谷泥石流	沟谷泥石流—挟沙山洪灾害链	2
46	沟谷泥石流	沟谷泥石流—高含沙山洪—挟沙山洪灾害链	3
47	沟谷泥石流	沟谷泥石流—高含沙山洪—崩塌+滑坡—沟谷泥石流—高含沙山洪—挟沙山洪灾害链	6
48	沟谷泥石流	沟谷泥石流—堰塞湖—堰塞湖(坝堤)溃决—高含沙山洪—挟沙山洪灾害链	5

三、降水致灾形成的山地灾害链

降水,尤其是暴雨,常导致山地灾害链的形成,以降水致灾的灾种为链首的山地灾害链种类繁多,结构复杂,有 25 种形式和结构(表 5-6)。

表 5-6　降水致灾的山地灾害链

序号	链首灾种	灾害链形式和结构	环数
49	崩塌	崩塌—坡面泥石流灾害链	2
50	崩塌	崩塌—坡面泥石流—沟谷泥石流—挟沙山洪灾害链	4
51	崩塌	崩塌—坡面泥石流—沟谷泥石流—高含沙山洪—挟沙山洪灾害链	5
52	崩塌	崩塌—滑坡—沟谷泥石流—挟沙山洪灾害链	4
53	崩塌	崩塌—滑坡—沟谷泥石流—高含沙山洪—挟沙山洪灾害链	5
54	崩塌	崩塌—堰塞湖—堰塞湖（坝堤）溃决—沟谷泥石流—高含沙山洪—挟沙山洪灾害链	6
55	滑坡	滑坡—坡面泥石流灾害链	2
56	滑坡	滑坡—坡面泥石流—沟谷泥石流—挟沙山洪灾害链	4
57	滑坡	滑坡—沟谷泥石流灾害链	2
58	滑坡	滑坡—沟谷泥石流—挟沙山洪灾害链	3
59	滑坡	滑坡—沟谷泥石流—高含沙山洪—挟沙山洪灾害链	4
60	滑坡	滑坡—堰塞湖—堰塞湖（坝堤）溃决—沟谷泥石流—高含沙山洪—挟沙山洪灾害	6
61	崩塌+滑坡	崩塌+滑坡—沟谷泥石流—高含沙山洪—挟沙山洪灾害链	4
62	崩塌+滑坡	崩塌+滑坡—堰塞湖—堰塞湖（坝堤）溃决—沟谷泥石流—高含沙山洪—挟沙山洪灾害链	6
63	坡面泥石流	坡面泥石流—挟沙山洪灾害链	2
64	坡面泥石流	坡面泥石流—沟谷泥石流—挟沙山洪灾害链	3
65	坡面泥石流	坡面泥石流—沟谷泥石流—高含沙山洪—挟沙山洪灾害链	4
66	沟谷泥石流	沟谷泥石流—挟沙山洪灾害链	2
67	沟谷泥石流	沟谷泥石流—高含沙山洪—挟沙山洪灾害链	3
68	沟谷泥石流	沟谷泥石流—高含沙山洪—崩塌+滑坡—沟谷泥石流—高含沙山洪—挟沙山洪灾害链	6
69	水土流失	水土流失—挟沙山洪灾害链	2
70	水土流失	水土流失—挟沙山洪—高含沙山洪—挟沙山洪灾害链	4
71	水土流失	水土流失—挟沙山洪—高含沙山洪—崩塌+滑坡—沟谷泥石流—高含沙山洪—挟沙山洪灾害链	7
72	挟沙山洪	挟沙山洪—崩塌+滑坡—堰塞湖—堰塞湖溃决—沟谷泥石流—高含沙山洪	6
73	挟沙山洪	挟沙山洪—高含沙山洪—崩塌+滑坡—沟谷泥石流—高含沙山洪—挟沙山洪灾害链	6

四、人为作用致灾形成的山地灾害链

人类不合理的工程活动致灾形成的山地灾害链,其链首的灾种多种多样,往往为崩塌、滑坡、泥石流、山洪和人工堰塞湖坝堤溃决等,主要有 16 种灾害链类型(表 5-7)。

表 5-7 人类不合理的工程活动致灾的山地灾害链

序号	链首灾种	灾害链形式和结构	环数
74	崩塌	崩塌—坡面泥石流灾害链	2
75	崩塌	崩塌—坡面泥石流—挟沙山洪灾害链	3
76	崩塌	崩塌—沟谷泥石流灾害链	2
77	崩塌	崩塌—沟谷泥石流—挟沙山洪灾害链	3
78	崩塌	崩塌—沟谷泥石流—高含沙山洪—挟沙山洪灾害链	4
79	滑坡	滑坡—坡面泥石流灾害链	2
80	滑坡	滑坡—坡面泥石流—挟沙山洪灾害链	3
81	滑坡	滑坡—沟谷泥石流灾害链	2
82	滑坡	滑坡—沟谷泥石流—挟沙山洪灾害链	3
83	滑坡	滑坡—沟谷泥石流—高含沙山洪—挟沙山洪灾害链	4
84	崩塌+滑坡	崩塌+滑坡—沟谷泥石流—高含沙山洪—挟沙山洪灾害链	4
85	沟谷泥石流	沟谷泥石流—高含沙山洪—挟沙山洪灾害链	3
86	水库溃决	人工堰塞湖(水库坝堤)溃决—沟谷泥石流—挟沙山洪灾害链	3
87	尾矿库溃决	人工堰塞湖(尾矿库坝堤)溃决—沟谷泥石流—崩塌+滑坡—沟谷泥石流—高含沙山洪—崩塌+滑坡—沟谷泥石流—挟沙山洪灾害链	8
88	引水渠溃决	人工(引水)渠堤溃决—挟沙山洪—坡面泥石流灾害链	3
89	挟沙山洪	挟沙山洪(人工掘进掘开地下水主要通道)—沟谷泥石流—堰塞湖—堰塞湖(坝堤)溃决—高含沙山洪—挟沙山洪灾害链	6

5.6.3 山地灾害链的实例及危害

我国是山地大国,山地灾害链屡屡发生,并造成严重危害,现举例如下。

一、西藏易贡藏布的山地灾害链及其危害

2000 年 4 月 9 日,西藏自治区雅鲁藏布江支流易贡藏布左岸的扎木弄巴沟源发生冰崩,并引起巨大的山体崩滑,崩滑体以极高的速度冲入易贡藏布河谷,形成一个长、宽各约 2 500 m,高约 60 m 的壅塞体,堵断河流。河水在壅塞体上游聚集,致使水位迅速抬高 48.23 m,形成一个蓄水量高达 $2.92×10^9$ m^3 的堰塞湖。壅塞体在湖水动、静压力和扬压力作用下,于 6 月 10 日溃决。溃决初始阶段在壅塞体河段形成泥石流。随着溃口的扩大,湖内水体大量涌出,流体泥沙含量迅速减小,演化成高含沙山洪,高含沙山洪规模巨大,冲刷河谷坡脚引起崩塌、滑坡,并冲毁沿途各种设施,随后逐步演化为挟沙山洪。对这次山

地灾害链的结构和危害分析如下:

1. 灾害链的结构

① 致灾因素:重力(内营力)+冰雪融水动力(外营力)

② 灾害链构成:冰崩—崩塌+滑坡—堰塞湖—壅塞体溃决—泥石流—高含沙山洪—崩塌+滑坡—挟沙山洪灾害链。

2. 危害

(1) 破坏环境

扎木弄巴冰崩、崩塌、滑坡发生后,雪线以下沟谷两岸及山坡上的植被随崩滑体一同冲入易贡藏布河谷,造成大片森林被毁,并堵断河谷,使原有的易贡湖水位上升,湖面扩大,淹没湖岸的牧场和耕地及茶园;同时,崩滑体高速冲向易贡藏布对岸,其引起的前端气浪将河对岸山坡的树木折断(图 5-44);壅塞体溃决时,形成规模巨大的泥石流和高含沙山洪,强烈侵蚀河谷两岸和各种人工建筑物。由于水流强烈下蚀,冲刷后的河床低于原河床,使已存在近百年的美丽的易贡湖因泄水至空而消失(图 5-45);河水冲刷河岸引起的崩塌、滑坡摧毁了沿河公路。

图 5-44   扎木弄巴冰崩,崩滑体堵河堆积物及被气浪折断顶部的树木

图 5-45   易贡湖泄水至空

（2）破坏基础设施

易贡藏布壅塞体溃决后,泥石流冲毁下游 G318 线通麦大桥和 14.5 km 公路,给西藏人民的生活和经济建设带来严重危害,造成了重大的经济损失。此外,溃决洪水汇入雅鲁藏布江后,造成江水暴涨,灾害延续到江下游（布拉马普特拉河）的印度境内（平原）,导致洪水泛滥,数百万人受灾。

二、某工厂民房山地灾害链及其危害

兰州某工厂民房区位于黄土低山丘陵的边缘,1964 年雨季,该民房区泥石流沟谷上游突降暴雨,在洪水冲刷下,于两条支沟交汇处发生黄土滑坡。滑坡壅塞体堵沟,上游洪水位暴涨。壅塞体溃决后,形成灾难性黄土泥流,黄土泥流漫过截、排泥石流的排洪沟,冲向某工厂平房区,淹没了部分居民平房,造成了严重的人员伤亡事故。此山地灾害链情况如图 5-46 所示。

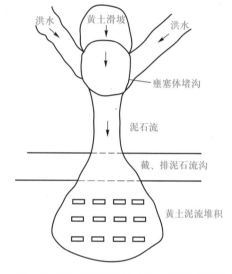

对灾害链的结构和危害分析如下:

1. 灾害链结构

① 致灾因素:大暴雨（外营力）。

② 灾害链构成:洪水—滑坡—壅塞体堵沟—壅塞体溃决—黄土泥流—漫过排洪沟—淹埋部分居民平房。

2. 危害

① 破坏了环境,漫过截排泥石流的防护工程,使防护工程失效。

② 掩埋部分居民平房,造成了严重的人员伤亡事故。

图 5-46 兰州某工厂民房区山地灾害链平面示意图

5.6.4 山地灾害链的防治途径

目前山地灾害链的研究尚处于起步阶段,关于山地灾害链防治,还没有一套较成熟的方法。但是科技工作者也探索出了一些防治方法,如孕源断链减灾法,链中易控灾种防治断链减灾法等;加之目前对山地灾害单灾种的防治研究已较深入,特别是对泥石流、滑坡、崩塌、山洪和水土流失等灾种防治研究已取得很多实效,为山地灾害链的防治研究和实践,奠定了坚实的基础。下面就山地灾害链的防治途径进行一些讨论。

一、从致灾因素探索山地灾害链的防治途径

三大致灾因素中的地球内营力作用包括构造运动、地震、火山活动。地球外营力作用包括降水、气温等。目前想大范围内通过控制或削弱地球内、外营力作用,达到防治山地灾害链的目的,显然是人力很难实现的。但是,在三大致灾因素中,人类不合理的工程活动,是唯一可以通过调控人类活动方式和强度达到防治灾害链形成的一种因素。因此人类应当充分检讨自身的活动行为,切实做到合理利用自然资源和尽可能减少不合理的工程活动,对山地灾害链防治具有重要意义。

二、从灾害链结构探索防治途径

山地灾害链的结构无论多复杂，它的链首（首环）在灾害链中都起着决定性作用。链首受致灾因素直接作用而形成，在山地灾害链的形成和治理中占举足轻重的作用。经过治理灾害链的链首，可从源头切断山地灾害链的形成。因此从治理链首探索山地灾害链的防治，意义重大。

次环在灾害链中也起重要作用，在治理首环的基础上，对次环也进行治理，这就更加强了从源头切断山地灾害链的形成。

三、从综合治理的角度探索山地灾害链的防治途径

从综合治理的角度探索山地灾害链的防治途径，就是在全面分析山地灾害链的形成环境、致灾原因、结构特征、相互关系和薄弱环节等因素的基础上，探索采取综合措施对山地灾害进行防治的途径。

对于由两环构成的难防治山地灾害链，其链首和次环均为难防治山地灾害灾种，难于通过链首或次环的独立防治来达到减小灾害链的规模和控制灾害链的危害的目的，必须进行综合防治。首先通过对链首的预防，如减少供给山地灾害形成的物质和能量，削弱链首灾害的活动强度等；在链首灾害活动强度得到削弱的条件下，再对次环灾害进行防治，以进一步缩小灾害的规模和强度，达到控制灾害危害的目的。削弱链首、治理次环，这就是对由两环组成的难防治山地灾害链的综合防治途径。

对于由三环及多于三环构成的难防治的山地灾害链，与二环链相比，虽同为难防治山地灾害链，但前者由于环数较多，选择余地稍大，因此防治难度稍小。通常可通过一定的防治措施对链首灾害进行控制，使其不再扩展或恶化；通过一定的防治措施削弱次环灾害的规模和活动强度；在链首灾害得到控制，次环灾害的规模和活动强度得到削弱的条件下，再对三环灾害进行防治；通过防治，对由三环构成的灾害链，要达到进一步缩小灾害的规模和控制灾害危害的目的；对三环以上灾害链而言，除要达到进一步缩小灾害的规模和控制灾害的危害外，还要达到断链的目的。

5.7-1　第5章不良地质现象及防治知识点

5.7-2　第5章自测题

思 考 题

1. 崩塌的定义及形成条件是什么？崩塌的主要类型及防治措施有哪些？
2. 滑坡的定义及形态特征是什么？滑坡按组成物质分类和主要防治措施有哪些？
3. 泥石流的定义及形成条件是什么？泥石流的主要类型、防治措施和选线原则有哪些？
4. 岩溶的定义及形成条件是什么？岩溶发育规律及防治措施有哪些？
5. 地震震级及地震烈度的含义是什么？地震烈度的影响因素有哪些？场地烈度如何确定？
6. 何为山地灾害链，其致灾因素有哪些？如何防治山地灾害链？

第 6 章

地下工程地质问题

在岩(土)体内,为各种目的经人工形成的地下建筑物称为地下工程,其中经人工开凿形成的地下空间称为地下洞室,包括各种地下厂房及隧道等。

随着科学技术的进步和建设事业的发展,大型工业、企业和市政设施的地下工程系统日益增多,在水利电力、交通运输、矿山开采、城市建设及军事工程等方面出现了大量的、规模巨大的地下工程。例如,长度分别为 53.85 km 和 50.50 km 的日本青函海底隧道及英-法海底隧道已在 20 世纪末建成通车,再次横穿阿尔卑斯山的长达 36 km 和 57 km 的瑞士勒其山隧道和哥特哈德隧道也已相继完成,1979 年西班牙和摩洛哥共同批准的连接欧洲和非洲两个大陆、全长 39 km 的直布罗陀海底隧道已于 2010 年开工建设,预计 2025 年建成。

6.0-1 地下工程概念

6.0-2 隧道施工

20 世纪 50 年代以来,是中国地下工程大发展的时代。例如,二滩水电站地下厂房跨度 25.50 m、高度 65.38 m、长度 280.29 m,为目前我国最大的地下发电厂房。已建成投入运营的西秦岭隧道长达 28.236 km,太行山隧道长达 27.839 km,新关角隧道长达 32.690 km。在建的高黎贡山隧道长达 34.538 km,芒康山隧道长达 30.675 km。还有拟建的青藏铁路易贡隧道长达 42.486 km,色季拉山隧道长达 38.014 km,果拉山隧道长达 34.200 km,德达隧道 33.350 km,拉月隧道长达 31.090 km,渤海海峡海底隧道长达 123 km。基本完成的南水北调工程、正在建设的白鹤滩特大型水电站、正在论证的渤海海峡海底隧道、琼州海峡海底隧道工程等,使我国地下工程正在走向各国的前列。正如工程院院士钱七虎在 1996 年 11 月中国工程院环境委员会成立大会上指出的那样,在土木工程界,19 世纪是桥的世纪,20 世纪是高层建筑的世纪,而 21 世纪应该是地下洞室开发利用的世纪。

地下工程是与地质条件关系密切的工程建筑。地下工程位于地表下一定深度,修建在各种不同地质条件的岩(土)体中,所遇到的工程地质问题十分复杂。从工程实践来看,地下工程的工程地质问题是围绕着工程岩(土)体的稳定而出现的。因此,研究地下工程围岩稳定性的主要影响因素,如岩体的物理力学性质、结构状态和结构面特征、地应力、含水状况、有害气体等,预测可能发生的地质灾害,并采取相应的防治措施,是地下工程建设中非常重要的一个环节。本章主要介绍岩体、岩体结构和地应力的概念,以及地下洞室变形及破坏类型、地下洞室常见特殊地质问题、围岩分级及其应用等方面内容。

§6.1 岩体及地应力的概念

6.1.1 岩体的概念

一、岩体

从地质观点出发,岩体通常是指在地质历史时期由各种岩石块体自然组合而成的"岩石结构物",具有不连续性、非均质性和各向异性的特点,见图 6-1。从工程观点出发,将位于工程建筑物应力影响范围内的那部分岩体叫作工程岩体,有时也简称岩体。岩石是矿物的自然集合体,是相对完整的块体。岩体是岩石块体的自然组合体,岩体中各个岩块被不连续界面所分割,这些不连续界面被称为岩体的结构面,岩石块体被称为岩体的结构体,结构面与结构体的组合称为岩体。按工程性质,又可把岩体分为地基岩体、边坡岩体和洞室岩体等。本章主要介绍洞室岩体。

图 6-1   峨眉山龙门洞边坡岩体

岩石工程性质主要取决于组成它的矿物成分、结构和构造。岩体工程性质不仅取决于组成它的岩石,更重要的是取决于它所含结构面的性质。

二、结构面

结构面是指岩体中的不连续界面,通常没有或只有较低的抗拉强度。结构面主要指岩体中的各种破裂面、夹层、充填矿脉等。如岩层层面、层理、片理、软弱夹层、节理、断层、不整合接触界面等。按成因结构面可分为原生结构面、构造结构面和次生结构面。

1. 原生结构面

指岩石形成过程中产生的结构面。又可分为沉积结构面、火成结构面和变质结构面。

沉积结构面:指沉积岩形成时产生的结构面,如层理、层面、软弱夹层等。

火成结构面:指岩浆岩形成时产生的结构面,如冷缩节理、侵入岩的流线、流面、侵入接触面等。

变质结构面:指变质岩形成时产生的结构面,如片理。

2. 构造结构面

指地壳运动引起岩石变形破坏形成的破裂面,如构造节理、劈理、断层等。

3. 次生结构面

指地表浅层因风化、卸荷、爆破、溶蚀等作用形成的不连续界面,如风化节理、卸荷节理、爆破节理、溶蚀节理、泥化夹层、不整合接触面等。

一般情况下,结构面在岩体中是力学强度相对薄弱部位。因此,岩体的力学性质及岩体的稳定性,很大程度上取决于岩体中结构面的工程性质。

结构面工程性质的影响因素主要有结构面的类型、组数、密度、产状、结构面粗糙度和结构面壁强度、结构面长度、张开度、充填物性质及厚度、含水情况,以及结构面与临空面的关系。

三、结构体

岩体中被结构面切割而产生的单个岩石块体叫结构体。结构体的大小和形状受结构面组数、密度、产状、长度等影响。结构体可以形成各种形状,常见的有立方体、四面体、菱面体、柱状、板状、楔状等,见图 6-2。

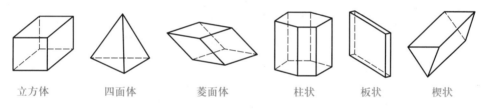

立方体　　　四面体　　　菱面体　　　柱状　　　板状　　　楔状

图 6-2　结构体形状

6.1.2　岩体结构的概念

岩体中结构面与结构体的组合关系称为岩体结构,结构面与结构体的组合形式称为岩体结构类型,见表 6-1。

表 6-1　岩体结构类型

岩体结构类型	岩体地质类型	结构体形状	结构面发育情况	岩土工程特征	可能发生的岩土工程问题
整体状结构	巨块状岩浆岩和变质岩,巨厚层沉积岩	巨块状	以层面和原生、构造节理为主,多呈闭合型,间距大于1.5 m,一般为1~2组,无危险结构	岩体稳定,可视为均质弹性各向同性体	局部滑动或坍塌,深埋洞室的岩爆

续表

岩体结构类型	岩体地质类型	结构体形状	结构面发育情况	岩土工程特征	可能发生的岩土工程问题
块状结构	厚层状沉积岩,块状岩浆岩和变质岩	块状柱状	有少量贯穿性节理裂隙,结构面间距 0.7~1.5 m,一般为 2~3 组,有少量分离体	结构面互相牵制,岩体基本稳定,接近弹性各向同性体	局部滑动或坍塌,深埋洞室的岩爆
层状结构	多韵律薄层、中厚层状沉积岩,副变质岩	层状板状	有层理、片理、节理,常有层间错动	变形和强度受层面控制,可视为各向异性弹塑性体,稳定性较差	可沿结构面滑塌,软岩可产生塑性变形
碎裂状结构	构造影响严重的破碎岩层	碎块状	断层、节理、片理、层理发育,结构面间距 0.25~0.50 m,一般在 3 组以上,有许多分离体	整体强度很低,并受软弱结构面控制,呈弹塑性体,稳定性很差	易发生规模较大的岩体失稳,地下水加剧失稳
散体状结构	断层破碎带、强风化及全风化带	碎屑状	构造和风化裂隙密集,结构面错综复杂,多充填黏性土,形成无序小块和碎屑	完整性遭极大破坏,稳定性极差,接近松散体介质	易发生规模较大的岩体失稳,地下水加剧失稳

　　注:引自《岩土工程勘察规范(2009 年版)》(GB 50021—2001)。

　　不同结构类型岩体的力学性质有明显差别。由于不同岩体结构类型具有不同的工程地质及水文地质特征,其岩体变形与破坏机制、应力传播规律、地下水渗透性等都各不相同,导致其变形和强度也各不相同。

　　一般情况下,硬岩岩体主要为脆性破坏,软岩岩体主要为塑性破坏,硬岩岩体破坏强度大大高于软岩岩体。通常,在硬岩岩体中,结构面力学强度大大低于结构体力学强度,因此,硬岩岩体的变形破坏首先是沿结构面的变形破坏,岩体工程性质主要取决于结构面的工程性质,见图 6-3。在软岩岩体中,因结构体力学强度较低,有时与结构面强度相差无几,甚至低于结构面强度,所以软岩岩体的工程性质常常取决于结构体的工程性质。

6.1-1　岩体结构类型

图 6-3　硬岩中结构面对岩体稳定的控制

　　岩体变形的另一个显著特点是各向异性。当结构面发育时,受结构面控制的岩体各方向上的变形和强度有较大区别。通常垂直结构面方向的变形大于平行结构面方向的变形,垂直结构面方向的变形模量 $E_\perp$ 小于平行结构面方向的变形模量 $E_{//}$,垂直结构面方向的抗压强度 $\sigma_\perp$ 大于平行结构面方向的抗压强度 $\sigma_{//}$。

　　岩体结构分类仅为第一级分类,在此基础上,还必须进一步研究不同结构类型岩体的变形和强度特征,结合不同工程类型,对岩体质量进行定量化综合评价和岩体工程分级(见后叙围岩工程分级及其应用),才能实际应用在工程设计和施工中。

6.1.3　地应力的概念

　　地应力一般是指地壳岩体处在未经人为扰动的天然状态下所具有的内应力,也称为初始应力或天然应力。由于工程开挖,使一定范围内岩体中的应力受到扰动而重新分布,称为二次重分布应力。在地下工程中,洞室周围地应力变化范围内的岩体称为围岩,围岩中的二次重分布应力称为围岩应力。

　　岩体是天然状态下长期地质作用的产物,岩体中地应力场是各种不同时期、不同成因应力场叠加的结果。地应力包括岩体自重应力、地质构造应力、地下水压力及由于地温、矿物结晶、岩浆侵入、变质等作用引起的应力。一般情况下,地应力主要是指构造应力和自重应力。从实测地应力结果中减去岩体自重应力,便可用来评价地质构造应力。构造应力多出现在新构造运动比较强烈的地区。根据国内外实测地应力资料,最大测深已超过 3 km。

　　地应力的概念最早由瑞士地质学家海姆(A.Heim)在 1912 年提出,并假定地应力是一种静水应力状态,即地壳中任意一点的应力在各个方向上均相等,且等于单位面积上覆岩层的重量。

　　1926 年,苏联学者金尼克(A.H.InHHnK)修正了海姆的静水压力假设,认为地壳中各点的垂直应力 σ_V 等于上覆岩层的重量,见下式:

$$\sigma_V = \gamma H \tag{6-1}$$

侧向应力(水平应力)σ_H 是泊松效应的结果,其值应为垂直应力乘以侧压力系数,见下式：

$$\sigma_H = \lambda \sigma_V \qquad (6-2)$$

根据弹性力学理论，得出侧压力系数，见下式：

$$\lambda = \frac{\mu}{1+\mu} \qquad (6-3)$$

式中，γ 为上覆岩体比重，H 为测试深度。λ 为侧压力系数，μ 为泊松比。

20 世纪 50 年代，哈斯特（N.Hast）发现存在于地壳上部的最大主应力几乎处处是水平或接近水平的，而且最大水平主应力一般为垂直应力的 1~2 倍，甚至更多。

从实测地应力资料分析，地应力基本规律可归纳如下：

① 地应力主要由自重应力和构造应力组成。地应力可分为垂直地应力和水平地应力，水平地应力又可分为最大水平地应力和最小水平地应力。水平地应力与垂直地应力的比值称为地应力侧压力系数，该系数取值区间为 0.5~5.5。

② 在地壳浅部，地应力的垂直分量 σ_V 接近于岩体自重应力，地应力的水平分量 σ_H 大于垂直分量 σ_V。

③ 在地壳深部，如 1 km 以下，两者渐趋一致，甚至 σ_V 大于 σ_H。

④ 水平分量 σ_H 存在各向异性。中国华北地区实测结果表明 $\sigma_{Hmin}/\sigma_{Hmax} = 0.19 \sim 0.27$ 的占 17%，$0.43 \sim 0.64$ 的占 60%，$0.66 \sim 0.78$ 的约占 20%。

⑤ 最大主应力在平坦地区或深部受构造方向控制，而在山区则和地形有关，在浅层往往平行于山坡方向。

⑥ 由于多数岩体都经历过多次地质构造运动，组成岩石的各种矿物的物理力学性质也不相同，因而地应力中的一部分以"封闭"或"冻结"状态存在于岩石中。

在岩土工程，特别是地下工程建设中，地应力有十分重要的意义。在高地应力地区修隧道及其他地下洞室时，常遇到完整硬岩中的岩爆现象和软岩中的大变形现象，给工程施工带来危害。

地应力的获取方法详见《工程岩体试验方法标准》（GB/T 50266—2013）。

§6.2   洞室围岩变形及破坏的主要类型

隧道及其他地下工程围岩的稳定性，是多种因素作用的综合效应，其稳定性影响因素主要包括：岩石及岩体的物理力学性质、岩体结构特征、结构面性状、含水状况、地应力状态等地质因素，以及工程类型、工程尺寸及施工方法等工程因素。下面主要介绍围岩应力变化规律和几种常见的洞室围岩变形破坏类型。

6.2.1   围岩应力的变化规律

地下洞室开挖后，破坏了岩体中原有地应力平衡状态，岩体内各质点在弹性应变能作用下，力图沿最短距离向消除了阻力的临空面方向移动，直到达到新的平衡，这种位移现象叫做卸荷回弹。随着岩体质点的位移，岩体内一些方向由原来的紧密状态发生松弛，另一些方向反而挤压程度更大，岩体中应力的大小和主应力方向也随之发生变化，并产生局部应力集中。这种岩体应力变化，一般发生在地下洞室横剖面最大半径的 5~6 倍范围内。在此范围以外,岩体基本处于原来的天然应力状态。

洞壁岩体向临空面方向位移,一方面在洞壁因挤压形成切向应力集中,另一方面在靠近洞壁的岩体中形成塑性松动圈(又叫塑性区)。在塑性松动圈外侧,径向应力逐步回升,形成应力升高区(又叫弹性区)。在应力升高区以外,应力状态仍保持天然应力状态。因此,洞室开挖的结果是在洞壁形成切向应力集中,在周围岩体中形成三个应力分布区,即应力降低区(指塑性松动圈中径向应力较低),应力升高区和天然应力区。塑性圈的范围,一般认为与岩石强度、岩体结构类型、天然应力高低、洞室开挖大小和形态有密切关系。在岩性软弱、结构面发育的岩体或天然应力较高的岩体中,塑性圈的范围比较大;反之,则范围较小,甚至不发生塑性变形。此外,塑性圈的范围还与支护(衬砌)的反力大小有关,支护早或反力大,围岩的塑性变形受限制,因而塑性展开的范围就小。

洞室围岩应力变化规律主要随洞室形状和侧压力系数(λ)而变化。

当 $\lambda = 1$ 时,圆形洞室洞壁的切向应力最大,向山体内逐渐变小;径向应力在洞壁为零,向山内逐渐变大。应力在 5~6 倍洞半径时逐步恢复到天然应力水平,见图6-4。

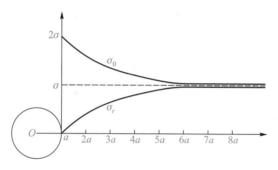

图6-4　$\lambda = 1$ 时圆形洞室的围岩应力分布曲线

当 $\lambda \neq 1$ 时,圆形洞室及其他形状的洞室在洞壁不同部位均出现不同的压应力集中区和拉应力集中区。如直墙圆拱形洞室,当侧压力系数较低时,拉应力主要出现在拱顶和洞底,并且洞底的拉应力常大于拱顶的拉应力;压应力主要出现在拱脚和边墙中部,并且边墙中部压应力最大。当侧压力系数较高时,拱顶和洞底则由拉应力转为压应力,拱顶压应力大于洞底压应力并逐步接近于拱脚压应力;边墙中部压应力也增加,并仍为最大压应力区。见图6-5。

6.2-1-1
围岩应力分布区

6.2-1-2
隧道受力变形破坏特点

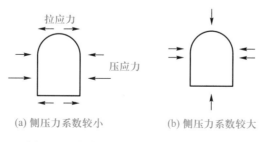

(a) 侧压力系数较小　　　(b) 侧压力系数较大

图6-5　直墙圆拱形洞室的围岩应力规律

洞室围岩中的岩体结构特征也对围岩应力起控制作用。结构面的存在使岩体成为不连续介质,不能承受和传递较大的切应力和拉应力。结构面的产状与洞室受力方向的不同,将产生三种不同的结果:

① 结构面与洞室受力方向的夹角大于 60°或垂直时,洞壁与结构面垂直相交的部位产生最大切向应力。

② 结构面与洞室受力方向的夹角小于 30°或平行时,洞壁与结构面相切的部位产生最大切向应力;当结构面的走向与洞室受力方向平行时,洞顶(底)的切向应力成为最大主应力而径向应力变得弯斜。

③ 结构面与洞室受力方向斜交成 45°角时,洞壁与结构面相切及垂直的部位产生相等的最大切向应力。

6.2.2　洞室围岩变形和破坏的主要类型

一、岩质围岩变形和破坏的主要类型

岩质围岩的变形和破坏类型主要有错动松弛、剪切滑移、张裂塌落、劈裂剥落、弯折内鼓、岩爆、大变形、膨胀内鼓等。

1. 错动松弛

6.2-2　围岩错动松弛

在多组结构面发育的硬岩岩体,当洞室开挖后,如果围岩应力超过围岩的屈服强度,围岩就会沿已有的多组节理发生剪切错动而松弛,在洞室周边的围岩中形成一个松动圈,称为错动松弛。这类松动圈本身是不稳定的,当有地下水活动参与时,极易导致拱顶坍塌和边墙失稳。松动圈的厚度会随时间的推移而逐步增大。因此,该类围岩开挖后应及时支护加固。

2. 剪切滑移

6.2-3　围岩剪切滑移

厚层状或块状结构的硬岩围岩,当有陡倾洞内的大型结构面(如小断层、大型节理、岩层面)存在时,在结构面控制下主要以沿结构面向洞内剪切滑移为主。

当侧压力系数 $\lambda > 1$ 时,洞室拱顶压应力集中程度较高,此时拱顶若有倾向洞内的大型结构面存在(见图 6-6),集中应力将在结构面上分解形成平行结构面的较大剪应力分量,沿结构面作用的剪应力分量往往会超过结构面抗剪强度,引起岩体沿结构面剪切滑移。这种滑移还会引起次生拉应力(大体垂直于图 6-6 中的锯齿线),从而使结构面与锯齿线间的三角区岩体因滑移拉裂而冒落。

当侧压力系数 $\lambda < 1$ 时,洞室边墙上压应力集中程度较高,此时边墙若有倾向洞内的大型结构面存在,集中应力亦将在结构面上分解形成平行结构面的较大剪应力分量,使结构面上剪应力超过其抗剪强度,围岩沿结构面发生剪切滑移,造成边墙失稳。

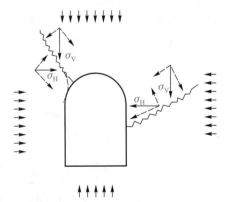

图 6-6　沿大型结构面剪切滑移和次生拉裂引起的围岩破坏

此外,厚层状或块状结构的软岩岩体,当围岩表层压应力集中时,有时也会沿两组密集共轭节理面发生剪切错动,造成拱顶坍塌或边墙失稳。

3. 张裂塌落

在厚层状或块状围岩的洞室拱顶部位,当产生拉应力集中,其值超过围岩抗拉强度时,拱顶围岩将发生竖直张裂破坏。尤其是当垂直节理发育时(如水平岩层),拱顶张拉裂缝易沿垂直节理发展,使被裂缝切割的岩体在自重作用下变得不稳定,常常造成拱顶塌落。

6.2-4 围岩张裂塌落

傍河隧洞或越岭隧洞进出口段,常因山体侧向卸荷影响,岩体内侧压力系数较低,加之这些地段节理通常发育,所以,拱顶经常发生严重张裂塌落,有时甚至一直塌到地表。故这类地区,隧洞应尽量避开卸荷严重影响带。

4. 劈裂剥落

过大的切向压应力可使厚层或块体状围岩表部发生平行洞室周边的破裂。一些平行破裂将围岩切割成几厘米到十几厘米厚的薄板,这些薄板常沿洞壁面剥落,其破裂范围一般不超过洞室的半径,见图6-7。当切向压应力大于劈裂岩板的抗弯强度时,这些劈裂岩板还可能被压弯、折断,并造成塌方。

6.2-5-1 围岩劈裂剥落

5. 弯折内鼓

在薄层脆性围岩中,当岩层平行洞轴时,岩体变形、破坏主要表现为层状岩层以弯折内鼓的方式破坏。破坏成因有两种,一是卸荷回弹,二是切向压应力超过薄层岩层的抗弯强度所造成的。

6.2-5-2 围岩劈裂剥落

在卸荷回弹造成的破坏中,破坏主要发生在地应力较高的岩体内(如深埋洞室或水平应力高的洞室),并且总是与岩体内初始最大应力垂直相交的洞壁上表现最强烈。故当薄层状岩层与初始最大应力近于垂直时,洞室开挖后,就会在回弹应力作用下发生如图6-8所示的弯折内鼓、甚至折断,最终挤入洞内而坍塌。如垂直应力为主时,水平岩层在洞顶易产生弯折。水平应力为主时,竖直岩层在洞壁易产生弯折。

当洞室侧壁有平行洞室的断层通过时,将加强洞壁与断层之间薄层岩体内的应力集中,从而更易产生弯折内鼓。

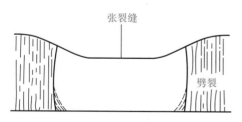

图6-7 矿坑围岩的劈裂剥落
(据 R.C.巴松斯,1971)

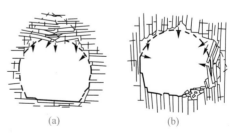

图6-8 走向平行于洞轴的薄层状围岩的弯折内鼓破坏

6. 岩爆

岩爆是高地应力区修建在比较完整的脆性岩中的隧道及其他地下工程中常见的一

种地质灾害。在高地应力区地下洞室开挖中,围岩在局部集中应力作用下,当应力超过岩体强度时,造成岩石脆性破坏,由于围岩完整性好、性脆、地应力高,导致围岩中弹性应变能突然猛烈释放,致使大小不等的岩块弹射或抛落的现象称为岩爆。弹射或抛出的岩体小者几立方厘米,大者可达几十吨。岩爆发生时,常伴有入耳可闻的爆裂声。发现岩爆虽已有 200 多年历史,但在 20 世纪 50 年代以后才逐渐认清了岩爆的本质和发生条件。

轻微的岩爆仅使岩片剥落,无弹射现象,无伤亡危险。严重的岩爆可将几吨重的岩块弹射到几十米以外,释放的能量可相当于 200 多吨 TNT 炸药。岩爆可造成地下工程严重破坏和人员伤亡。严重的岩爆像小地震一样,可在 100 多公里外测到,现测到的最大震级为里氏 4.6 级。川藏铁路桑珠岭隧道,全长 16.449 km,最大埋深 1 347 m,施工中 9.5 km 内共发生 16 000 多次岩爆。岩爆发生时伴随岩块弹射、抛射现象,岩块弹射最大距离达 25 m,严重危及施工安全。

岩爆有如下一些特点:

① 岩爆是岩石内部积聚的弹性应变能突然释放的结果,高地应力区的完整硬岩最易出现岩爆。软岩因弹性应变还不太大时,便产生塑性变形,故不能形成岩爆。

② 岩爆发生时,常伴有声音,有的岩爆虽然耳不闻其声响,但通过埋入岩石内或与岩石面耦合的声接收器,仍可发现有声发射现象。

③ 岩爆的发生有一个过程,通常可分为三个阶段,即启裂阶段、应力调整阶段和岩爆阶段。即高应力先在岩石内形成很多单个微裂隙,微裂隙再贯通形成张性裂隙丛,裂隙丛再扩展造成较大裂隙,应力逐步集中至未开裂处,由于应力调整使集中应力大大超过岩石强度,岩石发生突然断裂并被剩余应力抛射而出,发生岩爆,故岩爆一般发生在开挖掌子面后方一段距离内。岩爆活动过程可能较短,如在距离开挖掌子面 1 倍洞径处,可能在 24 h 内活动频繁。但有时在开挖爆破扰动下,岩爆可能断断续续,持续 1~2 月,或者更长。

④ 岩爆分级。岩爆发生的临界深度约为 200 m,埋深越大时发生岩爆可能性越大。陶振宇根据 Barton、Russenes、Turchaninov 等人分类,并结合国内工程经验提出岩爆分级,见表 6-2。另外,亦有学者将岩爆分为四级,如谭以安将岩爆分为弱岩爆(Ⅰ)、中等岩爆(Ⅱ)、强烈岩爆(Ⅲ)、激烈岩爆(Ⅳ)。

表 6-2 岩 爆 分 级

岩爆分级	F_{r}/σ_{1}	说 明
Ⅰ	>14.5	无岩爆发生,也无声发射现象
Ⅱ	14.5~5.5	低岩爆活动,有轻微声发射现象
Ⅲ	5.5~2.3	中等岩爆活动,有较强的爆裂声
Ⅳ	<2.5	高岩爆活动,有很强的爆裂声

注:F_{r}—岩石单轴抗压强度;σ_{1}—地应力的最大主应力。

施工过程中主要采用超前钻孔、超前支撑及紧跟衬砌、喷雾洒水或钻孔压水等方法防治岩爆。锚栓-钢丝网-喷混凝土支护也可收到较好效果。如桑珠岭隧道施工采用涨壳式锚杆锁住岩体、高压洒水降低岩面温度、释放应力等措施防治岩爆。

7. 大变形

洞室开挖后,当围岩应力超过软岩岩体的屈服强度时,软岩出现塑性变形,当变形量过大时称为大变形。变形物质会沿最大应力梯度方向向消除了阻力的自由空间发展,导致隧道设计净空不足,当变形过大时常产生坍塌或地面隆起。在软、硬岩体相间时,软弱岩体的塑性变形还受岩体产出条件和洞室开挖所在部位控制。洞室围岩大变形常常出现在高地应力地区,产生塑性变形的围岩主要有固结程度较低的泥质粉砂岩、泥岩、页岩、泥灰岩等软弱岩体。此外,有一定胶结程度的散体结构围岩(如有胶结的断层破碎带)、节理密集发育的硬岩围岩也存在塑性变形的问题。通常,塑性变形的发展都有一个时间过程,一般要几周至几月后才达到稳定。

6.2-6-1 隧道侧向挤压破坏

6.2-6-2 围岩塑性挤出的条件

8. 膨胀内鼓

洞室开挖后,由于围岩松动圈的存在,形成围岩低应力区,地下水往往由围岩高应力区向围岩低应力区转移,当围岩内含大量膨胀矿物时,易于吸水膨胀的岩体(如膨胀岩)发生强烈的膨胀并导致围岩内鼓变形。常造成洞室设计空间不足,围岩表部膨胀开裂。随着风化加深,围岩甚至可以解体。除地下水的作用外,这类岩体开挖后也会从空气中吸收水分而自身膨胀。

6.2-7 围岩膨胀内鼓

遇水后易于膨胀的岩石主要有两类,一类是富含蒙脱石、伊犁石的黏土岩类;另一类是富含硬石膏的地层。隧道围岩中若遇到遇水体积增加 2.9% 的岩石,就会给开挖造成困难。而有些富含蒙脱石的岩体,遇水后体积可增加到 14%~25%。据挪威对水工隧洞的调查,有 70% 的隧洞衬砌开裂和破坏均与此有关。与软弱围岩在高地应力作用下产生塑性变形相比,围岩吸水膨胀是一个更为缓慢的过程,往往需要相当长的时间才能达到稳定。

二、松散围岩变形和破坏的主要类型

松散围岩指具有散体结构的围岩,如断层破碎带、风化破碎带、节理极其发育岩体、第四纪松散沉积物等。其变形与破坏主要是在二次应力和地下水作用下发生。主要类型有重力坍塌和塑流涌出。

1. 重力坍塌

在松散岩体中开挖洞室,因岩体固结程度差或没有固结,并且大多数松散岩体地下水含量较高,导致块体间联结力很弱或没有联结力,开挖后岩块在重力作用下自由坍落,形成较高的坍塌拱,有时甚至可以塌通地表。必须采用边挖边砌或超前支护或预加固(如预先注浆)的办法,方可进行施工,完工后还应对衬砌背后与围岩的间隙进行注浆加固。

6.2-8-1 围岩塑流涌出

2. 塑流涌出

当开挖揭穿饱水断层破碎带内的松散物质时,在压力下松散物质和水常形成泥浆碎屑流突然涌入洞中(有的学者称为洞内泥石流),有时甚至可以堵塞洞室,给施工造成很大困难。

6.2-8-2 围岩塑流涌出

§6.3 地下洞室特殊地质问题

除前述围岩变形、破坏等地质问题外,地下洞室开挖中还经常遇到突水突泥、腐蚀、地温、瓦斯等特殊地质问题。

6.3.1 突水突泥

6.3-1-1
隧道突水
突泥

6.3-1-2
野三关隧道
出口泄水支
洞突水

6.3-1-3
马鹿箐隧道
出口泄水支
洞突水

6.3-1-4
隧道突水

6.3-1-5
测试突泥
深度

突水突泥是指隧道开挖过程中,突然产生大量的水或泥沙涌入隧道的现象。在富水的岩体中开挖洞室,开挖中遇到相互贯通又富含水的节理裂隙带、蓄水洞穴、地下暗河、富水岩腔、富水断层破碎带等,就会产生大量的地下水突入洞室内;已开挖的洞室,如有与地面贯通的导水通道,当遇暴雨、山洪等突发性水源时,也可造成地下洞室大量突水。施工时如排水不及时,积水严重时会影响工程作业,甚至可以淹没洞室,还可造成人员伤亡。大瑶山隧道通过斑谷坳地区石灰岩地段时,遇到断层破碎带,发生大量突水,竖井一度被淹,不得不停工处理。当一些围岩洞穴中有大量淤泥充填,并且所受地应力较高时,开挖时易产生大量突泥,可掩埋隧道,影响施工和造成人员伤亡。如渝怀铁路圆梁山隧道施工中,开挖至石灰岩向斜核部时,原向斜空腔内充填的淤泥突然挤破掌子面产生大量突泥,掩埋隧道两百多米,造成人员伤亡。因此,在勘察设计阶段,正确预测洞室突水突泥是十分重要的问题。

地下洞室中,地下水的影响可归纳为以下几个方面:

① 以静水压力的形式作用于洞室衬砌。

② 使岩石和结构面软化,使其强度降低。

③ 促使围岩中的软弱夹层泥化,减少层间阻力,造成岩体易于滑动。

④ 石膏、岩盐及某些以蒙脱石为主的黏土岩类,在地下水的作用下将易发生剧烈的溶解或膨胀。随着膨胀的产生,将会出现附加的山岩压力。

⑤ 碎颗粒含水层由于大量地下水的流出,在动水压力作用下,易出现渗透变形或碎屑流。

⑥ 如地下水的化学成分中含有害化学成分(如硫酸、侵蚀性二氧化碳、硫化氢、亚硫酸)时,将对衬砌产生侵蚀作用。

⑦ 最为不利的影响是发生突然的大量突水突泥。这种突然的突水突泥常造成停工和人身伤亡事故。

造成地下洞室大量突水的条件是:① 洞室通过溶洞发育的石灰岩地段,尤其是遇到地下暗河系统时,可能有大量的突水,其突水量可达每小时几百至几千吨。② 洞室通过厚层的含水砂砾石层,其突水量可达每小时几百吨。③ 遇到富水的断层破碎带,特别是它又与地表水连通时,也会发生大量的突水,突水量一般在每小时几十至几百吨。

从已有资料来看,造成突水的多是有丰富的地表水,沿着溶洞、暗河或断层破碎带以及节理发育的背斜、向斜轴部等良好通道进入地下洞室穿越部位,形成局部富水区,当洞室开挖时便突然产生大量突水。

国际上有这样的实例,由于突水问题不能解决,不得不放弃整个地下洞室。因此,在洞室工程地质勘测中,应将洞室是否可能出现突水问题列为重点工程地质问题进行研究。对可能出现突水的确切地点和数量,应提出准确的预测,以便提请施工单位在设备、技术及施工方法方面事前有所准备,避免由于措手不及而造成损失。

6.3.2　腐蚀

地下洞室围岩的腐蚀主要指水、土、大气中的化学成分和气温变化对洞室混凝土及其他建筑材料的腐蚀。地下洞室的腐蚀性可对洞室衬砌造成严重破坏,从而影响洞室稳定性。成昆铁路百家岭隧道,由三叠系中、上统石灰岩、白云岩组成的围岩中含硬石膏层,开挖后,水渗入围岩使石膏层产生水化作用,产生的膨胀力使原整体道床全部膨胀开裂,地下水中 SO_4^{2-} 浓度高达 1 000 mg/L,致使混凝土被腐蚀得像豆腐渣一样。

1. 腐蚀类型

岩、土、水中混凝土的化学腐蚀类型,主要有结晶类腐蚀、分解类腐蚀和结晶分解复合类腐蚀。在我国,结晶类腐蚀常见的有芒硝型腐蚀、石膏型腐蚀和钙矾型腐蚀。分解类腐蚀常见的有酸型腐蚀、碳酸型腐蚀。结晶分解复合类腐蚀常见于冶金、化工工业废水污染地带。此外,物理风化中因气温变化引起的冰劈作用和盐类结晶作用也可对混凝土形成结晶类腐蚀。

2. 腐蚀标准

建筑场地根据气候区划、岩土层透水性、干湿交替情况分为三类环境,同一浓度的盐类在不同的环境中对混凝土的腐蚀强度是不同的。各种化学成分在不同环境中对混凝土腐蚀性的评价标准,国内主要有《岩土工程勘察规范(2009 年版)》(GB 50021—2001)规定的标准,具体作业时,应取地下水位以下的水样和土样分别作腐蚀成分及含量测定,对测定数据按规范进行等级评价。如各项指标腐蚀等级不一致时,宜取高者为腐蚀等级。

6.3-2　腐蚀性评价标准

3. 混凝土腐蚀严重程度

混凝土被腐蚀后的严重程度可分为四级。

无腐蚀:混凝土表面外观完整,模板印痕清晰,在隧道滴水处混凝土表面有碳酸钙结晶薄膜,锤击混凝土表面时,声音清脆,有坚硬感。

弱腐蚀:在隧道边墙脚下,或出水的孔洞周围,以及混凝土构筑物的水位波动段,混凝土碳化层已遭破坏,混凝土表层局部地方砂浆剥落,锤击有疏松感。

中等腐蚀:在潮湿及干燥交替段,混凝土表面断断续续呈酥软状、掉皮、砂浆松散、骨料外露,但内部坚硬,未有变质现象。

强腐蚀:混凝土表面膨胀隆起,大面积自动剥落,有些地方呈豆腐渣状。侵蚀深度达 2 cm 以上,深处混凝土也受到侵蚀而变质。

4. 腐蚀易发生地区

腐蚀多发地区主要在下列地质环境中:

① 第三纪、侏罗纪、白垩纪等红层中含有芒硝、石膏、岩盐的含盐红层,三叠纪、三叠纪的海相含膏地层,以及此类岩层地下水浸染的土层,其结晶类腐蚀严重。

② 泥炭土、淤泥土、沼泽土、有机质及其他地下水中含盐较多的游离碳酸、硫化物和亚铁,对混凝土具有分解类腐蚀。

③ 我国广东、广西、福建、海南、台湾诸省沿海,有红树林残体的冲积层及其地下水,具强酸性,对混凝土有腐蚀。

④ 我国长江以南高温多雨的湿热地区,酸性红土、红黏土,以及各地潮湿森林酸性土,pH 一般在 4~6 之间,对混凝土有一般酸性腐蚀。

⑤ 硫化矿及含硫煤矿床地下水及其浸染的土层,对混凝土有强酸性腐蚀。

⑥ 采矿废石场、尾矿场、冶炼厂、化工厂、废碴场、堆煤场、杂填土、垃圾掩埋场,及其地下水浸染的土层,对混凝土有腐蚀。

长期保持干燥状态的地质环境,土中虽然含盐,但无吸湿及潮解现象时,对混凝土一般无腐蚀性。

6.3.3　地温

地下工程中,高地温的影响又叫热害。对于深埋洞室,地下温度是一个重要问题,铁路规范规定隧道内温度不应超过 25 ℃,超过这个界线就认为存在热害,应采取降温措施。当隧道温度超过 32 ℃时,施工作业困难,劳动效率大大降低。全长 19.803 km 的欧洲辛普伦 1 号隧道,施工时最高温度达 55 ℃,严重影响了施工速度。全长 14.365 km 的成昆铁路德昌隧道,最大埋深约 1 000 m,施工时最高温度达 43 ℃,平均 38 ℃,每天送往掌子面进行降温的冰块多达 30 t。全长 16.449 km 的川藏铁路桑珠岭隧道,最大埋深 1 347 m,施工时最高岩石温度达 89.9 ℃,洞内环境温度最高达 56 ℃,是中国铁路隧道施工中遇到的最高岩石温度。施工人员通过设置接力风机加强通风、安装自动喷淋系统洒水、放置冰块等措施降低隧道内温度,每天往隧道内运送冰块多达 200 t。所以深埋洞室必须考虑地温影响。

地壳中温度有一定变化规律。地表下一定深度处的地温,常年不变的称为常温带。常温带以下,地温随深度增加,深度每增加 100 m 时地温的增加值称为地热增温率,又叫地热梯度。可由下式估算洞室埋深处的地温:

$$T = T_0 + (H-h) G \tag{6-4}$$

式中:T——隧道埋深处的地温,℃;

　　　T_0——常温带温度,℃;

　　　H——洞室埋深,m;

　　　h——常温带深度,m;

　　　G——地热梯度,℃/m。

岩体温度随深度的增加取决于地热梯度。地热梯度本身又与所涉及物质的热传导率成反比:

$$地热梯度\ G = \frac{0.05}{k} \tag{6-5}$$

式中,k 是热传导率。尽管地热梯度随地区而变化,但根据岩石的类型和构造,按平均值它以每 30~35 m 深度增加 1 ℃ 的变化率递增。在地质构造稳定的地区,平均梯度是每

60~80 m 增加 1 ℃,而在火山区它可能是每 10~15 m 深度增加 1 ℃。山脉下的地热梯度比平原下的大;至于谷地,情况恰恰相反。因此,在一个地下洞室内被测到的地热梯度不能假设在另一地下洞室中也如此。例如,按照在圣·多特得地下洞室测到的地热梯度预测在辛普伦地下洞室中的温度会是 42 ℃ 左右,但事实上是 55 ℃。

除了深度外,地温还与地质构造、火山活动、地下水温度等有关。岩层层状构造方向导热性好,所以,陡倾斜地层中洞室温度低于水平地层中洞室温度。在近代岩浆活动频繁地区,受岩浆热源影响,地温较高。在地下热水、温泉出露地区,地温也较高。成昆铁路嘎立 1 号隧道处于牛日河大断裂影响带内,地热能沿着断裂上升,施工时洞内温度达 30 ℃以上。莲地隧道内有 40 ℃ 温泉,施工时洞内温度也居高不下。

6.3.4 有害气体

地下洞室通过含煤地层等富含有害气体的环境时,可能遇到有害气体的危害。有害气体主要包括甲烷、二氧化碳、一氧化碳、硫化氢、二氧化硫和氮气等,其中又以甲烷为主。一般称有害气体主要指甲烷或甲烷与少量其他有害气体的混合体。有的将有害气体称为瓦斯。

有害气体能使人窒息致死,或引起燃烧、爆炸,造成严重事故。如 2004 年 10 月 20 日,河南大平煤矿发生瓦斯爆炸,造成 147 人死亡。又如 2004 年 11 月 28 日,陕西铜川陈家山煤矿发生瓦斯爆炸,造成 166 人死亡。

当瓦斯在空气中浓度小于 5% 时,能在高温下燃烧。当瓦斯浓度在 5%~16% 时容易爆炸,特别是含量为 8% 时最易爆炸。当浓度过高,达到 42%~57% 时,空气中含氧量降到 9%~12%,足以使人窒息。

甲烷(CH_4)即沼气,经常在煤系地层中碰到。它不仅有毒,而且易燃易爆。甲烷比空气轻,其比重约为空气的 55%,因此能顺着岩体中的张开性结构面飘逸到很远的地方,在相对封闭的环境聚集起来。洞室开挖时常聚积在洞室顶部,并极易沿岩石裂隙或孔隙流动。甲烷在煤系地层中的分布也有一定规律。例如,穿窿构造甲烷含量高。背斜核部甲烷含量比翼部高,向斜则相反。地表有较厚覆盖层的断层或节理发育带,甲烷含量都较高。含煤地层越深,煤层厚度越大,煤层碳化程度越高,甲烷含量越大。地下水越少,甲烷含量也越大。因此在有煤系地层时,在很远的地方就应该做好甲烷的监测工作。

一氧化碳(CO)是有毒的。二氧化碳(CO_2)虽然没有毒,但能使人窒息死亡。二氧化碳比空气重,而且聚集在地下洞室底部附近,一氧化碳稍微比空气轻。一氧化碳、二氧化碳和甲烷一样,都主要出露在煤系地层中。二氧化碳也可能与火山沉积物或石灰岩伴生。

硫化氢(H_2S)比空气重,而且毒性强,当与空气混合时也易发生爆炸。这种气体可通过有机物质的分解或火山活动产生。硫化氢可被水吸收,然后变成对混凝土有害的液体。

二氧化硫(SO_2)是一种无色、有刺激性、使人窒息的气体。它易溶于水中形成硫酸溶液。它一般与火山散发物伴生或者可通过黄铁矿的氧化分解产生。

瓦斯爆炸必须具备两个条件,一是洞室内空气中瓦斯浓度已达到爆炸限度,二是有火源。洞室内常规温度、压力下,各种易爆炸气体与正常空气成分所合成的混合物的爆炸界限值,见表 6-3。

表 6-3　常温、常压下各种易爆炸气体与空气合成的混合物的爆炸界限值

气体名称	爆炸限度含量	气体名称	爆炸限度含量
甲烷(沼气)	5%~16%	一氧化碳	12.5%~74%
氢气	4.1%~74%	乙烯	3%
乙烷	3.2%~12.5%	苯	1.1%~5.8%

地下洞室一般不宜修建在富含有害气体的地层中,如必须穿越富含有害气体的煤系地层,则应尽可能与煤层走向垂直,并呈直线通过。洞口位置和洞室纵坡要利于通风、排水。施工时应加强通风,严禁火种,工具要轻拿轻放,并及时进行瓦斯检查,开挖时工作面上的瓦斯含量超过 1% 时,不准装药放炮,超过 2% 时,工作人员应撤出,进行处理。

§6.4　围岩工程分级及其应用

洞室开挖在不同性质的岩体中,表现出不同的稳定性。在坚硬岩石的整体块状结构岩体中,岩体完整性好,强度高,洞室围岩稳定,可不用支护。在碎裂状和散体状岩体中,洞室围岩极易坍方,需要及时支护或超前支护才能保持稳定。洞室围岩工程分级,就是把稳定性相近的围岩划归一级,根据围岩稳定类别确定洞室形状、开挖方法、施工步骤、初支类型、衬砌厚度和跟进时间等。所以,洞室围岩工程分级,是正确进行洞室设计、施工的基础。洞室围岩的工程分级以前被叫做围岩分类,现大多叫做围岩工程分级,但仍有部分规范叫做围岩分类。

在岩石工程中,最早的分类系统是太沙基于 1964 年提出的具有钢支护的隧洞开挖分类。进入 20 世纪 70 年代以后,围岩分类方法才有了很大进展。早期岩石分类主要是从岩石的物理力学性质出发进行分类,没有充分反映自然界中岩体特征。后来的围岩分类多以岩体质量为依据,同时综合考虑了多种影响围岩稳定的因素和岩体力学的特征参数,并且与衬砌设计和施工方法等密切结合,从而较好地做到了为工程服务。

据资料统计,目前国内外比较有系统的围岩分类至少有百十余种。但是,其中堪称完善且能为众人所接受的分类并不多。一个好的分类应当具备下述基本要求:类别明确,特征突出,符合实际,简便易行,并且应能经得起工程实践的检验。根据现有分类所采用的原则,大体上可归并成三种分类系统:① 按围岩的强度或岩体主要力学属性分类;② 以围岩稳定性为基础的综合分类;③ 按岩体质量等级的分类。

工程岩体分级(分类)因目的不同,分级的方法也不同。国内外主要的围岩分级方法,均以评价围岩稳定和确定支护形式为目的进行分级。国外应用较为广泛的围岩分级

主要有:美国 Dree 按金刚钻采取的修正的岩芯率 RWD 为指标的岩体质量分级(1969
年)、挪威岩土工程研究所 N. Barton 等人提出的以岩石质量指标(Q)分类(NGI 分类)
(1974 年)、南非 Bieniawski 提出的节理岩体的地质力学分级(CSIR 法)(1973 年)、
G. E. Wickham 等人提出的岩体结构评价分类法(RSR 法)(1972 年)、日本的弹性波分类
法、苏联的普氏分类法等。国内各相关行业先后都提出了自己的围岩分级(分类)标准。
20 世纪 50~60 年代,大多采用普氏分类方法,60 年代末至 70 年代铁道部提出隧道围岩
分类。近几十年来,随着各类地下工程大量修建以及勘探和测试技术的改进,国内许多部
门都先后提出了定性指标和定量指标相合的围岩分级方法,如总参工程兵第四研究设计
院提出的坑道围岩分类法(1985 年)、铁道部科学研究院西南分院提出的工程岩体(围
岩)岩体质量分级法(1986 年)、水电部昆明勘测设计院提出的大型水电站地下洞室围岩
分类法(1988 年)、东北工学院提出的围岩稳定性动态分级等,此外还有按工程施工方法
要求提出的《锚杆喷射混凝土支护技术规范》(GBJ 86—1985)。1994 年,由多部门组成的
编写组提出了《工程岩体分级标准》(GB 50218—1994),同期铁路、公路、建筑、煤炭、水电
等系统也修改或提出了各自的围岩分级(分类)行业标准。下面介绍三种常用的围岩分
级方法。一是国家标准《岩土工程勘察规范(2009 年版)》(GB 50021—2001)中提出的岩
体基本质量等级划分法,一是 N.Barton 等人提出的岩石质量指标(Q)分类法,另一是铁路
隧道围岩基本分级。

6.4.1　岩体基本质量等级划分

目前国内外岩土工程勘察规范中,普遍采用岩体基本质量分级。根据我国颁布实行
的《岩土工程勘察规范(2009 年版)》(GB 50021—2001)3.2.2-1、3.2.2-2 和 3.2.2-3 条
规定,在进行岩土工程勘察时,应鉴定岩石的地质名称和风化程度,并进行岩石坚硬程度、
岩体完整程度和岩体基本质量等级的划分。岩石坚硬程度、岩体完整程度和岩体基本质
量等级的分类应分别按照表 6-4、6-5、6-6 执行。对地下洞室和边坡工程,尚应确定岩体
的结构类型。

表 6-4　岩石坚硬程度分类

坚硬程度	坚硬岩	较坚硬岩	较软岩	软岩	极软岩
饱和单轴抗压强度/MPa	$f_r>60$	$60 \geqslant f_r>30$	$30 \geqslant f_r>15$	$15 \geqslant f_r>5$	$f_r<5$

注:1. 当无法取得饱和单轴抗压强度数据时,可用点荷载试验强度换算;

2. 当岩体完整程度为极破碎时,可不进行坚硬程度分类。

表 6-5　岩体完整程度分类

完整程度	完整	较完整	较破碎	破碎	极破碎
完整性系数 K_v	>0.75	0.75~<0.55	0.55~<0.35	0.35~<0.15	≤0.15

注:岩体完整性系数 K_v 为岩体压缩波速度与岩石压缩波速度之比的平方。

表 6-6　岩体基本质量等级分类

完整程度 坚硬程度	完整	较完整	较破碎	破碎	极破碎
坚硬岩	I	II	III	IV	V
较坚硬岩	II	III	IV	IV	V
较软岩	III	IV	IV	V	V
软岩	IV	IV	V	V	V
极软岩	V	V	V	V	V

6.4.2　岩体质量指标(Q)分类

挪威岩土工程研究所的 N.Barton 等人,通过对 200 多个已建隧洞的资料分析,于 1974 年提出了隧洞支护所需的岩体工程地质分类法(简称 NGI 分类)。巴顿首次建立了岩体质量指标(Q)的概念,他认为决定岩体质量的因素包括岩体完整程度、节理性状和发育程度、地下水状况、地应力状况等几个方面,并且用 6 个参数来表示。即:岩石质量指标(RQD)、节理组数影响系数(J_n)、节理面粗糙度系数(J_r)、节理面蚀变度系数(J_a)、节理水影响系数(J_w)和地应力影响系数(SRF)。岩体质量指标与 6 个参数之间的关系可用式(6-6)表示,按式(6-6)算出围岩岩体质量指标 Q 值,按表 6-7 进行岩体质量分类。根据 Q 值大小和类似工程经验,确定相应的施工方法和支护类型,见图 6-9。各相应系数的确定见表 6-8、表 6-9、表 6-10、表 6-11、表 6-12 和表 6-13。

$$Q = \left(\frac{\text{RQD}}{J_n}\right) \cdot \left(\frac{J_r}{J_a}\right) \cdot \left(\frac{J_w}{\text{SRF}}\right) \tag{6-6}$$

表 6-7　岩体质量分类

岩体质量	特别好	极好	良好	好	中等	不良	坏	极坏	特别坏
Q	>400	>100~400	>40~100	>10~40	>4~10	>1~4	>0.1~1.0	>0.01~0.1	>0.001~0.01

表 6-8　岩石质量指标 RQD

岩石质量指标	RQD/%	备注
A　坏的	0~25	(1) 当调查或量测的 RQD≤10(包括 0)时,用以代入公式计算 Q 值时,可采用标称值 10;
B　不良	>25~50	
C　中等	>50~75	(2) RQD 每级差用 5%,即 100%、95%、90%已有足够精度
D　良好	>75~90	
E　优良	>90~100	

注:RQD 为钻孔所取岩芯中,长度大于 10 cm 的岩芯的总长度与钻孔深度比值。

表 6-9 节理组数影响系数 J_n

节理发育情况	J_n值
A 整体的，没有或很少有节理	0.5~1
B 1 组节理	2
C 1~2 组节理	3
D 2 组节理	4
E 2~3 组节理	6
F 3 组节理	9
G 3~4 组节理	12
H 4~5 组节理，具大量的节理，岩石被多组切割成方块	15
J 压碎岩石，似土类岩石	20

表 6-10 节理面粗糙度系数 J_r

节理面粗糙情况	J_r值
(a) 节理面直接接触；(b) 剪切时当剪切变形<10 cm，岩壁接触	
A 不连续的节理	4
B 粗糙或不规则的起伏节理	3
C 光滑，但是起伏的节理	2
D 光滑，但具起伏的节理	1.5
E 平坦且粗糙，或不规则节理	1.5
F 光滑而平直的节理	1
G 平直且光滑的节理	0.5
(c) 剪切后，节理不再直接接触	
H 节理面间充填有不能使节理面直接接触的连续黏土矿物带	1.0
J 节理面间充填有不能使节理面直接接触的砂、砾石或挤压破碎带	1.0

6.4-1 节理起伏度

6.4-2 节理粗糙度

表 6-11 节理面蚀变度系数 J_a

节理蚀变程度	J_a值	ϕ（近似值）
(a) 节理面直接接触		
A 坚硬的，半软弱的，经过胶结而紧密且具不透水充填物的节理（如石英或绿帘石充填）	0.75	
B 节理面未产生蚀变，仅少数表面稍有变化	1.0	25°~30°
C 轻微蚀变的节理面，表面为半软弱矿物所覆盖，少量砂质微粒、风化岩土覆盖	2.0	25°~30°

节理蚀变程度	J_a值	ϕ(近似值)
D　节理面为粉质黏土或砂质黏土覆盖,少量黏土、半软弱黏土覆盖	3.0	20°~35°
E　有软弱的或低摩擦角的黏土矿物覆盖在节理表面(如高岭土、云母、绿泥石、滑石、石膏等)或含有少量膨胀性黏土(不连续覆盖,厚度约1~2 mm或更薄)的节理面	4.0	8°~16°
(b)当剪切变形<10 cm时,节理面直接接触		
F　砂质微粒,岩石风化物充填	4	25°~30°
G　紧密固结的半软弱黏土矿物充填(连续的或厚度小于5 mm)	6	16°~24°
H　中等或轻微固结的软弱黏土矿物充填(连续或厚度小于5 mm)	8	12°~16°
J　膨胀性黏土充填,如连续分布的厚度小于5 mm的蒙脱土充填时,J_a值取决于膨胀性颗粒所占百分数,以及水的渗入情况	8~12	6°~12°
(c)剪切后,节理面不再直接接触		
K　L　M　破碎带夹层或挤压破碎带岩石和黏土(对各种黏土状态的说明见 G 或 H.J)	6、8 或 8~12	6°~24°
N　粉质或砂质黏土及少量黏土(半软弱)	5	
O　P　R　厚的连续分布的黏土带或夹层(黏土状态说明见 G.H.J)	10、13 或 13~20	6°~24°

表 6-12　节理水影响系数 J_w

节理水情况	J_w	近似的水压力/kPa
A　开挖时干燥,或有少量水入渗,即只有局部渗水,渗水量小于 5 L/min	1.0	<1.0
B　中等入渗,或充填物偶然受水压力冲击	0.66	1.0~2.5
C　大量入渗,或为高水压,节理未充填	0.5	2.5~10
D　大量入渗,或为高水压,节理充填物被大量带走	0.33	2.5~10
E　异常大的入渗,或具有很高的水压,但水压随时间衰减	0.1~0.2	>10
F　异常大的入渗,或具有很高且持续的无显著衰减的水压	0.05~0.1	<10

表 6-13　地应力影响系数 SRF

(a) 当隧洞的交叉洞开挖在弱带上时,开挖后可能引起岩体的疏松			SRF
A　含有黏土或化学风化岩石的软弱带多次出现,周围岩石非常疏松(处于任何深度部位)			10
B　含有黏土或化学风化岩的单一的软弱带,开挖深度<50 m			5
C　含有黏土或化学风化岩的单一软弱带,开挖深度>50 m			2.5
D　在坚硬石中,多次出现剪切带,周围岩石疏松			7.5
E　坚硬岩石中,具单一剪切带(中夹少量黏土),开挖深度小于或等于50 m			5
F　坚硬岩石中,具单一剪切带(中夹少量黏土),开挖深度大于50 m			2.5
G　疏松的张节理,形成节理组很多,多呈方块状(处于任何深度部位)			5
(b) 坚硬岩石,岩石应力问题	$\dfrac{f_1(抗压强度)}{\sigma_1(最大主应力)}$	$\dfrac{f_{1R}(抗压强度)}{\sigma_1(最大主应力)}$	
H　低应力,靠近地表	>200	>13	2.5
J　中等应力	10~200	0.66~13	1.0
K　高应力,结构致密(对稳定是有利,但对岩壁则可能不利)	5~10	0.33~0.66	0.5~2.0
L　破碎软岩岩体	2.5~5	0.16~0.33	5~10
M　很破碎的岩体	<2.5	<0.16	10~20
(c) 经挤压的岩石,在高压下具塑性状态的软岩			
N　轻微挤压的岩石			5~10
O　经强烈挤压的岩石			10~20
(d) 膨胀性岩石及取决于水压力作用的化学膨胀岩石			
P　轻微膨胀的岩石			5~10
R　强烈膨胀的岩石			10~15

根据 Q 值大小,结合类似工程经验,可参照图 6-9 确定出相应的围岩支护压力。

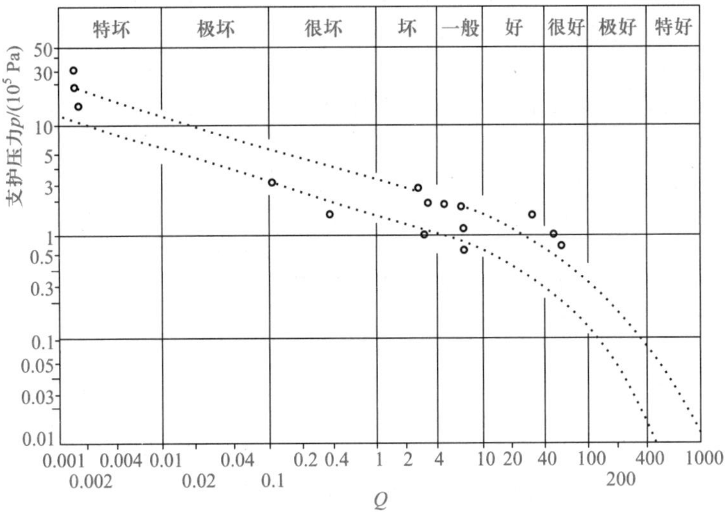

图 6-9　据 Q 值预测支护压力

6.4.3　铁路隧道围岩基本分级

铁路隧道围岩基本分级见表 6-14。

表 6-14　铁路隧道围岩基本分级

级别	岩体特征	土体特征	围岩弹性纵波波速/$(km \cdot s^{-1})$
I	极硬岩,岩体完整		>4.5
II	极硬岩,岩体较完整; 硬岩,岩体完整		3.5~4.5
III	极硬岩,岩体较破碎; 硬岩或软硬岩互层,岩体较完整; 较软岩,岩体完整		2.5~4.0
IV	极硬岩,岩体破碎; 硬岩,岩体较破碎或破碎; 较软岩或软硬岩互层,且以软岩为主,岩体较完整或较破碎; 软岩,岩体完整或较完整	具压密或成岩作用的黏土、粉土及砂类土,一般钙质、铁质胶结的碎、卵石土、大块石土,Q_1、Q_2 黄土	1.5~3.0
V	软岩,岩体较破碎至破碎; 全部极软岩及全部极破碎岩(包括受构造影响严重的破碎带)	一般第四纪坚硬、硬塑黏性土,稍密及以上、稍湿、潮湿的碎、卵石土、圆砾土、角砾土、粉土及 Q_3、Q_4 的黄土	1.0~2.0
VI	受构造影响很严重呈碎石角砾及粉末、泥土状的断层带	软塑状黏性土,饱和的粉土,砂类土等	<1.0(饱和状态的土<1.5)

在上述围岩分类中,围岩级别越高(如Ⅰ级),围岩越稳定;围岩级别越低(如Ⅵ级),围岩越不稳定。

§6.5 围岩稳定性评价方法

根据地下洞室所在岩体的性质,又可将地下洞室分为土体洞室和岩体洞室两大类。土体和岩体的工程性质差别较大,两类洞室的变形破坏形式、影响因素以及稳定性评价方法等,均有所不同。

与大部分岩体洞室相比,土体洞室的稳定性要低得多。一般情况下,土体洞室如果不给予支护,通常不能保持长期稳定。影响土体洞室稳定性的因素,主要是土层类型、固结程度、地下水状态、洞室断面尺寸和形态、洞室埋深等。在坚硬和较坚硬的土层中,洞室稳定性较好;在淤泥层、砂层、黏土层、膨胀土层中,洞室稳定性很差,常给施工带来巨大困难。

岩体洞室的稳定性主要取决于岩体中的岩体质量、地下水状态、地应力状态、洞室断面尺寸和形状、洞室埋深等。

围岩稳定性评价是根据不同的岩体结构、不同的受力性质,简化成不同的力学模型,应用相应的分析评价方法,研究围岩的变形破坏过程。主要研究围岩可能产生变形破坏的位置、类型、规模,以及围岩压力。

围岩压力是指围岩作用在支护(衬砌)上的压力,是确定衬砌设计荷载大小的依据,围岩压力也称山岩压力。围岩压力有松动压力、变形压力和膨胀压力三种。

松动压力指由于开挖造成围岩松动而可能塌落的岩体,以重力形式直接作用在支护上的压力。产生松动压力的因素有地质的,如岩体破碎程度、软弱结构面与临空面的组合关系等,也有施工方面的,如爆破、支护时间和回填密实程度等。

变形压力指围岩变形受到支护限制后,围岩对支护形成的压力。其大小决定于岩体的初始地应力、岩体的力学性质、洞室形状、支护结构的刚度和支护时间等。

膨胀压力指围岩吸水后,岩体发生膨胀崩解而引起围岩体积膨胀变形对支护形成的压力。膨胀压力也是一种变形压力,但与常指的变形压力性质不同,它严格地受地下水的控制,其定量难度更大,目前尚无完善的计算方法。

目前,围岩稳定性评价方法主要有围岩工程分级法、理论计算法、图解法和模型试验法。

6.5.1 围岩工程分级法

对洞室围岩进行工程分级,从而定性评价其稳定性,这是通常采用的一种方法。它是以岩体质量评价为基础,结合已建工程的实践经验进行的。洞室围岩工程分级法,在各类洞室建设中均被广泛使用。对于普通的小型洞室,一般仅采用围岩工程分级评价即可;对于大中型洞室,则常在围岩工程分级的基础上进行岩体稳定性理论计算;对于大型洞室或重点工程还需进行各种模型试验,以预测洞室围岩的稳定性。围岩工程分级详见前述。

6.5.2 理论计算法

一、连续介质力学计算方法

连续介质力学计算方法,是假设围岩为连续均值体,利用弹性理论和弹塑性理论等,

6.5-1 斜推法岩体现场抗剪断试验

评价围岩的稳定性。主要根据岩体性质、地应力大小、洞室形态和尺寸,检算相对完整岩体洞室周边最大压应力和最大拉应力集中部位,检查该应力集中部位的压应力和拉应力是否超过岩体抗压强度和抗拉强度,是否能引起洞室周边的变形与破坏。因洞室围岩的变形和破坏,一般都是从洞室周边开始,然后向围岩内部扩展,所以,洞室周边围岩应力检算有着重要作用。该方法主要适用于结构面不发育的岩体或各向均值的岩体。

二、极限平衡分析方法

对于主要由力学性质不连续的结构面控制下的围岩变形及破坏,主要用极限平衡分析法进行检算,一般分为两种情况,一种是有软弱结构面穿过洞室,造成洞壁围岩沿结构面剪切滑移或在结构面附近脱落。另一种是多组节理将围岩切割成分离块体,见图6-10。则可通过计算结构面处岩块重力在结构面上的各个分量和结构面的抗剪强度及抗拉强度,从而确定结构面处岩块的稳定性。

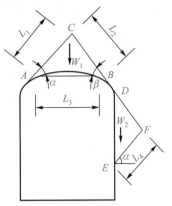

图6-10 洞壁危岩稳定性分析

三、散体围岩稳定性计算法

对于断层破碎带、节理密集带、风化破碎带、第四纪沉积物等,都可看作散体结构围岩。散体结构围岩的破坏被认为是以重力作用下形成坍塌拱的形式破坏。并认为支护结构上承受的压力是松散地层中应力的传递,坍塌拱内岩土体的重力就是作用在支护结构上的围岩压力。散体围岩稳定性评价的常见方法主要是普氏压力拱理论和太沙基理论。

1. 普氏压力拱理论

又称自然平衡拱理论,是由俄国学者普罗托亚科诺夫于1907年提出的。普氏认为由于应力重分布,洞顶破碎岩体随时间增长而逐步坍塌,直至形成一个自然拱后围岩才稳定下来。这种自然平衡拱承受了洞顶的山岩压力,才使坍塌不再发展,所以把这个自然平衡拱称为压力拱或卸荷拱。围岩压力就等于压力拱与衬砌之间松动岩体的重量。

2. 太沙基理论

太沙基基于散体中亦能产生应力传递的概念,推导出作用于衬砌上的垂直压力。地下洞室开挖后,岩体将沿图6-11中所示的 AOB 曲面滑动。作用在洞顶上的压力等于滑动岩体的重量减去滑移面上摩擦力的垂直分量。

在深埋情况下太沙基理论与普氏理论的计算结果实质上是一致的。不过前者考虑了洞室尺寸、埋深及岩石的内聚力和内摩擦角对岩体稳定性的影响,一般适用于洞室埋深浅的情况。

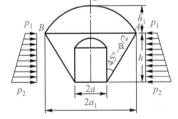

图6-11 太沙基散粒体中应力传递

6.5.3 图解法

图解法主要采用赤平极射投影分析法,即通过将洞壁和围岩中各组结构面(如图6-12a 中的 SHNK 斜面)的产状投影到赤平极射图上(如图6-12b 中的 SMN 结构面),通过结构面产状和洞壁产状(如图 6-12b 中,*MO* 连线的方向代表结构面的倾向,*M* 点到 *O* 点的距离代表结构面的倾角)在赤平极射图上的组合形态,分析洞室不稳定岩块的位置和滑动方向,从而可确定洞室延伸部位和方向。但该方法确定的不稳定岩块的稳定性,尚需按块体极限平衡理论进行检算。

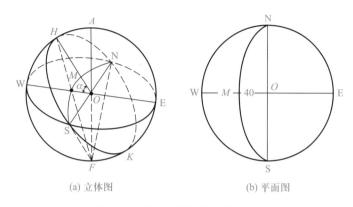

(a) 立体图　　　　　　　　　(b) 平面图

图 6-12　赤平极射投影分析示意图

6.5.4　模型试验法

模型试验法又分为数值模型模拟法和物理模型试验法。

一、数值模型模拟法

数值模型模拟法主要是指采用一些大型土木工程数值分析软件,如 ANSYS、FLANC3D 等软件,对隧道围岩稳定性进行数值模型模拟。数值模型模拟一般将围岩简化成以节点传递力的连续体(不一定是均值体),在围岩压力作用下,在洞壁和围岩中是否因应力集中而形成超过岩石强度的塑性区,从而确定应力集中的性质和大小,以及围岩变形破坏的部位和类型。已可模拟围岩中假定具有力学连续性的主要结构面的作用。

二、物理模型试验法

物理模型试验法,主要有光弹性模型试验、相似模型试验和离心模型试验。主要通过室内物理模型受力及变形过程,推演洞室开挖过程中,围岩可能出现的变形和破坏方式及力学机制,以判定围岩稳定性。

光弹模型试验法主要利用某些透明的光学敏感材料,在受力变形时产生光学各向异性特点,根据偏振方向不同的光线的光程差,确定主应力差值,利用反映出来的等色线和等倾线,确定模型中应力分布状态。

相似模型试验法主要根据模型与实际洞室围岩物理性质和几何参数按比例相似的原理,用重晶石粉、膨润土、钢砂、石膏等材料按一定相似比例制成模型,在模型上粘贴电阻应变片,在模型架上施加双向或三向的符合相似比例的荷载,模拟洞室的平面应力状态和平面应变状态。并进行模拟开挖以预测洞室的变形和破坏。

离心模型试验法一般采用原型材料,按原型密度和几何比例制作模型,在模型中埋置各种传感器,放入离心机中,用增加离心加速度的方法增加离心力,用离心力代替围岩压力,从而达到模型与原型几何相似和应力相似,模拟一定时间内原型的变形和破坏现象。

6.5-2-1
隧道三维数
值模拟

6.5-2-2
隧道二维数
值模拟

6.5-3　隧
道相似模型
试验

6.5-4　隧
道离心模型
试验

§6.6 隧道超前地质预报

隧道超前地质预报方法可以归纳为地质法预报、物探法预报和综合法预报三个基本类型。

6.6.1 地质法预报

地质法预报主要有地表地质调查法、掌子面地质素描法、超前水平钻探法、超前平行导洞(隧道)法等。

1. 地表地质调查法

地表地质调查法是在设计院提交的隧道工程地质勘察报告、隧道地质平面图和隧道地质纵断面图的基础上,结合隧道所在地区的区域地质构造特征,通过深入的地质填图法进行地面地质调查复查和核实,并通过地表地质界面和地质体投射法对洞室所在位置的地质条件和洞室围岩变形破坏及突水突泥等可能出现的类型、部位、规模等进行预测,以便隧道施工中采取合理的工艺与措施,避免事故。

2. 掌子面地质素描法

掌子面是施工的第一现场,其上显示的地质情况是最客观和最可靠的,在隧道修建过程中,详细收集掌子面及两侧边墙的工程地质和水文地质特征等信息,具体包括掌子面上围岩的地层岩性、实测岩层和节理产状、岩体完整程度、岩石风化程度、地质构造及对围岩的影响程度、地下水发育情况及其出水点、涌水量等。结合在勘察设计阶段的隧道工程地质勘察报告和前期地表地质调查等资料,根据掌子面上岩体的上述特征,沿其产状推断在掌子面前方的延伸情况,预测掌子面前方 2~3 个开挖循环(大约 5~10 m)范围内的地质情况,判断在这个范围内可能发生的地质灾害的性质和规模。

3. 超前水平钻探法

超前水平钻探法是最直接也最直观的地质超前预报方法,利用钻探设备向掌子面前方进行水平钻孔,从而直接揭示掌子面前方地层岩性、岩体坚硬程度和完整性程度、地下水发育情况及岩溶洞穴和充填物性质,煤系地层还可进行孔内煤与瓦斯参数测定,在有必要的情况下还可以通过岩芯试验获得岩石强度等定量指标,适用于已经基本认定的不良地质区段。超前地质水平钻探存在占用隧道施工时间长、费用较高、钻孔的方向不易控制,以及钻探工艺有一定的技术难度的情况。

目前超前水平钻探法在国内主要用于水工隧道工程中,采用此方法不仅可以确定隧道掌子面前方地质情况,而且可以起到探水的作用。水平钻探法,按长度分为 30 m 以内的短距离钻探和大于 50 m 的长距离钻探;按取芯与否分为取芯和不取芯水平钻探,后者依据钻进过程中钻速、钻压及少量岩石碎粉的变化,结合地质情况,判断分析钻进前方岩体的性质,但不如取芯法直接。

4. 超前平行导洞(隧道)法

超前平行导洞法是利用与主体工程平行的导洞进行资料收集。导洞先行施工,对导洞揭露出的地质情况进行收集整理,并据此对主体工程的施工地质条件进行预报。超前平行导洞法收集的资料比较真实可靠,预报距离也比较长。利用超前施工的平行导洞或平行隧道所遇地质情况推测隧道将遇到的地质情况,对间距较小、地层受构造变动小的平行隧道效果较好,当两隧道间距过大、地层变化复杂时准确率明显降低。

6.6.2 物探法预报

地质法有其明显的局限性,因为常规地质调查所能揭示的距离、范围、内容毕竟是有限的,而且专业人员对地质体发生发展的预测也具有一定的主观性。据此,人们不断发明地球物理勘探技术并将之应用于隧道超前地质预报中。

现阶段,隧道施工中采用的地质超前预报仪器方法很多,其中 TSP 地震探测、地质雷达、TEM、红外探测法、声波 CT、HSP 水平声波反射法等方法已被广泛应用在隧道施工中,并取得了一定的工程经济效益。

1. TSP 地震探测

TSP(隧道地震探测仪)利用地震波在不同岩层中产生的反射波特性来准确预报隧道施工前方 100~150 m 范围内围岩的岩性变化情况,判断岩溶、夹层、断层破碎带存在的范围,还可以提供杨氏模量、泊松比和拉梅常数等岩石力学参数,同时,也可以粗略预报掌子面前方围岩的稳定性和围岩级别,以规避施工过程中发生的突发性地质灾害。但是在探测成果图中,断层破碎带、节理密集带及软弱夹层界面都以相近的异常带的形式出现,差别很小,在经验不足或解释水平不高的情况下很难区分,且存在多解性特点。另外,不良地质界面反射信号的叠加和覆盖则加大了对第一界面以后的界面反射信号解译的难度,这就造成第一界面预报较准而其后界面预报准确率下降甚至不能预报的现象。

作为一种预报方法,TSP 不仅可以在以钻爆开挖方式的隧道中使用,也可以使用在以 TBM 开挖的隧道中,而且不必接近掌子面。在隧道中进行数据采集的时间约为 60 min。24 个炮孔布置在隧道一侧边墙,在隧道两侧壁钻孔(ϕ43 mm)埋入传感器,依次激发各炮,从掌子面前方任一界面反射回来的信号及直达波信号将被高灵敏的三轴传感器接受下来,最终在显示屏上显示出掌子面前方与隧道轴线相交的同相轴及边界位面的 2D、3D 成果图。

TSP 为美国或瑞士的产品,目前国内已研制出类似 TSP 的 HSP(水平声波剖面探测设备)。

2. 地质雷达

地质雷达又称探地雷达,因具有扫描速度快、操作简便、重量轻、分辨率高、屏蔽效果好、图像直观等优点而在隧道超前地质预报中得到广泛的应用。它可以预报不良地质体位置、规模及可能出现的施工地质灾害类型,检测出掌子面前方岩性的变化、断层破碎带和溶洞等。作为一种预报方法,它不仅可在以钻爆开挖方式的隧道中使用,也可使用在以 TBM 开挖的隧道中。其工作原理是电磁波在地质体中传播时遇到界面会发生反射,根据接收到的反射波的走时和波相可推断界面的位置和性质。在深埋隧道和富水地层以及溶洞发育地区,地质雷达是一种很好的预报手段。但是地质雷达目前探测距离较短,大约在 10~25 m 以内(最新资料表明新研制的低频天线可使地质雷达探测距离达到 50~150 m)。地质雷达记录易受洞内侧壁和机具的干扰,增加了预报难度和风险。

法国于 20 世纪 80 年代中期就开始采用地质雷达检测公路隧道,瑞士的 Petr Holub

等人于 1994 年使用地质雷达检测水工隧道质量。20 世纪 90 年代后期,我国学者李大心、牛一雄等人相继将地质雷达技术应用到公路建设中,取得了良好的测试效果。21 世纪初,夏元友等将地质雷达应用于隧道岩爆的预测,取得了良好的效果,采用地质雷达对岩爆进行预测,具有较成熟的理论基础和良好的实践应用基础。

3. TEM(瞬变电磁法)

瞬变电磁法可用于对隧道突水、突泥的预测。瞬变电磁法可以在隧道掌子面的狭小空间探查较远的含水层。这种方法经济、无损、快速、精度高而且信息丰富。瞬变电磁法有对低阻充水破碎带反应灵敏的特点,而且接收探头中接收到的由激发涡流感应出的二次场,不论目标体产状如何,均能收到有用信号,对目标体进行成像。

4. 红外探测法

利用地下水活动会引起岩体红外辐射场强变化的特点,红外探水仪通过接受岩体红外辐射场强,根据围岩红外辐射场强的变化幅值来确定隧道掌子面前方或洞壁四周是否有隐伏的含水体。红外探水仪在探明溶腔存在尚未揭露的情况,可以探测是否有大股地下水存在。

5. 声波 CT 法

声波 CT 主要通过孔间声波探测射线的走时和振幅来重构孔间岩土内部速度值及衰减系数的场分布。通过像素、色谱、立体网络的综合展示,达到直观反映孔间岩土体内部结构的目的。

声波 CT 需在两个超前钻孔中进行,所需要超前探孔可通过 TBM 携带的超前钻机成孔、掌子面上的炮孔或专门的地质钻机成孔来实现。

6. HSP 水平声波反射法

HSP 水平声波反射法可对岩溶充填物界限和岩溶洞穴的位置进行较好预报,这种方法是利用声波在地层中的传播,反射并得到反射的信号来进行判释的。声波的发射可以通过重锤锤击掌子面壁来完成。这种方法具有占有施工时间短的特点。

7. 其他波反射法

其他波反射法如地震反射负视速度法、陆地声呐法均属弹性波法中的反射波法,这两种方法均对直立目标体有明显反映,而对倾斜目标体和折射特征明显的宽大破碎带,特别是对破碎带中是否含有承压水显得无能为力。

6.6.3　综合法预报

主要体现在地质方法与物探方法的结合应用,以及各种仪器方法间的结合应用。

由上所述各种隧道地质超前预报方法均存在不同程度的问题和缺陷,各有优缺点和适用范围。实践证明,任何一种单一的方法都不能起到完美的预报效果,尤其长大越岭隧道,其前期勘察成果难以周全,在隧道建设期间,应该采用多种地质超前预报方法相结合,才能取得较好的预报效果。所以,基于系统论的观点,在隧道建设过程中,采用多种地质超前预报方法相结合的综合地质超前预报方法,可以更好发挥每种方法的优势,取长补短,使各种方法之间互相印证,可以提高超前预报的精度和准确度。

王梦恕院士根据多年的工程实践经验,总结出隧道超前预报要遵循"洞内外结合,以洞内为主;长短结合,以短为主"的原则。

 思 考 题

1. 岩体、结构面、结构体、岩体结构、岩体结构类型的定义和分类是什么?
2. 地应力的定义及特点是什么?
3. 地下洞室围岩变形破坏的主要类型和特点是什么?
4. 地下洞室特殊地质问题的类型和特点是什么?
5. 地下洞室围岩分级的常见方法有哪些?
6. 地下洞室施工地质超前预报的常见方法有哪些,各有何优缺点?

6.7-1 第6章地下工程地质问题知识点

6.7-2 第6章自测题

第7章

地基工程地质问题

§7.1　地基变形及破坏的基本类型

7.1.1　地基变形的概念

7.1-1 地基概念

　　房屋、道路和桥梁等工程建筑物都设置在土层或岩层上。建筑物下部直接与土层、岩层接触的部位称为基础。"基础"是建筑物的地下部分,是建筑物的"下部结构",而处于地面以上的部分则是建筑物的"上部结构"。基础的作用是将建筑物的荷载安全可靠地传递给下面的土层、岩层。建筑物的荷载会引起基础以下一定深度内的土层、岩层改变它们原始的应力状态,这部分改变了应力状态的土层或岩层称为地基,见图7-1。"地基"是指承受结构物荷载的那部分土体、岩体,其深度范围大约是基础宽度(指基础底面短边的尺寸)的1.5~5倍左右,而其宽度范围大约是基础宽度的1.5~3倍左右,具体的范围视基础的形状与荷载而异。地基中强度相对较高并用于承受建筑物主要荷载的土层、岩层称为持力层,其下面的土层、岩层称为下卧层(图7-1)。

　　地基的破坏是指上覆荷载超过地基强度时,地基发生的失稳破坏。地基的变形是指地基在上覆荷载作用下的屈服变形。地基必须满足两方面的要求,一是地基应有足够的强度,在上覆荷载作用下不发生失稳破坏,并有一定的安全储备;二是地基的沉降量、沉降差、倾斜或局部倾斜不能大于地基变形的允许值和保证建筑物安全的允许值。

　　在建筑物荷载作用下地基产生正常的允许压缩变形,土力学课程对此有专门的研究和介绍,这里不做详细的讨论。本课程主要讨论地基的工程地质特征引起的地基变形及破坏。

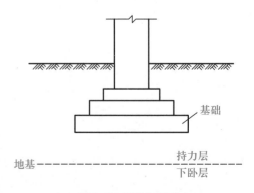

图7-1　地基与基础

7.1.2 地基变形破坏的基本类型

根据地基介质不同,地基可分为岩质地基和土质地基两大类。对于修建在岩质地基上的各类土木工程,一般认为岩质地基具有足够的强度,通常其变形都很小,但在地质构造不利或地基条件了解不够详细时,也会出现较大变形和位移。一般土质地基强度较差,地基的变形和破坏主要是指土质地基的变形及破坏。本章主要介绍土质地基的变形和破坏。

一、地基不均匀沉降和变形过大

地基不均匀沉降和变形过大是建筑工程中最常见的两种地基变形。在铁路路基和公路路基中常见的主要是路基下沉。造成路基下沉的原因很多,最普遍的是填筑路基时夯实不够,在列车和车辆荷载的反复作用下,路基填筑土层逐渐被压密而下沉。地基土强度低,压缩性大,通常是产生下沉的重要原因。20 世纪 50 年代建设的上海展览馆中央大厅修建在淤泥质软土地基上,采用箱形基础,基础平面尺寸为 46.5 m×46.5 m,埋深 2 m,基底总压力约为 130 kPa,附加压力约为 120 kPa。建成后 11 年总沉降量达 1.6 m,沉降影响范围超过 30 m,并引起相邻建筑物的严重开裂。

7.1-2-1
地基不均匀
沉降

特殊土的不良工程性质也是造成修建在该类土质地基上的工程建筑物沉降变形的重要原因。前面章节指出,膨胀土具有遇水膨胀、失水收缩的特性,只要地基土中的水分发生变化,膨胀土地基就会产生胀缩变形,从而导致建筑物的变形甚至破坏。广西是我国膨胀土危害最严重的地区之一,据 1980 年广西建委综合设计院统计,膨胀土造成的损失在 1 300 万元以上。已建成的南昆铁路有超过 100 km 的线路通过膨胀岩、土地区,由此产生的路基沉降变形、坍滑、基床翻浆冒泥等病害十分严重。

7.1-2-2
地基不均匀
沉降

我国西北地区有大面积的黄土分布,黄土质地疏松,大孔隙发育,富含可溶盐,特别是湿陷性黄土,浸水后土质结构迅速破坏而发生湿陷。如兰州的西北民族学院[①]两幢学生宿舍楼,建成使用 14 年后因楼内管道失修,漏水渗入地基引起湿陷,下沉量达 120~200 mm,楼房被迫报废。黄土陷穴是指湿陷性黄土地区地下洞穴的突然塌陷,由于勘察时不易发现,时常在工程建筑物建成后导致地基突发塌陷。西安铁路分局管辖的韩城工务段内曾因线路路基突然出现陷穴造成列车颠覆事故。

7.1-3-1
地基陷穴

饱水的粉砂地基在地震的作用下发生液化,也是引起地基下沉、变形破坏的一种重要原因。基础置于厚度变化较大地基土层上,可造成地基的不均匀沉降,导致建筑物开裂、倾斜,甚至倒塌。

7.1-3-2
地基塌陷

二、地基滑移、挤出

发生地基滑移、挤出的实质是地基强度不足,出现剪切破坏。通常多发生在软弱的地基土、陡坡路堤或具有滑移条件、产状不利的软弱岩层中。

1941 年修建的加拿大特朗斯康谷仓是建筑工程界著名的软弱地基发生破坏的例子。因设计时忽略了地基持力层下部的软弱土层,在建成后第一次装料时就发生整体倾倒(图 7-2)。又如解放初期修建的萧穿铁路[②]通过 62 m 厚的淤泥层地区,表层为

7.1-4 地
基滑移

---

① 2003 年西北民族学院更名为西北民族大学。
② 现为杭甬铁路萧甬段。

0.6~1.0 m 的可塑性黏土,路堤填筑完工时,8 m 高的桥头路堤一次性整体滑塌下沉 4.3 m,坡脚地面隆起 2 m。太焦铁路刘瓦沟大桥焦作端桥台,1971 年 12 月施工,1972 年 8 月竣工,1974 年复测时发现台顶比设计高程低 32 mm,1975 年 4 月全线贯通测量时,台顶低于设计高程 159 mm,向太原方向位移 48 mm,向下游偏移 164 mm,桥跨缩短 48 mm。经过详细勘察,桥台基础位于古滑坡体上,该土层极为松散并有空洞,是造成桥台下沉的主要原因。古滑坡堆积层下的基岩面上有一层强度极低的可塑性黏土层,层面向沟谷方向倾斜,倾角 6°~11°,其倾向与线路成 72°交角,与桥台位移方向一致(图 7-3),在桥台自重和填土荷载等作用下,堆积体沿黏土层面产生蠕动变形,造成桥台水平位移。

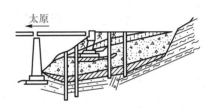

图 7-2　加拿大特朗斯康谷仓事故　　　　图 7-3　刘瓦沟桥台滑移示意图

图例:填土　黄土　黏土　块石　页岩　砂岩　断层及破碎带

在山区铁路和公路路堑边坡、大坝坝基工程中常有软弱岩层或风化岩层,当岩层产状不利、有滑移倾向时,应特别注意工程建筑物建成后可能产生的地基滑移问题。

7.1.3　地基剪切破坏机制

土体是由气体、水和固体颗粒组成的三相体,土颗粒之间的联结强度远低于颗粒的自身强度,一般情况下主要承受压力,不能承受拉力。在外荷载和自重作用下,通过土中深度 h 处任意点 M 的任何平面上都将产生法向应力(压应力或张应力)和切向剪应力(图 7-4)。由材料力学可知,在微小单元体 M 点的任意斜截面 AB 上的法向应力 σ_α 和剪应力 τ_α,与单元体上作用的最大、最小主应力 σ_1、σ_3 及斜截面的倾斜角 α 有关,可由下式表达:

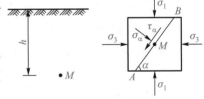

图 7-4　任意点 M 的应力

$$\sigma_\alpha = \frac{1}{2}(\sigma_1+\sigma_3)+\frac{1}{2}(\sigma_1-\sigma_3)\cos 2\alpha \qquad (7-1)$$

$$\tau_\alpha = \frac{1}{2}(\sigma_1-\sigma_3)\sin 2\alpha \qquad (7-2)$$

式中:σ_1——微单元体上最大主应力;

　　　σ_3——微单元体上最小主应力;

　　　α——斜截面 AB 与最小主应力间的夹角。

7.1-5 土的抗剪强度试验设备

7.1-6-1 局部剪切破坏

7.1-6-2 整体剪切破坏

当地基土层中某一点的任意一个平面上的剪应力达到或超过它的抗剪强度时，这部分土体将沿着剪应力作用的方向相对于另一部分地基土体发生相对滑动，开始剪切破坏。一般在外荷载不太大时，地基中只有个别点位上的剪应力超过其抗剪强度，会出现局部剪切破坏，破坏常出现在基础的边缘，见图 7-5a。随着外荷载的增大，地基中的剪切破坏由局部点位扩大到相互贯通，形成一个连续的剪切滑动面，地基变形增大，基础两侧或一侧地基向上隆起，基础突然下陷，地基发生整体剪切破坏，见图 7-5b。工程实践表明，地基因强度不足而发生的破坏都是剪切破坏。当地基土很软，抗剪强度很低时，基础两侧却很少发生地基向上隆起，基础一般直接下沉，称为刺入剪切破坏。

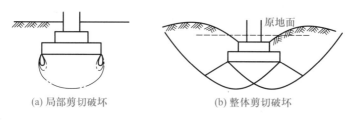

(a) 局部剪切破坏　　　　　　　　(b) 整体剪切破坏

图 7-5　地基剪切破坏

单元体斜截面 AB 上的法向应力和剪应力还可用摩尔圆来表示，见图 7-6。圆周上 A 点表示与水平线成 α 角的斜截面，A 点的坐标表示该斜截面上的法向应力 σ_α 和剪应力 τ_α。

7.1-6-3 刺入剪切破坏

如果将地基岩、土的抗剪强度曲线与地基中某点的应力状态以应力圆表示，同绘在一起，可以很容易地判断出该点的应力状态是否处于将要发生剪切破坏的极限状态，见图 7-7。图中三个圆对应三种应力状态，直线表示地基岩、土的抗剪强度曲线：圆 1 位于抗剪强度曲线以下，表明与圆 1 对应的点，其任何一个平面上剪应力 τ 都小于地基的剪切强度，该点不会发生剪切破坏；圆 2 与地基剪切强度曲线相切，地基中与应力圆相切点对应的平面上剪应力达到地基的剪切强度，处于临界状态，可能发生剪切破坏；圆 3 与抗剪强度曲线相割，表明圆 3 代表的地基中的点已超过临界状态，实际上早已破坏了。可见，由应力圆很容易判断地基中任意一点是否发生剪切破坏。

7.1-7 地基整体剪切破坏

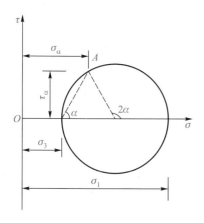

图 7-6　土中任意点应力状态的应力圆

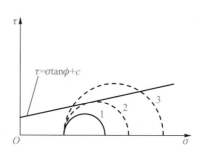

$\tau = \sigma\tan\varphi + c$

图 7-7　极限应力圆

§7.2　地基承载力

7.2.1　地基承载力的基本概念

在建筑物的荷载作用下,地基被压密产生变形。随着荷载增加,变形也增大,当荷载达到或超过地基强度临界值时,地基中将产生塑性变形,最终导致地基剪切破坏。显而易见,地基承受荷载的能力是有限的。我们把单位面积上地基能承受的最大极限荷载值称为地基极限承载力。然而,在建筑物地基基础设计时,为了确保建筑物的安全和地基稳定性,不能以地基极限承载力作为设计的地基承载力,必须限定建筑物基础底面的压力不超过保证建筑物安全和稳定所规定的地基承载力,这样的限定也是为了使地基的变形不至于过大而影响建筑物的正常使用。这样限定的地基承载力称为地基允许承载力。因此,地基允许承载力是保证地基强度和稳定的条件下,建筑物不产生过大沉降和不均匀沉降时地基承受荷载的能力。

地基承载力的确定是一个非常重要而复杂的问题。地基承载力的大小,不仅与地基岩、土的物理力学性质有关,而且还与基础的型式、底宽、埋深、建筑类型、结构特点、荷载性质、施工方法、施工速度,以及地基中有无地下水等诸多因素有关。因此,在同一地基岩、土层中,基础埋置深度不同,或者基础形式不同,地基的承载力大小也有所差异。

7.2.2　地基承载力的确定方法

人们在长期的工程实践中总结出许多确定地基承载力的方法,大致可归纳为以下三种:

① 原位测试方法确定地基承载力;

② 地基土的强度理论确定地基承载力;

③ 经验方法确定地基承载力。

一、原位测试方法确定地基承载力

目前,确定地基承载力最可靠的方法,是在现场对地基土进行直接试验,通常称为原位测试方法。原位测试方法分为直接测试法和间接测试法两大类。直接测试法有平板载荷试验、旁压试验、螺旋压板载荷试验等,可以直接测定地基承载力。间接测试法有静力触探试验、标准贯入试验、动力触探试验等(详见本书第 9 章),不能直接测定地基承载力,但通过一定形式转换可间接确定地基承载力。本章主要介绍直接测试法。

(一)平板载荷试验

平板载荷试验(图 7-8、7-9)是在建筑物场地进行的原位试验方法。一般重要的建筑物都由载荷试验确定地基承载力,遇到工程地质条件复杂的场地,也多用载荷试验确定承载力,因为由载荷试验测得的数据能真实反映地基的实际,是最直接可信的方法,这相当于在原位进行地基基础的模型试验。

1. 地基的变形特征

载荷试验是由载荷板向地基传递压力,观测压力和地基沉降的关系,可以得到如

7.2-1　平板载荷试验

图 7-10a 所示的荷载[①]p 与沉降 s 的关系曲线(也称 $p\text{-}s$ 曲线),从开始施加荷载并逐级增加荷载直至地基发生破坏,地基的变形要经历三个阶段:

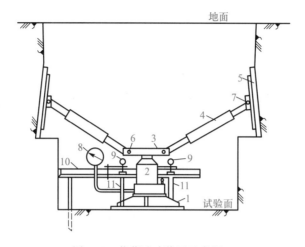

图 7-8 载荷试验装置示意图

1—承压板(载荷板);2—油压千斤顶;3—支承板;4—斜撑杆;5—斜撑板;

6,7—销钉;8—压力表;9—千分表;10—观测装置支架;11—千分表支座

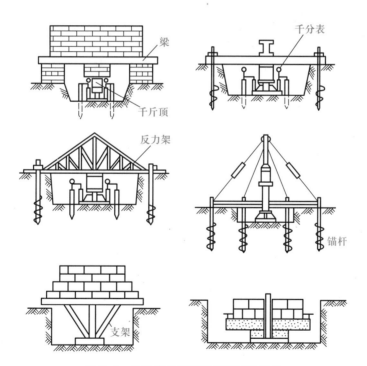

图 7-9 几种常见的平板载荷试验装置

---

① 此处荷载指上部的力除以基础面积,单位为 kPa,在土力学及基础工程中仍称为荷载。

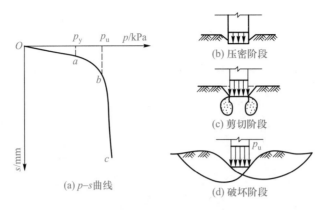

图 7-10　地基变形的三个阶段

（1）压密阶段

压密阶段又称直线变形阶段，相当于 p-s 曲线的 Oa 部分，荷载和变形呈直线变化，地基的变形主要是在荷载作用下土中孔隙的减小，地基被压密。相对于比例界限点（a 点）的荷载称临塑荷载 p_y，此时，地基中各点的剪应力均小于土体的抗剪强度，土体处于弹性平衡状态。如图 7-10b 所示。临塑荷载 p_y 被作为地基允许承载力。

（2）剪切变形阶段

剪切变形阶段又称塑性变形阶段，相当于 p-s 曲线的 ab 段，在这一阶段 p-s 曲线不再保持线性关系。此时，地基土中局部范围内的剪应力值 τ 达到土体抗剪强度，处于极限平衡状态，出现塑性变形区。塑性区首先从基础边缘处出现，随着荷载继续增加，地基中塑性变形区逐渐扩大，如图 7-10c 所示。相对于塑性变形极限点（b 点）的荷载称极限荷载 p_u，极限荷载 p_u 被作为地基极限承载力。

（3）破坏阶段

相当于 p-s 曲线的 bc 段，在这一阶段，荷载稍有增加，地基土就会发生明显的剪断破坏，当塑性区形成一连续的剪切面，土体被挤出，承压板四周的土隆起，地基因失稳而破坏，如图 7-10d 所示。

2. 地基承载力的确定

（1）极限承载力的确定

在载荷试验过程经逐级加荷，土体经历了直线变形阶段、塑性区逐步发展阶段及破坏阶段。当出现破坏时，沉降急剧增大，土体向侧向挤出，沉降速率不能稳定。因此，《岩土工程勘察规范（2009 年版）》（GB 50021—2001）规定，在某一级荷载作用下，满足下列四种情况之一时，就认为已经达到了破坏，其对应的前一级荷载为极限荷载（即为极限承载力）：

① 承压板周围的土出现明显侧向挤出，周边岩土出现明显隆起或径向裂缝持续发展；

② 本级荷载的沉降量大于前级荷载沉降量的 5 倍，荷载与沉降曲线出现明显陡降；

③ 在某级荷载作用下，24 h 内沉降速率不能达到相对稳定标准；

④ 总沉降量与承压板直径（或宽度）之比超过 0.06。

（2）地基承载力特征值 f_{ak} 的确定

地基承载力特征值是指由载荷试验确定的地基土压力变形曲线的线性变形段内规定的变形所对应的压力值,其最大值为比例界限值。

① 当 $p\text{-}s$ 曲线上有比例界限时,取该比例界限所对应的荷载值;

② 当极限荷载小于对应比例界限的荷载值的 2 倍时,取极限荷载的一半;

③ 当不能按上述两项要求确定时,承压板面积为 $0.25 \sim 0.5 \text{ m}^2$,可取 $s/d = 0.01 \sim 0.015$ 所对应的荷载值(d 为承压板直径),但其值不应大于最大加载量的一半。

同一土层参加统计的试验点不应少于三点,当试验实测值的极差不超过其平均值的 30% 时,取此平均值作为该土层的地基承载力特征值 f_{ak}。

（二）旁压试验

旁压试验又称横压试验。它的原理是通过旁压器,在竖直的钻孔内使旁压膜膨胀并由该膜（或护套）将压力横向传给周围土体,使土体产生变形直至破坏,从而得到压力与钻孔体积增量（或旁压膜膨胀横向位移）之间的关系曲线,称为 $p\text{-}V$ 曲线,又称旁压曲线。典型的横向压力和横向变形关系曲线如图 7-11 所示。

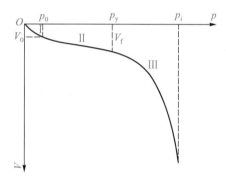

图 7-11　旁压试验压力与变形的典型曲线

Ⅰ 段:初始阶段,随着压力的增大,变形逐渐减少;

Ⅱ 段:似弹性阶段,压力与变形大致呈直线关系;

Ⅲ 段:塑性变形阶段,随着压力的增大,变形迅速增大。

Ⅰ 段与 Ⅱ 段间的界限压力相当于土的静止水平总压力 p_0;Ⅱ 段与 Ⅲ 段间的界限压力相当于临塑压力 p_y;Ⅲ 段末尾渐近线的压力为极限压力 p_l。用旁压试验确定地基承载力特征值可采用如下方法:

1. 临塑压力法

$$f_{ak} = p_y - p_0 \tag{7-3}$$

式中:p_0——土的静止水平总压力,kPa,其值可按下式计算:

$$p_0 = k_0 \gamma z + u \tag{7-4}$$

式中:k_0——试验深度处静止土压力系数,可按地区经验确定,一般砂土和粉土取 0.5,可塑到坚硬黏性土取 0.6,软塑黏性土、淤泥、淤泥质土取 0.7;

　　γ——试验深度以上土的天然重度,当位于地下水位以下时取浮重度,kN/m³;

　　u——试验深度处土的孔隙水压力,kN/m³,在地下水位以上 $u = 0$,在地下水位以下时,$u = \gamma_w(z - h_w)$;

　　γ_w——地下水的浮重度,kN/m³;

　　z——试验深度,m;

　　h_w——地面到地下水位的深度,m。

2. 极限压力法

对于红黏土、淤泥等,其旁压曲线经过临塑压力后急剧拐弯,当破坏时的极限压力与临塑压力之比值(p_l/p_y)小于 1.7 时,地基承载力特征值可按下式计算:

$$f_{ak} = (p_l - p_0)/K \tag{7-5}$$

式中:K——安全系数,一般取 2,也可按地区经验确定。

(三)螺旋压板载荷试验

螺旋压板载荷试验是 20 世纪 70 年代初发展起来的一种原位测试技术。它是借助人力或机械力将螺旋板作为承压板旋入地下预定深度,用千斤顶通过传力杆向螺旋板施加压力,反力由螺旋地锚提供。施加的压力由位于螺旋板上端的电测传感器测定,同时测量承压板的沉降。如图 7-12 所示。

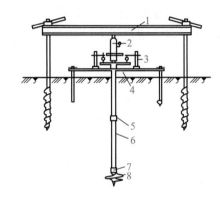

在某一深度的试验完成后,将螺旋板旋到下一预定的试验深度,可继续进行试验。试验点间距一般为 1 m,对厚层的均匀土层可采用 2~3 m 的间距。螺旋压板载荷试验的可靠性在很大程度上取决于螺旋板钻入地基中对土的扰动程度。

图 7-12　螺旋压板载荷试验装置
1—反力装置;2—油压千斤顶;3—百分表及磁性支座;
4—百分表横梁;5—传力杆接头;6—传力杆;
7—测力传感器;8—螺旋承压板

螺旋压板载荷试验适用于一定深度(特别是地下水位以下)的砂土、粉土和黏性土层。它可以在不同深度处的原位应力条件下进行试验,扰动较小,能较好地反映地基土的性状。最大试验深度达 30 m。

由螺旋压板载荷试验资料绘制 p-s 曲线和确定地基土承载力特征值的方法与常规载荷试验基本相同。只不过在螺旋压板载荷试验中,p_y、p_u 均已包含了上覆土体自重压力的因素,在采用 p_y 与 p_u 评定地基土的承载力时,不必再进行深、宽修正。

二、强度理论确定地基承载力

计算地基承载力的理论公式有临塑荷载法和极限荷载法两类。临塑荷载是地基土中刚开始出现塑性剪切变形时的临界压力。极限荷载就是地基丧失稳定性时作用于地基的压力,此时,地基已完全剪切破坏。对于给定的基础,地基从开始出现塑性区到整体剪切破坏,相应的基础荷载有一个相当大的变化范围。实践证明,地基中出现小范围的塑性区域,对地基的安全并无妨碍,而且与极限荷载相比,一般仍有足够的安全度。因此,我国《建筑地基基础设计规范》(GB 50007—2011),采用塑性区最大深度不大于基础宽度的 1/4 所对应的临界压力 $p_{1/4}$,以 $p_{1/4}$ 为基础的理论公式并结合工程经验给出计算地基承载力特征值的公式:

$$f_a = M_b \gamma b + M_d \gamma_m d + M_c c_k \tag{7-6}$$

式中:　f_a——由土的抗剪强度指标确定的地基承载力特征值,kPa;

　　　　b——基础底面宽度,大于 6 m 时按 6 m 取值,对于砂土小于 3 m 时按 3 m 取值;

　　　　d——基础埋置深度,m,一般自室外地面标高算起;

M_b、M_d、M_c——承载力系数,按表 7-1 确定;

c_k——基底下 1 倍短边宽深度内土的内聚力标准值;

γ——基础底面以下土的重度,地下水位以下取浮重度;

γ_m——基础底面以上土的加权平均重度,地下水位以下取浮重度。

采用式(7-6)确定地基承载力特征值时,基础偏心距 e 应小于或等于 0.033 倍基础底面宽度,并应满足变形要求。

表 7-1 承载力系数 M_b、M_d、M_c

土的内摩擦角标准值 ϕ_k/(°)	M_b	M_d	M_c	土的内摩擦角标准值 ϕ_k/(°)	M_b	M_d	M_c
0	0.00	1.00	3.14	22	0.61	3.44	6.04
2	0.03	1.12	3.32	24	0.80	3.87	6.45
4	0.06	1.25	3.51	26	1.10	4.37	6.90
6	0.10	1.39	3.71	28	1.40	4.93	7.40
8	0.14	1.55	3.93	30	1.90	5.59	7.95
10	0.18	1.73	4.17	32	2.60	6.35	8.55
12	0.23	1.94	4.42	34	3.40	7.21	9.22
14	0.29	2.17	4.69	36	4.20	8.25	9.97
16	0.36	2.43	5.00	38	5.00	9.44	10.80
18	0.43	2.72	5.31	40	5.80	10.84	11.73
20	0.51	3.06	5.66				

注:ϕ_k——基底下 1 倍短边宽深度内土的内摩擦角标准值。

三、经验方法确定地基承载力

现场载荷试验法确定地基承载力时需要笨重的仪器设备,操作费力和费时,不便于广泛应用;强度理论公式计算法又有一定的假设条件。经验方法是指在前人理论和试验研究及大量经验总结后提出的一些实用化确定地基承载力的方法。这些方法已列入国家、行业及地方规范中,或编入岩土工程手册及工程地质手册,作为综合确定地基承载力的方法,具有方便、经济、可靠和快速等特点,在工程勘察和建设中得到广泛应用。

(一)间接原位测试方法

间接原位测试方法主要有静力触探试验、标准贯入试验、动力触探试验等(具体方法详见本书第 9 章),不能直接测定地基承载力,但可以采用与载荷试验结果对比分析的方法,选择有代表性的土层同时进行载荷试验和原位测试,分别求得地基承载力和原位测试指标,积累一定数量的数据组,用回归统计方法建立回归方程,间接地确定地基承载力。

我国幅员广大,土质条件各异,具有很强的地域性,各地区和各部门在使用上述测试方法的过程中积累了许多地区性和行业性的经验,建立了许多地基承载力和原位测试指标之间的经验公式,代表性的公式见表 7-2。表中 p_s 为静力触探试验的比贯入阻力,N 为标准贯入试验击数,N_{10} 为轻便动力触探试验击数。必须指出,经验公式都是根据一定地区或特定土类的试验资料统计得到的,使用时应注意其适用范围,以免发生误用。

表 7-2   确定地基承载力特征值 f_{ak} (单位为 kPa)的经验公式

经验公式	适用范围/MPa	适用地区和土类	公式来源
$0.083 p_s + 54.6$	$0.3 \sim 3$	淤泥质土、一般黏性土	武汉联合试验组
$5.25\sqrt{p_s} - 103$	$1 \sim 10$	中、粗砂	
$0.02 p_s + 59.5$	$1 \sim 15$	粉、细砂	
$5.8\sqrt{p_s} - 46$	$0.35 \sim 5$	$I_p > 10$ 的一般黏性土	《动力触探技术规程》[①] (TBJ 18—1987)
$0.89 p_s^{0.63} + 14.4$	$\leqslant 24$	$I_p \leqslant 10$ 的一般黏性土	
$0.112 p_s + 5$	< 0.9	软土	
$1.482 p_s^{0.60}$	$0.5 \sim 6$	$I_p > 10$ 的新近沉积土	
$0.999 p_s^{0.63}$	$0.5 \sim 10$	$I_p \leqslant 10$ 的新近沉积土	
$0.070 p_s + 37$		上海淤泥质黏性土	同济大学等
$0.075 p_s + 38$		上海灰色黏性土	
$0.055 p_s + 45$		上海粉土	
$115 p_s - 220$	$0.6 \sim 7$	新近沉积黏性土	北京勘察院
$8.06 p_s^{0.387}$	$0.24 \sim 2.35$	一般黏性土	天津建筑设计院
$0.074 p_s + 82$	$1 \sim 5$	$I_p > 10$ 的一般黏性土	青岛城建局
$0.05 p_s + 73$	$1.5 \sim 6$	一般黏性土	建设部综勘院
$72 + 9.5 N^{1.2}$		粉土	铁道部第三设计院
$222 N^{0.3} - 212$		粉、细砂	
$850 N^{0.1} - 803$		中、粗砂	
$24 + 4.5 N_{10}$		新近沉积黏性土	广东省建筑设计院

注:计算时静力触探比贯入阻力 p_s 以 kPa 代入,计算结果亦为 kPa。I_p 为黏性土塑性指数。

(二)地基承载力表

地基承载力表是工程经验的总结,是在大量试验资料统计分析的基础上得到的。若要利用这些表确定地基承载力,必须采取岩、土样进行室内试验,以及现场进行动力触探、标准贯入试验等原位测试。测出的有关指标,应根据室内试验样品数量及试验结果离散程度的影响,对相应指标进行回归修正后得出标准值。从表中查到地基承载力特征值,在用于工程实际时还应进行深、宽修正。

地基承载力表毕竟是试验资料和工程经验的归纳总结,在制定地基承载力表时,各行

---

① 已作废,现行规程为《铁路工程地质原位测试规程》(TB 10018—2018)。

业系统根据各自行业的特点及经验,制成的承载力表中采用的指标不尽相同,使用时应注意其适用范围。因此,应以当地经验或地区规范为准。在无地区经验或地区规范时,可参考表7-3至表7-10确定。

表7-3　岩石承载力特征值f_{ak}　　　　　　　　　　　　　　　　　　kPa

岩石类型	风化程度		
	强风化	弱风化	微风化
硬质岩	500~1 000	1 500~2 500	4 000
软质岩	200~500	700~1 200	1 500~2 000
极软岩	150	300~500	800~1 200

注:对于微风化的硬质岩石,其承载力如取用大于4 000 kPa时,应有工程实践经验。

表7-4　卵石、碎石土承载力特征值f_{ak}　　　　　　　　　　　　　kPa

土的名称	密实度		
	稍密	中密	密实
卵石	300~400	500~800	800~1 000
碎石	200~300	400~700	700~900
圆砾	200~300	300~500	500~700
角砾	150~200	200~400	400~600

注:1. 表中数字适用于骨架颗粒孔隙全部由中砂、粗砂或硬塑、坚硬状态的黏性土所充填;

2. 当粗颗粒为中等风化或强风化时,可按其风化程度适当降低承载力;当颗粒间呈半胶结状时,可适当提高承载力。

表7-5　砂土密实度的承载力特征值f_{ak}　　　　　　　　　　　　kPa

土的名称		密实度		
		稍密	中密	密实
砾砂、粗砂、中砂 (与饱和度无关)		160~220	240~340	400
细砂、粉砂	稍湿	120~160	160~220	300
	很湿		120~160	200

表7-6　砂土标准贯入试验的承载力特征值f_{ak}　　　　　　　　kPa

N　　土类	10	15	30	50
中、粗砂	180	250	340	500
粉、细砂	140	180	250	340

注:N为标准贯入试验锤击数,杆长超过3 m需进行修正。

表 7-7　一般黏性土承载力特征值 f_{ak}　　　　　　kPa

液性指数 I_L 孔隙比 e	0	0.25	0.50	0.75	1.00	1.20
0.5	450	410	370	(340)		
0.6	380	340	310	280	(250)	
0.7	310	280	250	230	200	160
0.8	260	230	210	190	160	130
0.9	220	200	180	160	130	100
1.0	190	170	150	130	110	
1.1		150	130	110	100	

注:有括号者仅供内插用。

表 7-8　黏性土承载力特征值 f_{ak}　　　　　　kPa

N	3	5	7	9	11	13	15	17	19	21	23
f_{ak}	105	145	190	235	280	325	370	430	515	600	680

注:N 为标准贯入试验锤击数,杆长超过 3 m 需进行修正。

表 7-9　黏性土承载力特征值 f_{ak}　　　　　　kPa

N_{10}	15	20	25	30
f_{ak}	105	145	190	230

注:N_{10} 为轻便动力触探试验锤击数。

表 7-10　素填土承载力特征值 f_{ak}　　　　　　kPa

N_{10}	10	20	30	40
f_{ak}	85	115	135	160

注:N_{10} 为轻便动力触探试验锤击数。

7.2.3　地基承载力的深、宽修正

　　上述地基承载力都是在基础宽度 b 和埋深 d 在一定条件下($b<3$ m,$d<0.5$ m)的特征值 f_{ak},如基础的实际宽度或埋深超过规定标准,则根据地基承载力的基本概念,实际地基承载力也有所变化,因此需要修正。

　　从地基的变形来看,基础埋深越大,在同样的基底压力下,附加压力越小,所产生变形也越小;从地基的强度来看,基础埋深越大,地基的 $p_{1/4}$、p_u 也都越大。因此,地承载力可以随基础的埋深增大而提高。基础宽度对地基承载力的影响则不同:从地基的变形来看,基础越宽,在同样的基底压力下,地基的压缩层厚度愈大,所产生的变形也越大,所以对基础宽度的修正要慎重。但从地基的强度来看,则基础越宽,地基的 $p_{1/4}$、p_u 也越大。

我国的《建筑地基基础设计规范》(GB 50007—2011)规定,当基础宽度大于 3 m 或埋深大于 0.5 m 时,地基承载力特征值应按下式修正:

$$f_a = f_{ak} + \eta_b \gamma (b-3) + \eta_d \gamma_m (d-0.5) \tag{7-7}$$

式中:f_a——修正后的地基承载力特征值,kPa。

　　f_{ak}——地基承载力特征值,kPa。

　　b——基础底面宽度,基宽小于 3 m 按 3 m 取值,大于 6 m 按 6 m 取值。

　　d——基础埋置深度,m,一般自室外地面标高算起;在填方整平地区,可自填土地面标高算起,但填土在上部结构施工后完成时,应从天然地面标高算起。对于地下室,如采用箱形基础或筏基时,基础埋置深度自室外地面标高算起;当采用独立基础或条形基础时,应从室内地面标高算起。

　　γ——基础底面以下土的重度,地下水位以下取浮重度。

　　γ_m——基础底面以上土的加权平均重度,地下水位以下取浮重度。

　　η_b、η_d——基础宽度和埋深的地基承载力修正系数,按表 7-11 取值。

表 7-11 承载力修正系数

土的类别		η_b	η_d
淤泥和淤泥质土		0	1.0
人工填土中 e 或 I_L 大于等于 0.85 的红黏土		0	1.0
红黏土	含水比 $\alpha_w > 0.8$	0	1.2
	含水比 $\alpha_w \leq 0.8$	0.15	1.4
大面积压实填土	压实系数大于 0.95、黏粒含量 $\rho_c \geq 10\%$ 的粉土	0	1.5
	最大干密度大于 2.1 t/m³ 的级配砂石	0	2.0
粉土	黏粒含量 $\rho_c \geq 10\%$ 的粉土	0.3	1.5
	黏粒含量 $\rho_c < 10\%$ 的粉土	0.5	2.0
e 及 I_L 均小于 0.85 的黏性土		0.3	1.6
粉砂、细砂(不包括很湿与饱和时的稍密状态)		2.0	3.0
中砂、粗砂、砾砂和碎石土		3.0	4.4

注:强风化和全风化的岩石,可参照所风化成的相应土类取值,其他状态下的岩石不修正。

§7.3 地基处理

7.3.1 各种地基地质条件适用的基础类型

基础是将上部建筑物的荷载传递给地基,使其产生附加应力和变形,同时在地基反力作用下产生内力的下部建筑物。地基与基础的相互作用决定了基底压力或地基反力的分布和大小。故基础设计时不仅要考虑基础应具有足够的强度和刚度,还要满足地基的强度和不产生超过允许的变形和沉降,所以基础设计又统称为地基基础设计。设计时,应针对工程结构特点和地基的地质条件,考虑基础的适用性,合理地选择建筑物的基础。目前,建筑物的基础类型很多,可以按不同的依据进行分类,各种基础有其适用的条件。

一、基础的主要类型

1. 按埋置深度划分

① 浅基础:基底埋深小于 5~10 m,可以用一般方法施工的基础。

② 深基础:基底埋深大于 10 m,需要采用特殊方法才能施工的基础,如桩基、沉井、地下连续墙等。

2. 按基础材料划分

① 砖基础:由砖砌筑的基础。

② 毛石基础:用未加工凿平的毛石砌置的基础。

③ 灰土基础:由石灰和黏性土按一定比例加适量的水拌和配制的材料经分层夯实而成。

④ 三合土基础:由石灰、砂与碎石按一定比例(一般为 1∶2∶4)加水拌和、夯实而成。

⑤ 混凝土基础:由水泥、砂与石子加水拌和浇制而成。

⑥ 钢筋混凝土基础:由钢筋和混凝土材料浇制而成。

3. 按基础构造形式划分

7.3-1　条形基础

① 条形基础:是基础长度远大于宽度的一种基础。按上部结构形式,可分为墙下条形基础或柱下条形基础,见图 7-13 和图 7-14。

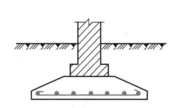

图 7-13　墙下钢筋混凝土条形基础

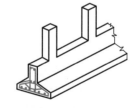

图 7-14　柱下钢筋混凝土条形基础

② 独立基础:在建筑物下单独设置一个基础,此类基础常用于高炉、水塔、烟囱等构筑物。根据其构造又可分为薄壳基础、杯形基础和柱式基础,见图 7-15 和图 7-16。

7.3-2　独立基础

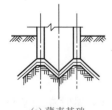

(a) 薄壳基础

(b) 杯形基础

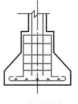

(c) 柱式基础

图 7-15　独立基础(示意图)

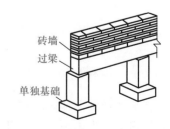

图 7-16　墙下独立基础

③ 筏形基础:当地基特别软弱、荷载较大时,可将基础底板连成一片而成为筏形基础,根据其构造又分成平板式筏形基础和梁板式筏形基础,见图 7-17。筏形基础整体性好,能适应基础各部分的不均匀沉降。

7.3-3 筏形基础

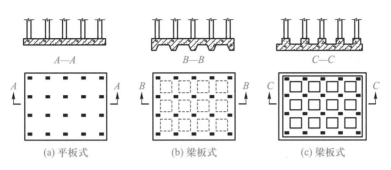

A—A　　　　　B—B　　　　　C—C

(a) 平板式　　　(b) 梁板式　　　(c) 梁板式

图 7-17　筏形基础

④ 箱形基础:当地基特别软弱、荷载很大时,为了使基础具有更大的刚度,大大减少建筑物的相对弯矩,可将基础做成由顶板、底板及若干纵横隔墙组成的箱形基础,其空心部分常用作地下室,见图 7-18。此种基础在高层建筑及重要的构筑物中常被采用。

4. 深基础类型划分

(1) 桩基

当上部建筑物的荷载较大,地面下浅层适合作为地基持力层的地基土较软弱时,常采用桩基把荷载传到深部良好的地基土层上,见图 7-19。桩基根据受力形式可分为端承桩和摩擦桩,根据施工方式又可分为挖孔灌注桩、钻孔灌注

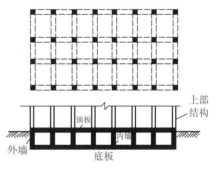
图 7-18　箱形基础

7.3-4 箱形基础

7.3-5 挖孔灌注桩

7.3-6 钻孔灌注桩

7.3-7 打入桩

桩(分为冲击钻和回旋钻两种)、打入桩等。端承桩靠桩端传递上部荷载,摩擦桩靠桩周摩擦力承受上部荷载,前者主要用于下部有持力层的地基,后者主要用于下部无持力层的地基。挖孔灌注桩由人工挖孔后进行钢筋混凝土灌注,挖孔时常常需要进行孔壁防护,以防挖孔时孔壁垮塌。钻孔灌注桩由钻机成孔后灌注钢筋混凝土,土体较软时可用冲击钻成孔,土体较硬时可用回旋钻成孔。打入桩是用重锤将已成型的钢筋混凝土桩打入地基内,如成型的钢筋混凝土桩是空心桩,则还需进行浇注。

7.3-8 桩基

(2) 沉井

沉井是一种井筒状结构物,一般在施工现场就地制作,利用筒内挖土、沉井在自重作用下下沉,随着沉井的下沉,井筒逐渐接高,沉到设计深度后,浇注封底混凝土,根据设计要求筒内回填砂石或混凝土,再在其上构筑上部结构,见图 7-20。沉井能承受较大荷载,整体性好,抗挠曲性好,当软弱地基厚度大、深部有良好持力层时,可选用,如铁路桥梁基础。当地基土中夹有较多的坚硬石块时,沉井下沉容易被石块"卡死"无法下沉到位或引起偏斜,选用时应注意其适用性。

7.3-9 沉井

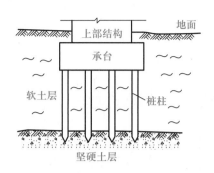

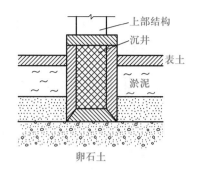

图 7-19　桩基示意图　　　　　　　　图 7-20　沉井构造连接示意图

7.3-10 地
下连续墙

（3）地下连续墙

地下连续墙是在地面上由专门的挖槽设备,按工程界限挖槽,槽内设置钢筋笼,灌注混凝土后形成一段地下连续墙体,作为基础、承重、截水、挡土用,在城市地下铁道施工中,遇到厚层软弱土层时,可根据工程和场地地质条件选用。

5. 按基础受力性质划分

（1）刚性基础

刚性基础是由砖、石、混凝土和三合土等抗压性能较好,而抗拉、抗剪强度较低的材料砌筑而成的,又称无筋扩展基础。这种基础本身具有一定的抗压强度,能承受上部建筑物的竖向荷载,但不能承受挠曲变形产生的拉应力和剪应力。

（2）柔性基础

实际上指钢筋混凝土基础,它具有一定的抗压强度,又能承受一定挠曲变形产生的拉应力和剪应力。

二、基础类型的选择

基础是工程建筑物的重要组成部分,基础设计必须保证它有足够的强度、刚度及耐久性。设计时既要考虑上部建筑物的结构特点与要求、荷载大小和性质,又要考虑地基的工程地质特征、力学性质,此外,还要考虑施工技术的可行性和经济的合理性等。即应对上部结构、基础和地基条件三方面综合考虑,基础设计的内容包括基础类型的选择、埋置深度、基础底面积大小和内力、断面及配筋计算等。本节概要介绍基础类型与地基工程地质条件的关系,地基工程地质条件是基础设计与施工必须考虑的重要因素。一般而言,岩石地基强度高,除了在特定的地质条件下需要做地基稳定性检算外,其他方面容易满足设计要求。这里主要讨论土质地基。

1. 一般土质地基的基础类型选择

地基土形成的地质条件不同,其组成情况不同,常见的有以下几种选择形式:

① 地基土由均匀、承载能力较高的土层组成。上部荷载不大时可采用刚性基础;荷载较大时可采用独立基础。

② 地基土由均匀、高压缩性的软土或软弱土层构成,一般民用建筑或高层建筑物考虑设置地下室时可采用箱形基础或桩基。箱形基础整体性好、刚度大,能适应由于荷载大、地基软弱产生的不均匀沉降;桩基础由埋置于土中的桩柱和承受上部结构传来荷载的

承台所组成,荷载通过桩柱和桩周摩擦力传递给深部土层或侧向土体,参见图 7-18 和 7-19。

③ 地基土由两层土组成,上层是压缩性较大的软土,下层是压缩性较小的硬土,地基类型可视具体情况而定。

a. 软土厚度不足 2 m 时,可将软土挖掉,将基础置于下伏的硬土上;

b. 软土厚度大于 2 m、全部挖去工程量太大时,对于低层轻型建筑,可以挖取部分软土再将基础设在其上,并采用筏形基础;对于高层建筑则应采用桩基或箱形基础。

④ 地基土仍由两层组成,但上层为压缩性小的硬土,下层为压缩性大的软弱土层。如果表层硬土厚度较大,对于一般低矮的混合结构的民用建筑,可将基础埋置浅些,充分利用表层硬土层,基础类型与均匀土层相同;对于高层建筑或大型桥梁墩、台基础,则必须将基础埋在一定深度,并用桩基、箱形基础等,确保建筑物的安全。

⑤ 由多层软、硬土质互层组成的地基,基础类型的选择取决于以什么土层作为持力层和持力层的深度。当持力层为硬土,且深度不大、有一定厚度时可采用柔性筏形基础作为一般民用建筑物基础;当硬土持力层深度大或者持力层厚度小且位置浅必须将基础深埋时,都采用桩基。

2. 特殊土地基的基础类型选择

① 湿陷性黄土地基:湿陷性是这类地基的主要隐患,如果湿陷性较小,湿陷性土层不厚,对于一般民用建筑在做好防水措施后,可以采用其他基础类型或抵抗不均匀沉降较强的柔性基础或筏形基础。对大型工业厂房或重型建筑则应采用桩基。

② 软土地基:软土地基的承载力和沉降量一般均不能满足要求,大多采用地基处理来满足建筑要求,对一般性建筑或层数不高的高层建筑,则首选基础类型为箱形基础或桩基,也可采用筏板加桩的复合基础。

③ 膨胀土地基:吸水膨胀、失水收缩是这类地基的最大危害,根据地基膨胀、收缩变形等级不同,基础类型的选择也应有所不同。较均匀的弱膨胀土地基,可采用埋深较大的柔性基础;强膨胀土地基可用箱形基础,减小膨胀土层的厚度;采用桩基时,桩端应穿透膨胀土层,进入非膨胀土层。

7.3.2 地基处理

没有经过人工加固就可以在其上修建基础的地基称为天然地基。工程建筑物应尽量修建在天然地基上,但由于现代建筑物的荷载越来越大,使用要求越来越高,能够满足设计要求的天然地基日趋减少,原来被认为是良好的地基,也可能在新的条件下不能满足上部结构的要求。随着我国国民经济的高速发展,我国基本建设的蓬勃兴起,建设用地日益紧张,许多工程不得不建造在不适合建筑的场地上。同时,随着目前工程建设中,大型、重型、高层乃至超高层建筑和有特殊要求的建(构)筑物的日渐增多,也对地基提出了新的、更高的要求。因此,对于那些土质软弱、不能满足建(构)筑物强度或变形要求;或者由于动力荷载(如地震荷载)作用而可能产生液化、失稳和震陷等灾害;或者由于浸水而产生沉陷;或者由于吸水膨胀、失水下陷的地基必须进行人工处理。这种对不良场地进行补强加固的过程,即称为地基处理。地基处理的对象主要是软弱地基和特殊土地基。

一、软弱地基

我国《建筑地基基础设计规范》(GB 50007—2011)中规定,软弱地基指主要由淤泥、淤泥质土、冲填土、杂填土或其他高压缩性土层构成的地基。

1. 软土

软土包括淤泥和淤泥质土,特性是含水量高、孔隙比大、渗透系数小、压缩性高、抗剪强度低。在外荷载作用下,软土地基承载力低,地基变形大,不均匀变形也大,且变形稳定历时较长。在比较深厚的软土层上,建筑物基础的沉降往往持续数年甚至数十年之久。软土地基是在工程实践中遇到最多需要人工处理的地基。

2. 冲填土

冲填土是指在整治和疏浚江河航道时,用挖泥船通过泥浆泵将含大量水分的泥砂吹到江河两岸而形成的沉积土。冲填土的工程性质主要取决于颗粒组成、均匀性和排水固结条件。如以黏性土为主的冲填土往往是欠固结的,其强度较低且压缩性较高,一般需经过人工处理才能作为建筑物的地基;如以砂土或其他粗颗粒所组成的冲填土,其性质基本上与砂土相类似,可按砂土考虑是否需要进行地基处理。

3. 杂填土

杂填土是由人类活动所形成的建筑垃圾、工业废料和生活垃圾等无规则堆填物。杂填土的成分复杂,组成的物质杂乱,分布极不均匀,结构松散且无规律性。杂填土的主要特性是强度低、压缩性高和均匀性差,即便在同一建筑场地的不同位置,其地基承载力和压缩性也有较大的差异。杂填土未经人工处理一般不宜作为持力层。

4. 其他高压缩性土

饱和松散粉细砂及部分粉土,在机械振动、地震等动力荷载的重复作用下,有可能会产生液化或震陷变形。另外,在基坑开挖时,也可能会产生流砂或管涌,因此,对于这类地基土,往往需要进行地基处理。

二、特殊土地基

特殊土地基大部分带有地区性特点,包括湿陷性黄土、膨胀土和冻土等。黄土浸水湿陷而引起建筑物的不均匀沉降;膨胀土吸水膨胀和失水收缩,具有较大胀缩性,会对建筑物造成危害;冻土尤其是季节性冻土在冬季冻结,夏季融化,对地基的不均匀沉降和地基的稳定性影响较大。因此,特殊土地基也需要进行地基处理。

三、地基处理的目的

地基处理的目的是采取切实有效的措施,改善地基的工程性质,满足工程建筑的要求,具体为:

① 提高地基的承载力,满足地基土在上部结构的自重及外荷载作用下不致产生局部或整体剪切破坏,保证其稳定性。

② 减少地基压缩性,减小建筑物的沉降量和不均匀沉降,满足地基土在上部结构自重及外荷载作用下不致产生过大的变形,特别是超过建筑物所允许的不均匀沉降变形。

③ 改善地基的动力特性,提高其抗震性能,满足地基土动力稳定性要求,在动力荷载(如地震荷载)作用下不致发生液化、失稳或震陷等灾害。

④ 改善地基渗透性,满足地基土的地下水不会由于施工而造成渗漏或水力梯度超过允许值,而发生涌土、流砂、边坡滑动等事故。

⑤ 改善地基土的不良特性,如消除湿陷性,提高抗液化能力等。使特殊土地基满足稳定性要求,建筑物不会由于特殊土而发生损坏。

四、地基处理方法

地基处理的方法多种多样。按地基处理作用机理可分为置换、夯实、挤密、排水、胶结、加筋和冷热等处理方法。《建筑地基处理技术规范》(JGJ 79—2012)采用的地基处理方法有预压法、换填法、强夯法、振冲法、土或灰土挤密法、砂石桩法、深层搅拌法、高压喷射注浆法、托换法、强夯置换、水泥粉煤灰碎石桩法、夯实水泥土桩法、柱锤冲扩法、单液硅化法和碱液加固法等。此外,还有不少地区性规范或规程。常用地基处理方法及其适用范围见表7-12。

表 7-12　常见地基处理方法及适用范围

分类	方法	加固原理	适用范围	
排水固结法	堆载预压法	通过在软土上预先堆置相当于建筑物重量的荷载,以预先完成或大部分完成地基沉降,并通过地基土的固结以提高地基承载力	淤泥、淤泥质土、冲填土等饱和黏性土及杂填土,对于厚的泥炭层应慎重对待。为缩短固结时间,常设置砂井或塑料排水板,对黏土层较薄或千层土,也可单独采用堆载。该法需要较长的时间,最大加固深度为20 m(需具有竖向排水通道)	7.3-11 堆载预压
	超载预压法	通过在软土上预先堆置超过建筑物永久重量的荷载,以预先完成软土大部分次固结	淤泥、淤泥质土、冲填土等饱和黏性土及杂填土,对于厚的泥炭层应慎重对待。为缩短固结时间,常设置砂井或塑料排水板;对黏土层较薄或千层土,也可单独采用堆载。该法需要较长的时间,最大加固深度为20 m(需具有竖向排水通道),能有效地消除软土的次固结	
	真空预压法	在软土地基上铺设砂垫层,并设置竖向排水通道(砂井、塑料排水板),再在其上覆盖不透气的薄膜形成一密封层,然后用真空泵抽气,使排水通道保持较高的真空度,在土的孔隙水中产生负的孔隙水压力,孔隙水逐渐被吸出,从而使土体达到固结	软黏土、冲填土地基。一般能形成78~92 kPa的等效荷载,与堆载预压法联合使用,可产生130 kPa的等效荷载。加固深度一般不超过20 m	7.3-12 真空预压

分类	方法	加固原理	适用范围
排水固结法	电渗排水法	通过向土中插入的金属电极通以直流电,使土中水流由正极区域流向负极区域,使正极区域土体由于水流排出而固结	饱和低黏性土、砂土。在碳酸钙组成的土、某些工业废料及石灰中,水流可能出现由负极向正极流动
	降低水位法	通过从与透水层连接的排水井中抽水降低地下水位,增加土的自重应力,从而达到预压的目的	渗透系数至少大于 10^{-6} m/s 的砂性土或千层土及下卧层有透水层的软土。由于使土体孔隙水压力降低而固结,土体不会产生剪切破坏,是一种临时性加固措施
注浆加固	深层搅拌法(湿法)	利用水泥浆等材料作为固化剂,通过特制的深层搅拌机在地基深部就地将软土和固化剂强制拌和,使软土硬结而提高地基承载力	淤泥、淤泥质土、含水量较高且地基承载力不大于 120 kPa 的黏性土、粉土等软土地基。在有较厚泥炭土层的软土地基上,宜通过试验确定其适用性,并可适量添加磷石膏以提高搅拌桩桩身强度。当地下水中含有大量硫酸盐时,宜采用抗硫酸盐水泥,防止硫酸盐的侵蚀。冬季施工应注意负温对处理效果的影响。适合于 7 层以下的民用与工业建筑
	高压喷射注浆法	利用钻机把带有喷嘴的注浆管钻到预定深度的土层,将浆液以高压冲切土体,使土体与浆液搅拌混合,并按一定的浆土比例和质量重新排列,在土中形成一个固化体	淤泥、淤泥质土、黏性土、粉土、黄土、砂土、人工填土和碎石土等地基。对于湿陷性黄土以及土中含有较多的大粒径块石、坚硬黏性土、大量植物根茎或过多有机质时,应根据现场试验结果确定其适用程度。对地下水流速过大和涌水的工程以及对水泥有严重侵蚀的地基,应慎重使用。尤其适用于既有建筑的地基加固
	渗入性灌浆	在不使地层结构受到扰动和破坏的压力作用下,使浆液渗入到土层孔隙和裂隙中,凝固、硬化,从而加强地基土强度	用普通水泥配制的灌浆材料,适用于渗透系数 $K > 10^{-3}$ m/s 的土。用超细水泥($d_{50} = 3 \sim 4$ μm)配制的灌浆材料适用于 $K = 10^{-1} \sim 10^{-2}$ m/s 的土。黏土水泥灌浆适用于渗透系数 $K > 10^{-4}$ m/s 的土。化学灌浆适合于渗透系数 $K > 10^{-6}$ m/s 的土层

7.3-13 降低水位

7.3-14 高压旋喷

7.3-15 水泥注浆

分类	方法	加固原理	适用范围
注浆加固	压密灌浆法	通过钻孔,将压浆管放入到预定深度的土层,向土中压入用高黏滞性土、水泥和水调成的浆液,在压浆点周围形成灯泡形空间,因浆液的挤压作用产生上抬力,从而引起地层局部隆起,以此纠正建筑物的倾斜	软弱黏性土。具有大孔隙或孔穴的地基土、中砂、湿陷性黄土。常用以调整既有建筑物的不均匀沉降
	劈裂灌浆法	在较高的灌浆压力作用下,使浓浆克服土体的初始应力和抗拉强度,在土体内产生水力劈裂和置换作用,形成交叉的结石网格,形成较高强度的空间性刚性骨架。在水力劈裂过程中,土体中自由水和毛细水被排走,表面水被吸收,土体发生固化和化学硬化作用,使土体再次得以加固	粉土、软黏土,处理效果难以预测
	电化学灌浆法	通过电化学作用,促使通电区域内含水量降低,形成渗浆"通道",并同时向土中注浆液,使之在"通道"上与土粒胶结成具有一定力学强度的加固体	饱和黏土、粉质黏土。若灌浆材料为胶体时,仅适于渗透系数 $K>10^{-3}$ m/s 的净砂。不适合于电导性土。处理效果难以预测
热力学法	热加固法	通过带孔的管,将热空气与燃料的混合压缩气体压入土中,使细颗粒土得到加热,土的强度得到提高,压缩性降低,并可消除黏土层的膨胀性	渗透性大的无黏性土或含有大量石膏(含量超过30%)的软黏性土。此外也可用于消除湿陷性黄土的湿陷性
	冷冻结法	通过人工制冷,使地基土温度降低到冰点以下,使土中孔隙水冻结,以提高土的强度和降低压缩性	各种类型土。遇到地下水流很大时,冷冻结法效果不好。对于双循环制冷($MgCl_2$ 和 $CaCl_2$ 为制冷剂),地下水流在 $0.05\sim0.1$ h/m 时,就会产生困难,是一种临时性加固措施
加筋法	加筋土	通过加筋挡土墙的带状拉筋与填土的摩擦力来平衡或减小作用于挡土墙的土压力	人工填土、砂土的路堤、挡墙、桥台、水坝

7.3-16 加筋土地基

续表

分类	方法	加固原理	适用范围
加筋法	土工织物	利用土工织物的高强度、韧性等力学性能,扩散土中应力,增大土体的刚度或抗拉强度,与土体构成各种复合土工结构	砂土、黏性土和软土的加固,或用作反滤、排水和隔离的材料
	树根桩	通过就地灌注的小直径灌注桩($\phi 75 \sim 250$ mm),使之与土体构成复合地基,借以提高地基承载力,增加地基的稳定性和减少沉降	各类土。主要用于既有建筑物的加固及稳定土坡、支挡结构物
	锚固法	通过锚固在边坡、地基岩层或土层中受拉杆件的锚固力,承受由于土压力、水压力或风力所施加于结构的推力,维持结构的稳定,如锚杆、锚索加固	可靠锚固的土层或岩层。对软弱黏土宜通过重复(二次)高压灌浆或采用多段扩体或端头扩体以提高锚固段锚固力。对液限 $W_L > 50\%$ 的黏性土,相对密度 $D_r < 0.3$ 的松散砂土及有机质含量较高的土层,均不得作为永久性锚固(>2 年)地层
置换法	粉体喷射法	利用生石灰或水泥等粉体材料作为固化剂,通过特制的深层搅拌机在地基深部就地将软土和固化剂强制拌和,利用固化剂与软土产生的一系列物理-化学反应,形成坚硬的拌合土体,以置换部分软弱土体,形成复合地基	同深层搅拌法。但对于含水量较小的黏性土,处理效果欠佳。与深层搅拌法(湿法)相比,在固化过程中,粉体材料能吸收周围土体更多的水分,使土体固结。适合于 7 层以下的工业与民用建筑。对高层建筑宜试验论证
	振冲置换碎石桩	利用振冲器或沉桩机,在软弱黏土地基中成孔,再在孔内分批填入碎石等坚硬材料,制成桩体,与原地基土构成复合地基,从而提高地基承载力	不排水剪切强度 20 kPa $\leq C_u \leq$ 50 kPa 的饱和软黏土、饱和黄土和冲填土。对不排水剪切强度 $C_u < 20$ kPa 的地基,应慎重对待。能使天然地基承载力提高 20% $\sim$ 60% 左右
	CFG桩	利用振动打桩机击沉 $\phi 300 \sim 400$ mm 的桩管,在管内边振动边填入碎石、粉煤灰、水泥和水按一定比例的配合材料,形成半刚性的桩体,与原地基形成复合地基,从而提高地基承载力	淤泥、淤泥质土、杂填土、饱和及非饱和的黏性土、粉土。能使天然地基承载力提高 70% 以上

7.3-17 CFG
桩复合地基

分类	方法	加固原理	适用范围
置换法	钢渣桩	用振动打桩成孔灌注工艺将废钢渣分批投入并振密直至成桩,与原地基土一起形成复合地基,以提高地基承载力	淤泥、淤泥质土、饱和及非饱和的黏性土、粉土。适合于7层以下的工业与民用建筑
	石灰桩	利用打桩机成孔过程中,沉管对土体的挤密作用和新鲜的生石灰成桩时对桩周土体的脱水挤密作用使周围土体固结;同时由于一系列的物理-化学反应、桩身与桩周土硬壳层组成变形模量较大的桩体,以置换部分软土,同原地基土形成复合地基,从而提高地基承载力	渗透系数适中的软黏土、杂填土、膨胀土、红黏土、湿陷性黄土。不适合地下水位以下的渗透系数较大的土层。当渗透系数太小时,软土脱水加固效果不好,对浓酸碱侵蚀的土层宜慎重使用。一般适用于7层以下的工业与民用建筑
	二灰桩	以部分粉煤灰代替石灰,利用沉桩过程中对土体的挤密作用和离子交换、胶凝、碳化作用,形成较大强度的桩体,以置换部分软土,提高地基承载力	渗透系数适中的软黏土、杂填土、膨胀土、红黏土、湿陷性黄土。不适合地下水位以下的渗透系数较大的土层。当渗透系数太小时,软土脱水加固效果不好,对浓酸碱侵蚀的土层宜慎重使用。一般适用于7层以下的工业与民用建筑。与石灰桩相比,二灰桩的吸水胀发作用较小
	强夯置换	利用数吨或数十吨的重锤从十数米的高空落下,在夯出的直壁夯坑中,倒入置换材料,并连续夯击,逐渐形成直径约2 m的碎石柱体,与周围土体形成复合地基	饱和软黏土,一般适合于3~6 m的浅层处理
	换土回填	将软弱土层挖除,回填性质较好的材料,分层夯实,形成坚硬的垫层,利用垫层本身的高强度和低压缩性,以及扩散附加应力的性能,减少沉降,提高地基承载力	淤泥、淤泥质土、湿陷性黄土、素填土、杂填土地基及暗沟、暗塘等浅层处理,最大深度为3 m
	低强度水泥砂石桩	用振动打桩成孔灌注工艺,将以砂石为主、掺入少量水泥、粉煤灰等其他工业废料的水泥砂石注入土中,形成低强度的水泥砂石桩,与原地基土一起组成复合地基,共同承担上部结构传来的荷载	淤泥、淤泥质土、饱和及非饱和的黏性土、杂填土、粉土地基

续表

分类	方法	加固原理	适用范围
置换法	钢筋混凝土疏桩	采用较大的小桩距(一般大于5~6倍桩径)布置的钢筋混凝土小直径摩擦群桩,使之与承台底土共同承担上部结构的荷载	淤泥、淤泥质土、杂填土、饱和及非饱和的黏性土地基
	褥垫	在同一建筑中,如遇到软硬相差较大的地基时,在较硬的部分铺设一定厚度的土料,形成具有一定压缩性的垫层,使整个建筑物的变形相适应	一部分为岩石或孤石,另一部分为一般土
	砂桩	用水力振冲器或沉桩机成孔,填以砂料,使之置换部分软弱黏土并使土中水分逐步排出而固结,从而提高地基承载力	软弱黏性土,但宜慎重;且需要较长的时间,对不排水剪切强度 $C_u < 15$ MPa 的软土,应采用袋装砂桩
挤密法	平板振动法	由电动机带动两个偏心块以相同速度反向转动产生很大的垂直振动力,使土层夯实	无黏性土或黏粒含量少,透水性较好的松散的杂填土,仅限于表层处理
	机械碾压法	通过压路机、推土机、羊足碾等压实机械来压实地基表层土体	黏性土、湿陷性黄土、膨胀土和季节性冻土,仅限于表层处理
	重锤夯实法	利用1.5~3.0 t的重锤,从2.5~4.5 m的高度自由下落的冲击能来夯实土体	地下水位以上的稍湿的黏性土、砂土、湿陷性黄土、杂填土和分层填土,仅限于浅层处理
	夯坑基础	利用5~10 t的锥形夯锤,从6~7 m高处落下所夯出的夯坑为基槽,直接浇灌混凝土建筑基础。由于夯击使下部土体得以夯实,侧壁得以挤密,从而提高了地基承载力,减小了压缩沉降	软黏土、非饱和的黏性土、无黏性土、松散的杂填土、湿陷性黄土。在饱和的黏性土中,宜在夯击时不断加入石碴或煤碴等

7.3-18 机械碾压

7.3-19 重锤

分类	方法	加固原理	适用范围
挤密法	强夯挤密法	利用 8~30 t 的重锤从 8~20 m 的高处落下的冲击能,以夯击地基土,在地基土中产生冲击波和很大的动应力,使地基土得到密实	碎石土、砂土、杂填土、素填土、湿陷性黄土和低饱和度的粉土与黏性土。对于高饱和度的粉土与黏性土,在经试验论证后,才可使用,且宜设置竖向排水通道。最大处理深度达 40 m。强夯的震动可能会对周围环境造成不良影响
	振冲法	利用振冲器的水平振动力使饱和的无黏性土和砂质粉土液化,颗粒重新排列而密实。如在振冲同时填入砂、石等其他材料,对土层还具有挤密作用	不添加砂、石材料的振冲致密法一般宜用于 0.75 mm 以上颗粒占土体 20% 以上的砂土。 添加砂、石材料的振冲致密法宜用于颗粒小于 0.005 mm 的黏粒含量不超过 10% 的粉土和砂土
	爆破挤密法	利用炸药爆炸所产生的强大的冲击波使地基土挤密或使饱和的松砂发生液化,颗粒重新排列而趋于密实	饱和的松砂($D_r < 0.5$)、非饱和疏松的湿陷性黄土和粉土,但对中密(相对密度 $D_r > 0.6$)以上的砂土,不宜采用该法。爆破力对周围建筑物可能产生破坏。处理后土质不均
	干振碎石桩	利用干法振动成孔器成孔,使土体在成孔和填石成桩过程中被挤向周围土体,从而使桩周土体得以挤密,同时挤密的桩周土和碎石桩共同构成复合地基	松散的(轻便触探试验锤击数 $N_{10} \leq 25$)非饱和黏性土、杂填土、松散的素填土、Ⅱ级以上的非自重湿陷性黄土。适用于 7 层以下的工业与民用建筑
	沉管挤密碎石桩	利用成孔过程中沉管对土的横向挤密及振密作用,使土体向桩周挤压,桩周土体得以挤密,同时分层填入并夯实碎石,形成碎石桩,使得桩与土共同组成复合地基	松散的非饱和黏性土、杂填土、湿陷性黄土、疏松的砂性土。对饱和软黏土,宜慎重使用

7.3-20 强夯

7.3-21 地基工程实例—软土路堤地基加固

7.3-22 地基工程实例二强夯置换法加固软土地基

分类	方法	加固原理	适用范围
挤密法	土桩与灰土桩	利用在成孔过程中,沉管对土的横向挤压作用,使孔内的土挤向周围,使得桩间土得以挤密;再将准备好的素土或灰土分层填入桩孔内,分层捣实形成桩体与桩周土共同组成复合地基	地下水位以上的湿陷性黄土、素土、杂填土,但当含水量大于 23% 及饱和度超过 0.65 时,挤密效果较差。该法不适用于地下水位以下的土层
	碴土桩	利用成孔过程中的横向水平力挤密,使土体向桩周挤密;挤密的桩间土同由碎石、碎瓦等建筑垃圾及其他工业废料构成的桩体共同构成复合地基,以承担上部荷载	杂填土、湿陷性黄土、软土、粉土及酸碱腐蚀环境的土层,常用于处理 7 层以下的工业与民用建筑
	沉管砂桩	利用成孔过程中沉管对土的横向挤密及振密作用,使得桩周土体得以密实,夯填的砂体与挤密的桩间土共同构成复合地基	松散的砂土、砂质粉土、非饱和的黏性土、杂填土、素填土。不适合于饱和的黏性土

思 考 题

7.4-1 第 7 章地基工程地质问题知识点

1. 地基、基础、地基极限承载力、地基允许承载力的定义是什么?
2. 地基变形破坏的主要类型及原理是什么?地基剪切破坏的主要类型是什么?
3. 地基承载力的确定方法主要有哪些?地基平板载荷试验曲线的特征如何?
4. 地基的主要类型有哪些?
5. 地基处理的主要方法有哪些?

7.4-2 第 7 章自测题

第8章

边坡工程地质问题

§8.1　边坡变形破坏的基本类型　　§8.3　边坡稳定性分析方法
§8.2　影响边坡稳定性的因素　　　§8.4　边坡变形破坏的防治措施

　　边坡包括天然斜坡和人工边坡。天然斜坡是地质营力作用的结果,如天然的山坡、谷壁、河岸等。人工边坡是人类工程活动开挖或填筑形成的边坡,如开挖形成的路堑边坡、基坑边坡、矿坑边坡及填筑形成的路堤边坡等。

　　岩土体应力状态在各种自然营力及工程影响下,随着边坡演变而不断变化。天然斜坡和人工边坡,在重力作用及地震、地表水、地下水、人为扰动等因素影响下,常常发生危害性的变形与破坏,导致交通中断、江河堵塞、塘库淤填,甚至酿成巨大灾害。在工程建设及运营阶段,必须保证工程地段的边坡有足够的稳定性。边坡的工程地质问题,就是边坡的变形与稳定性问题。填方边坡的变形与稳定性问题在土力学中已有较系统的阐述,本章重点阐述开挖形成的路堑边坡的变形与稳定性问题,路堑边坡构造如图 8-1 所示。

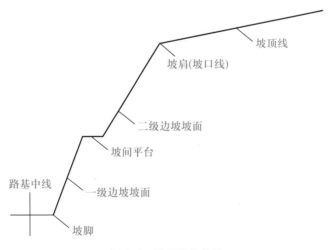

图 8-1　路堑边坡构造

§8.1　边坡变形破坏的基本类型

堑坡形成过程中,边坡岩土体发生应力重分布,导致岩土体原有平衡状态发生变化,在此条件下,坡体将发生不同程度的局部或整体变形,以达到新的平衡。特别是浅表部岩土体由三向应力状态转变为两向应力状态,故开挖山体极易造成浅表部岩土体的溜坍或落石。边坡变形与破坏的形式和过程是边坡岩土体内部结构、应力调整方式、外部条件综合影响的结果,其发生发展过程可以是漫长的,也可以是短暂的。变形与破坏的类型也因坡体介质、坡体结构及诱发因素等的不同而有所差异。对边坡变形破坏的基本类型划分,是边坡稳定性及边坡加固研究的基础。

8.1.1　土质路堑边坡的变形破坏类型

土质路堑边坡一般高度不大,多为数米到二三十米,但也有个别的边坡高达数十米甚至上百米(如天兰线高阳至云图间的黄土高边坡、G323 国道广东揭阳境内的花岗岩残积土边坡)。根据变形破坏的规模,土质路堑边坡变形破坏现象可分为两大类:一类是坡面破坏,破坏范围较小,主要为 2 m 厚度范围内的边坡浅表层土体的局部破坏;一类是坡体破坏,破坏范围较大,失稳厚度大于 2 m。

（1）坡面破坏

8.1-1　边坡坡面破坏

坡面破坏主要包括坡面冲刷和浅表层溜坍等类型。坡面冲刷是指雨水在坡面上形成的径流因动力作用携带走边坡较松散颗粒的现象,往往在坡面上形成条带状的冲沟。表层溜坍多由于开挖扰动、雨水浸蚀、冲刷而产生。上述这些变形破坏往往是边坡更大规模变形破坏的前奏。因而,应对坡面破坏及时进行整治,以免进一步发展。对于因径流引起的冲刷,应作好地表截、排水。对已形成的冲沟,应在维修中予以嵌补,以防止其继续向深处发展。对因地下水引起的表层滑塌,应作好截断地下水或疏导地下水工程,以控制边坡变形的进一步发展。

8.1-2　坡面冲刷

（2）坡体破坏

8.1-3　边坡坡体破坏

指边坡整体破坏,边坡整体坍塌和滑坡均属坡体破坏。土质边坡在坡顶或上部出现连续的拉张裂缝并下沉,或边坡中、下部出现鼓胀现象,都是边坡整体破坏的征兆。一般地区这类破坏多发生在雨季或雨季后。对于有软弱基底的情况,则边坡破坏常与基底的破坏连同在一起。对于这类破坏,在征兆期应加强预报,以防措手不及、发生事故。在处理前必须查明产生破坏的原因,切忌随意清挖,以免进一步坍塌,造成破坏范围扩大。当边坡上层为土,下层为基岩,且层间接触面的倾向与坡面倾向一致,有时由于水的下渗使接触面润滑,会形成上部土质边坡沿接触面滑动的破坏。因此,在勘测、设计过程中必须要对水体在路基中可能起的不良影响予以充分重视。滑坡的有关内容已在第 5 章中专门论述,在此不再重复。

由上述可知,只要在边坡养护维修过程中采用一定措施,就可以制止或减缓坡面破坏的发展。坡体破坏危及行车安全,有时造成线路中断,处理难度也较大。因此,在勘测、设计和施工阶段,应分析边坡可能发生的变形和破坏类型,并采用合理的防护加固措施。

8.1.2　岩质边坡变形破坏的类型

岩质边坡的变形是指边坡岩体只发生局部位移或破裂,没有发生显著的滑移或滚动,不致引起边坡整体失稳的现象。岩质边坡的破坏是指边坡岩体以一定速度发生了较大位移的现象,例如,边坡岩体的整体滑动、滚动和倾倒。变形和破坏在边坡岩体变化过程中是密切联系的,变形可能是破坏的前兆,而破坏则是变形进一步发展的结果。按边坡破坏的范围,岩质边坡破坏也可划分为坡面破坏和坡体破坏。边坡岩体变形破坏的基本形式可概括为松弛、蠕动、剥落、滑移、崩塌落石等。

（1）松弛

岩质边坡逐渐形成的过程,即为岩体应力逐渐调整的过程。河流下切或人工开挖使坡体内岩土体最小主应力逐渐降低,坡面浅表部岩体甚至由三向应力转变为两向应力状态。该过程中,岩体往往会产生一系列走向与坡面近于平行的陡倾角张拉裂隙,并逐渐拉裂、张开。边坡岩体在地震、爆破作用下,也会产生裂隙并逐渐张开,既而向临空方向松动。这种边坡岩体产生裂隙并逐渐松动的过程和现象称为边坡岩体的松弛。

河流下切、人工开挖导致的卸荷作用是边坡岩体松弛的常见因素。卸荷裂隙的分布密度及张开程度由坡面向深处逐渐减小。实践中把发育有卸荷裂隙的坡体部位称为边坡卸荷带,其范围通常用最后一条卸荷裂隙距坡口线的水平距离表示,称为卸荷带深度。

卸荷张裂使边坡岩体强度降低,又使各种营力因素(如地表水)更易深入坡体,加大坡体内各种营力因素的活跃程度。它是边坡变形与破坏的初始表现。所以,划分卸荷带,确定卸荷带范围,研究卸荷带内岩体特征,对论证边坡稳定性具有重要意义。

边坡卸荷带的深度,除与坡体本身的结构特征有关外,主要受坡形(坡高、坡比)、卸荷速度和坡体原始应力状态控制。显然,边坡越高、越陡,地应力越强,卸荷速度越快,边坡松动裂隙便越发育,松动带深度也便越大。所以,研究边坡卸荷特征,对确定开挖深度、开挖工艺方面也具有良好的指导意义。

（2）蠕动

蠕动是指边坡岩体在重力作用下长期缓慢的变形。这类变形多发生于软弱岩体(如页岩、千枚岩、片岩等)或软硬互层岩体(如砂页岩互层、页岩灰岩互层等),常形成挠曲型变形。如反坡向的塑性薄层岩层,向临空面一侧发生弯曲,形成"点头弯腰",很少折断(图8-2a),如贵昆线大海哨一带就有这种岩体变形。边坡岩体为顺坡向的塑性岩层时,在边坡下部常产生揉皱型弯曲,甚至发生岩层倒转,如成昆线铁西滑坡附近即有这种变形(图8-2b)。由于这种变形是在地质历史期中长期缓慢形成的,因此,在边坡上见到的这类变形都是自然山坡上的变形。当人工边坡切割山体时,则边坡上的变形岩体在风化作用和水的作用下,某些岩块可能沿节理转动,出现倾倒式的蠕动变形现象。变形再进一步发展,可使边坡发生破坏。

边坡蠕动大致可分为表层蠕动和深层蠕动两种基本类型。

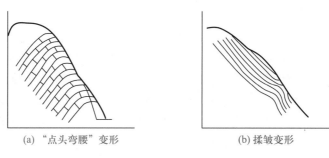

(a) "点头弯腰"变形   (b) 揉皱变形

图 8-2   弯曲型蠕动变形

1）表层蠕动

边坡浅部岩土体在重力的长期作用下,向临空方向缓慢变形构成一剪变带,其位移由坡面向坡体内部逐渐降低直至消失,这便是表层蠕动。岩质边坡的表层蠕动,常呈岩层末端的"挠曲现象",系岩层或层状结构面较发育的岩体在重力长期作用下,沿结构面滑动和局部破裂而成的屈曲现象(图 8-3)。

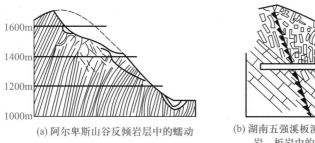
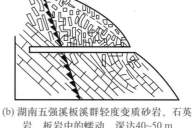

(a) 阿尔卑斯山谷反倾岩层中的蠕动   (b) 湖南五强溪板溪群轻度变质砂岩、石英
                                                岩、板岩中的蠕动、深达40~50 m

图 8-3   岩质边坡表层蠕动

表层蠕动的岩层末端挠曲,广泛分布于页岩、板岩、薄层砂岩或石灰岩、片岩、石英岩,以及破碎的花岗岩体所构成的边坡中。软弱结构面愈密集,倾角愈陡,走向愈近于坡面走向时,其发育尤甚。它使松动裂隙进一步张开,并向纵深发展,影响深度有时可达数十米。

2）深层蠕动

深层蠕动主要发育在边坡下部或坡体内部,按其形成机制特点,深层蠕动有软弱基座蠕动和坡体蠕动两类。

坡体基座产状较缓,且存在一定厚度的相对软弱岩层时,上覆层的重力作用会使基座部分向临空方向蠕动,并引起上覆层的变形与解体,是"软弱基座蠕动"的特征。软弱基座塑性较大,坡脚主要表现为向临空方向蠕动、挤出(图 8-4);软弱基座中存在脆性夹层时,边坡可能沿张性裂隙发生错位。软弱基座蠕动只引起上覆岩体变形与解体,上覆岩体中软弱层会出现"揉曲",脆性层又会出现张性裂隙;当上覆岩体整体呈脆性时,则产生不均匀断陷,使上覆岩体破裂解体。上覆岩体中裂隙由下向上发展,且其下端因软弱岩层向坡外牵动而显著张开。此外,当软弱基座略向坡外倾斜时,蠕动更进一

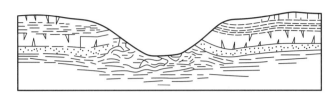

图 8-4　软弱基座挤出

步发展,使被解体的上覆岩体缓慢地向下滑移,且被解体成的岩块之间可完全丧失联结,如同漂浮在下伏软弱基座上。

坡体沿缓倾软弱结构面向临空方向的缓慢移动变形,称为坡体蠕动,它在卸荷裂隙较发育并有缓倾结构面的坡体中比较普遍(图 8-5)。有缓倾结构面的岩体又发育有其他陡倾裂隙时,构成坡体蠕动基本条件。缓倾结构面夹泥,抗滑力很低,便会在坡体重力作用下产生缓慢的剪切变形。这样,坡体必然发生微量转动,使转折处首先遭到破坏,出现张性羽裂,将转折端切断(切角滑移,图 8-5a);在此基础上,剪切变形继续发展,形成次一级剪切面(图 8-5b),并伴随有架空现象;最终形成连续滑动面(滑面形成,图 8-5c)。滑面一旦形成,当下滑力超过抗滑力时,便导致边坡破坏。

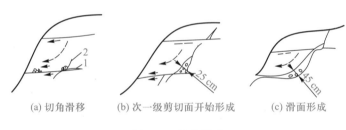

(a) 切角滑移　　　(b) 次一级剪切面开始形成　　　(c) 滑面形成

图 8-5　坡体蠕动

1—层面;2—羽裂

8.1-4　泥岩风化剥落

8.1-5　砂岩风化剥落

8.1-6　滑移破坏

8.1-7　崩塌落石

（3）剥落

剥落指边坡岩体在长期风化作用下,表层岩体破坏成岩屑和小块岩石,并不断向坡下滚落的现象。产生剥落的原因主要是各种物理风化作用使岩体结构发生破坏。如阳光、温度、湿度的变化和冻胀等,都是表层岩体不断风化破碎的重要因素。对于软硬相间的岩石边坡,由于软弱易风化的岩石常常先风化破碎,所以,首先发生剥落,从而使坚硬岩石在边坡面上逐渐突出出来;在这种情况下,突出的岩石可能发生崩塌。因此,风化剥落在软硬互层边坡上可能引起崩塌。

（4）滑移

滑移是指边坡上的岩体沿一定的面或带向下移动的现象,它是岩质边坡岩体常见的变形破坏形式之一。在边坡中的具体破坏形式多为顺层滑动和双面楔形体滑动。这部分内容已在前述滑坡章节中讲述,本章不再重复。

（5）崩塌落石

崩塌是指陡坡上的巨大岩体在重力作用下突然向下崩落的现象;而落石是指个别岩

块向下崩落的现象。有关崩塌落石内容详见前述相关章节。

§8.2 影响边坡稳定性的因素

自然条件和人类活动对边坡的稳定性会产生较大影响。其中主要影响因素有岩土类型、地质构造、岩土体结构、水文条件、风化作用、地震、人类活动等。

(1) 岩土类型

岩土体是在长期的自然历史中形成的,其形成年代和成因类型不同,岩土的物质成分、结构构造、物理力学性质也不相同,因而边坡的稳定性也就不同。

一些区域性土和特殊土,其物质组成和结构的差异,强烈影响边坡的稳定。如黄土地区边坡有的高达数十米,近于直立却仍可稳定;而有的膨胀土边坡虽仅数米高,却在坡度低于 10° 时仍不能稳定。

岩石边坡的稳定性与构成边坡的岩石类型有较明显的关系。一般情况下,岩浆岩比沉积岩的强度高,由沉积岩变质而成的副变质岩较原岩强度高(例如石英岩较石英砂岩强度高),其构成的边坡可以较高、较陡;单一岩性的边坡比复杂岩性的边坡稳定性高;颗粒细的岩石较颗粒粗的稳定;块状的较片状的稳定;含石英、长石多的较含云母多的片岩边坡稳定。总之,如仅从岩性分析,密度大、强度高、抗风化能力强的岩石,可形成高陡的边坡且稳定性较好。

(2) 地质构造

地质构造对边坡岩体的稳定性影响是非常明显的。在区域地质构造比较复杂,褶皱比较强烈,大的断裂带比较发育,地震等新构造运动比较活跃的地区,边坡稳定性较差。例如,我国西南横断山区,金沙江深切河谷地区,斜坡的崩塌落石、滑坡、泥石流等极为发育。在断层附近和褶皱核部,岩层破碎,节理发育,其边坡稳定性也较差。

(3) 岩土体结构

土的结构特征也是影响土坡稳定性的主要因素。通常含片状矿物多的土(如含蒙脱石、伊利石的膨胀土)更易影响边坡的稳定。

岩体结构对边坡稳定性的影响有时是决定性的。沉积岩、副变质岩中存在的层理面和片理面,当岩层的倾向与坡面相近、倾角小于坡角时,常成为岩石边坡破坏的滑动面。岩体中存在的各种不连续面的切割组合,常构成边坡的不稳定块体,影响边坡稳定。

8.2-1 地表水冲刷对边坡稳定性的影响

(4) 地下水和地表水

水对边坡稳定的影响可分为三个方面,一是水对岩土的软化、侵蚀,降低岩土力学性质;二是形成静水压力和渗流压力,改变边坡受力状态;三是水对边坡的冲刷、冲蚀,直接破坏边坡。

8.2-2 地下水对边坡稳定性的影响

水对岩土的冲蚀、溶滤作用,弱化甚至破坏岩土的结构,降低岩土的抗剪强度,还可以引起岩土含水量的增加,重度增大,这都对边坡有不利影响。

水的静水压力、动水压力,增大了边坡不稳定岩体的下滑力。尤其是黏土质岩类遇水易于膨胀和崩解,软弱结构面在水的作用下,其抗剪强度大幅度降低。所以,很多边坡岩体的变形破坏多发生在降雨的过程中或降雨后不久。

降雨对坡面的冲刷、冲蚀,会造成坡面破坏,水流对坡脚的冲刷,是很多边坡破坏最直接的因素。

（5）风化作用

风化作用使岩土体强度减小,边坡稳定性降低,促进边坡的变形破坏。大量调查表明,边坡岩体风化越严重,边坡稳定性越差,边坡的稳定坡角越小。在同一地区,不同岩性,其风化程度也不一样,如黏土岩比砂岩更易风化,因而风化层厚度较大,坡角较小;节理裂隙发育的岩石比裂隙不发育的岩石风化厚度大,常形成带状深风化带;具有周期性干湿变化地区的岩石更易于风化,风化速度更快,边坡稳定性更差。因此,在研究风化作用对边坡稳定性的影响时,必须研究组成边坡岩体的各种岩石的抗风化能力和风化条件的差异,从而预测边坡稳定性的发展趋势,以便采取正确的防护措施。

（6）地震

地震对边坡稳定性的影响表现为两个方面:改变边坡岩体的受力状态,在原有受力状态的基础上,增加坡外方向的地震力;使岩体拉裂或使原有密闭裂隙张开,形成边坡不稳定块体,并增强地表水和地下水作用。

（7）人类活动

人类对边坡的不适当开挖、对植被的破坏,以及地表或地下水条件的人为改变,都可能造成边坡破坏。

§8.3 边坡稳定性分析方法

边坡稳定性分析的内容主要包括:查明边坡工程地质条件,建立边坡工程地质模型;选择合理的数学模型及分析方法,评价边坡稳定性及其发展趋势、影响因素;提出合理的边坡加固防护措施。边坡稳定性的评价方法可归纳为三种:① 工程地质分析法;② 理论计算法(公式计算、图解及数值分析);③ 试验及观测方法。其中,前两种方法应用很普遍;当边坡工程地质条件复杂(如多介质高陡边坡),无法用前两种方法分析其稳定性时,可采用模型试验及现场观测方法,但这种方法需耗费较长时间,经济代价也较高。

边坡在自然界总是不断地演变着,其稳定性也在不断地变化。因此,应从发展变化的观点出发,把边坡与周围自然环境联系起来,特别应与工程修建后可能变化的环境联系起来,阐明边坡演变过程。既要论证边坡当前的"瞬时"稳定状态,又要预测边坡稳定性的发展趋势,还要判明促使边坡发生演变的主导因素。只有这样,才能较正确地得出边坡稳定性的结论,制订合理的加固防护措施。

8.3.1 工程地质分析法

工程地质分析法最主要的内容是类比法,是生产实践中最常用、最实用的边坡稳定性分析方法。它主要是应用自然历史分析法,深入认识既有边坡(经验边坡)的工程地质条件,并与新边坡的工程地质条件相对比,把经验边坡的稳定性及加固防护措施,应用到条件相似的新边坡中;或根据新边坡与经验边坡的工程地质条件差异,在经验边坡稳定性的基础上,判断新边坡的稳定性并采取相应的加固防护措施。

　　该方法应用的前提为新边坡和经验边坡工程地质条件的"相似性"。相似性包括两个主要方面:一是边坡岩性、边坡所处的地质构造部位和岩体结构的相似性;二是边坡类型及几何条件的相似性。在此基础上,对比影响边坡稳定性的营力因素。

　　岩性是岩石矿物成分、结构、构造的组合特征。岩性相似性又是成岩条件的相似性。陆相砂岩与海相砂岩,岩性上便有差别。岩石形成的地质年代不同,岩性也有不同。所以岩性对比就不能忽略岩石成岩环境、条件和年代。

　　边坡所处的地质构造部位对边坡稳定性有较大影响。如处于褶皱核部和翼部的边坡,在其他条件类似的前提下,其稳定性有明显差异。核部岩体往往较破碎,易产生崩塌落石;而翼部岩体完整性相对较好,但为顺层边坡提供了条件,可能会产生顺层滑动。由于破坏形式不同,其稳定性分析目标自然就有差异,相应的加固防护措施也有所不同。

　　岩体结构的相似性即结构面及其组合关系的相似性。要在构成边坡的结构面及其组合条件下对比。以相同成因、性质和产状的结构面所构成的边坡相互对比。以一组结构面构成的某边坡与一组结构面构成的另一边坡相对比;以多组结构面构成的某边坡与多组结构面构成的另一边坡相对比。

　　边坡类型及几何条件的相似性,应在边坡岩性、岩体结构相似性的基础上对比。水上边坡可与河流岸坡对比,水下边坡可与河流水下部分边坡对比,一般场地边坡可与已有公路和铁道路堑边坡对比。边坡的坡度与岩性关系极为密切,坚硬或半坚硬的岩石常形成直立陡峻的边坡;抵抗风化能力弱的岩石,边坡较平缓;层状岩石由于抵抗风化能力不同,常形成阶梯形山坡;均一岩石,如黏土质岩石多形成凹状缓坡;所以在进行对比时,要查清自然边坡的形态及陡缓,以及它们与岩性的关系。

　　有关水的作用,主要是注意水在岩体中的埋藏条件、流量及动态变化,同时要注意边坡水流下渗的条件。当岩体表层裂隙发育时,地表水沿裂隙下渗,致使岩体湿度增高,结构面软化,其至产生渗流压力,影响边坡岩体的稳定性。

　　对于风化作用,主要分析风化层厚度的变化与自然山坡坡度的关系,以便进行对比。一般沿河谷边坡的风化层厚度由坡脚向坡顶逐渐变厚,随之坡角也由下向上逐渐变缓。

　　其他如坡面朝向、地震作用、气候作用等,在进行对比时,都是应该考虑的因素。

　　在工程实践中,边坡坡率是影响边坡稳定性的一个重要参数,而影响边坡稳定坡率的最核心因素为边坡的介质构成。表 8-1 为我国铁路系统采用的土质路堑边坡坡率经验数据。通过经验数据表确定边坡坡率的过程,也是对边坡及其稳定性对比分析的过程。

表 8-1 土质路堑边坡坡率

土的种类		边坡最大高度/m	边坡坡率
一般均质黏土、砂黏土、黏砂土		20	1:1~1:1.5
中密以上的粗砂、中砂		20	1:1.5~1:1.75
黄土	老黄土	20	1:0.3~1:0.75
	新黄土		1:0.5~1:1.25
碎石(角砾)土 卵石(砾石)土	胶结和密实	20	1:0.5~1:1
	中密		1:1~1:1.5

注:1. 边坡坡率是指边坡竖直投影长度(坡高)与水平投影长度之比;

2. 黄土路堑如采用阶梯式,阶梯高度为 8~12 m;

3. 如有专门的实验研究或可靠的资料和经验时,可不受本表限制。

在工程实践中,也常通过大量统计分析,建立经验公式来确定边坡的稳定性,它实质上也是工程地质分析法的一种量化表达形式。比如根据对公路、铁路近 200 个岩质边坡多年设计和修建的实践,建立的一般道路岩质边坡的稳定坡度的经验公式如下:

$$\alpha = 14.7\ln(\gamma_w R \log D) + 13$$

式中:α——设计坡度,(°);

γ_w——地下水作用的折减系数(可参考表 8-2 取值);

R——用 75 型回弹仪测得的岩石回弹值;

D——边坡岩体块度,cm。

表 8-2 地下水作用的折减系数

地下水状态	干燥	湿润	滴水	流水
折减系数 γ_w	1.00	0.85	0.70	0.60

对坡高超过 30 m 的道路岩质边坡的坡度,按表 8-3 进行坡度折减。

岩质稳定边坡建议坡率如表 8-4。

表 8-3 坡高分段的坡度折减率

坡高/m	20~30	30~40	40~50	50~60	60~80	80~100	>100
坡度折减率	1.00	0.96	0.90	0.86	0.83	0.80	0.80

表 8-4　铁路路堑岩质稳定边坡坡率参考数值

山坡岩石及其特征	影响边坡稳定程度的基本条件				主要因素		边坡高度/m	
	构造带特征	节理发育程度	层理,片理,节理构造产状要素与线路关系	山坡自然坡度	水的作用	风化特征	小于 18	18~30
岩浆岩 侵入酸性、中性岩类,坚硬的花岗岩,正长岩,闪长岩及其过渡性岩石,全结晶,细粒至中粒,单一或同时出现,有或无岩脉侵入	均质完整带	节理不发育	无倾向线路者	1:0.1~1:0.5	没有或很少	轻微	1:0.1~1:0.15	1:0.15~1:0.25
	非均质完整带	节理较发育	同上或局部倾向线路者	1:0.3~1:0.75	很少或有季节裂隙水	颇重	1:0.2~1:0.25	1:0.25~1:0.5
基性侵入岩类,单一或多种同时出现,一次或多次侵入,辉长岩,辉绿岩,块状,坚硬	完整带	节理不发育	无倾向线路者	1:0.5~1:0.8	没有	轻微	1:0.25~1:0.3	1:0.3~1:0.5
	完整~破碎带	节理发育	局部断裂面,节理面倾向线路	1:0.75~1:1	很少或有季节水渗出	轻微至颇重	1:0.3~1:0.5	1:0.5~1:0.75
喷出岩类,流纹岩,安山岩,玄武岩,凝灰岩	完整带	节理发育	同上,无层状构造或有局部水平层状构造	1:0.5~1:1	没有或很少	轻微至颇重	1:0.2~1:0.5	1:0.3~1:0.5
	完整~破碎带	节理发育至很发育	同上	1:0.5~1:1	有裂隙水	轻微至颇重	1:0.5~1:0.75	1:0.75~1:1
沉积岩 砂岩,砾岩,厚层块状,钙,铁,硅质胶结,结构致密	完整带	节理不发育	层面背向路堑,走向与线路正交或斜交	1:0.1~1:0.75	没有	轻微	1:0.1~1:0.2	1:0.2~1:0.3
	完整带	节理不发育	层面倾向路堑,走向与线路平行或斜交	1:0.1~1:0.75	很少	轻微	1:0.2~1:0.4	1:0.4~1:0.5

	山坡岩石及其特征	影响边坡稳定程度的基本条件				主要因素		边坡高度/m	
		构造带特征	节理发育程度	层理、片理及主要节理构造产状与线路关系	山坡自然坡度	水的作用	风化特征	小于18	18~30
沉积岩	砂岩,砾岩,中薄层,泥质,钙质胶结,构不密实	均质完整带	节理不发育	走向垂直或斜交线路,倾向背向路堑	1:0.5~1:1	没有	颇重	1:0.3~1:0.5	1:0.4~1:0.6
		非均质不完整带	节理不发育至节理较发育	走向垂直或斜交线路,倾向顺向路堑	1:0.5~1:1	岩层裂隙水	颇重	1:0.3~1:0.5	1:0.5~1:0.75
	薄层砂岩,页岩,砾岩互层,或页岩,多含泥质,碳质及黄铁矿等有害矿物者	完整带	节理不发育至节理较发育	走向垂直或斜交线路,倾向背向路堑	1:0.75~1:1.25	多节理构造裂隙水	轻微至颇重	1:0.5	1:0.5~1:0.75
		完整带或不整合接触带	节理发育	走向垂直或斜交线路,倾向顺向路堑	1:0.75~1:1.25	多节理构造裂隙水	同上,多沿页岩层有深风化带	1:0.5~0.75	1:0.75~1:1.25
	中薄层砂页岩,或其与砾岩的互层(无夹层者)	非均质完整带	节理不发育	走向垂直或斜交线路,倾向背向路堑	1:0.5~1:1	没有	轻微	1:0.4~1:0.6	1:0.5~1:0.6
		非均质不完整带	节理不发育至节理较发育	走向垂直或斜交线路,倾向顺向路堑	1:0.5~1:1	岩层裂隙水	颇重	1:0.4~1:0.6	1:0.6~1:0.8
	石灰岩,厚层,块状,致密;坚硬	均质完整带	节理不发育	层面背向路堑斜交	1:0.1~1:0.5	没有	轻微	1:0.1~1:0.15	1:0.15~1:0.25

续表

	山坡岩石及其特征	影响边坡稳定程度的基本条件			山坡自然坡度	主要因素		边坡高度/m	
		构造带特征	节理发育程度	层理、片理及主要节理构造产状要素与线路关系		水的作用	风化特征	小于 18	18~30
沉积岩	石灰岩,厚层,块状,致密;坚硬	均质完整带	节理不发育	层面与线路斜交或倾向路堑	1:0.1~1:0.5	没有	轻微	1:0.2~1:0.25	1:0.25~1:0.35
	白云岩,燧质、硅质、泥质,铁质石灰岩,凝灰岩或其互层,中层、薄层、致密	均质完整带	节理发育	走向与线路垂直,倾向背向路堑	1:0.1~1:0.5	没有或很少裂隙水	有差异性溶蚀及带状风化	1:0.2~1:0.3	1:0.3~1:0.5
		非均质,完整~破碎带	节理发育	走向与线路垂直,倾向顺向路堑	1:0.1~1:0.5	没有或很少裂隙水	有差异性溶蚀及带状风化	1:0.3~1:0.5	1:0.5~1:0.75
	角砾岩及凝灰角砾岩,胶结,不完整	非均质的完整带	节理发育、很发育	走向与线路垂直,倾向背向路堑	1:0.5~1:1	没有	轻微至颇重	1:0.5~1:0.75	1:0.75~1:1
		非均质的完整带	节理发育	走向与线路交,倾向顺向路堑	1:0.5~1:1	很少裂隙水	颇重	1:0.75~1:1	
变质岩	各种中薄层层状岩石,单一或互层,夹黏土,泥质页岩	非均质的完整带	节理不发育至节理发育	层理走向平行并倾向于线路,倾角<10°	1:0.5~1:1	有层间裂隙水	有差异性风化,轻微至严重	1:0.75~1:1	1:1~1:1.5
		非均质的完整带	节理发育至节理发育	层理走向平行并倾向于线路,倾角>10°	1:0.5~1:1	有层间裂隙水	有差异性风化,轻微至严重	1:1~1:15	

山坡岩石及其特征		构造带特征	节理发育程度	层理、片理产状主要要素 节理构造产状要素 与线路关系	山坡自然坡度	主要因素		边坡高度/m	
						水的作用	风化特征	小于18	18~30
变质岩	片麻岩，花岗片麻岩，磁铁片岩，片麻岩	深变质带	节理较发育	片理走向垂直或斜交，倾向背向路堑	1:0.3~1:0.75	没有	轻微	1:0.25~1:0.3	1:0.3~1:0.5
		深变质带	节理发育至节理很发育	片理走向垂直或斜交，倾向顺向路堑	1:0.3~1:0.75	没有或很少裂隙水	轻微	1:0.25~1:0.5	1:0.5~1:0.75
	变质砂砾岩，石英片岩，硅质板岩，大理岩及其互层	接触变质带	节理不发育至节理很发育	片理走向垂直或斜交，倾向背向路堑	1:0.3~1:0.75	没有	轻微	1:0.2~1:0.3	1:0.3~1:0.5
		接触变质带	节理不发育至节理很发育	片理走向垂直或斜交，倾向顺向路堑	1:0.3~1:0.75	没有或很少裂隙水	轻微	1:0.25~1:0.5	1:0.5~1:0.75
	千枚岩、云母、角闪、绿泥、石墨、滑石片岩及其互层	区域变质带	节理不发育至节理很发育	片理背向路堑，走向平行或斜交	1:0.5~1:1	没有	轻微	1:0.25~1:0.5	1:0.5~1:0.75
		区域变质带	节理不发育至节理很发育	片理倾向路堑，走向斜交或垂直	1:0.5~1:1	没有或很少裂隙水	颇重	1:0.5~1:1	1:0.75~1:1
火成岩系	侵入岩脉岩及其围岩	浅成岩接触变质带	节理不发育至节理很发育		1:0.5~1:1	没有	颇重	1:0.5~1:0.75	1:0.75~1:1
	脉岩作网状分布	浅成岩接触变质带	节理较发育至节理很发育		1:0.5~1:1	很少裂隙水	颇重	1:1~1:1.25	1:1

续表

山坡岩石及其特征	影响边坡稳定程度的基本条件				主要因素		边坡高度/m	
	构造带特征	节理发育程度	层理、片理及主要节理构造产状与线路关系	山坡自然坡度	水的作用	风化特征	小于 18	18~30
侵入岩岩脉及其围岩作网状分布	侵入体边缘带	节理较发育至节理很发育	小型褶曲及错动,方向不定	1:0.5~1:1	很少裂隙水	颇重	1:0.5~1:0.75	1:1~1:1.5
侵入岩体及其边缘变质带的杂岩系	侵入体边缘带	节理较发育至节理很发育	小型褶曲及错动,方向不定	1:0.5~1:1	很少裂隙水	颇重至严重	1:1~1:1.5	
构造破裂带的各种岩石	褶曲错动断层带	节理很发育		1:0.5~1:125	裂隙水发达	沿构造带风化严重	1:0.75~1:1	
	褶曲错动断层带	节理很发育		1:0.5~1:1.25	有构造承压水	沿构造带风化严重	1:1~1:1.5	
残积风化带的各种岩石	各种构造破碎带及其风化壳	节理很发育		1:0.5~1:1.25	裂隙水发达	同上,有碎石带	1:0~75~1:1	
		节理很发育		1:0.5~1:1.25	裂隙水发达	同上,有粒状带	1:1~1:1.5	

(左侧纵向标注:杂岩系)

说明:1. 均质岩石,指岩石完整,指岩石矿物组成粒径变化不大的岩石,不受断层、褶曲错动的构造带。

2. 非均质完整带,指岩石矿物组成粒径变化较大的岩石,多受断层、褶曲错动切割的构造带。

3. 完整~破碎带,指岩石被局部密集的节理裂隙错动、割切的构造带。

4. 边坡高度栏有空白者是限制相应的岩石边坡高度,避免可能发生的变形。

5. 本表边坡参考数值,未考虑地区及区域性的不同气象、水文及地震等条件,具体应用时宜直接规定加以校正。

6. 本表层(片)理倾向顺路线者,在无顺层滑动可能时,方可使用。

8.3.2　力学计算法

边坡稳定性力学计算法是一种运用很广的方法,它可以得出稳定性的定量表达,常为工程所必需。目前,边坡稳定性的力学计算,多建立在静力平衡基础上,按不同边界条件考虑力的组合及参数选取,计算沿滑面的下滑力、抗滑力及稳定系数。

黏性土边坡潜在滑动面通常假定为圆弧形,在此基础上按抗滑弯矩与滑动弯矩的比值进行稳定系数计算。岩质边坡潜在滑动面为单一平面或多个平面的组合,故岩质边坡的稳定性系数,多以抗滑力和下滑力的比值进行计算。

一、土质路堑边坡稳定性的计算分析方法

对于土质路堑边坡的滑动破坏可以在上述影响因素的分析基础上,进行稳定性计算。滑动破坏的滑面通常有平面、圆弧面及曲面三种形态。滑面的形状主要取决于土质的均匀程度、土的性质及土层的结构和构造。对于不同的滑面形态,可采用不同的稳定性计算方法。

1. 滑面为平面时土坡的稳定性计算

由均质砂性土或卵石土等构成的土坡和成层非均质砂类土构成的土坡,破坏时滑动面都近于平面形态。其稳定性计算详见第5章的有关部分。

2. 滑面为圆弧面的土坡稳定性计算

据大量观测资料,黏性土边坡滑动破坏时的滑动面近似圆柱面,在断面上可视为一圆弧,称为滑弧。圆弧形滑面土坡稳定性计算常采用的方法为土力学中的条分法。

条分法以极限平衡理论为基础,由瑞典人彼得森(K. E. Petteson)在1916年提出,20世纪30—40年代经过费伦纽斯(W. Fellenius)和泰勒(D. W. Taylor)等人不断改进,直至1954年简布(N. Janbu)提出了普遍条分法的基本原理,1955年毕肖普(Bishop)明确了土坡稳定系数的物理概念,使该方法在目前的工程界成为普遍采用的方法。

(1) 瑞典法

条分法最早而又最简单的方法是瑞典圆弧法,又简称为瑞典法或费伦纽斯法,计算模型的基本假定如下(图8-6):

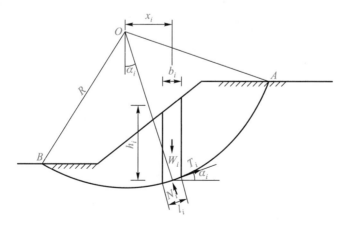

图8-6　瑞典法计算图示

① 假定土坡稳定属平面应变问题,即可取其某一横剖面为代表进行分析计算。

② 假定滑裂面为圆柱面,即在横剖面上滑裂面为圆弧;弧面上的滑动土体视为刚体,计算中不考虑土条间的相互作用力。

③ 定义稳定系数为沿滑裂面的抗滑力矩与滑动力矩之比;所有力矩都以圆心为矩心。

计算公式如下:

$$F_s = \frac{\sum c_i l_i + \sum W_i \cos \alpha_i \tan \phi_i - \sum u_i l_i \tan \phi_i}{\sum W_i \sin \alpha_i}$$

式中:W_i——土条重力;

$\quad \alpha_i$——土条底部倾角;

$\quad l_i$——土条底部弧长;

$\quad u_i$——滑面处的孔隙压力;

c_i、ϕ_i——坡体有效抗剪强度指标。

滑弧的位置主要取决于土体的性质、边坡的形态等因素。在稳定性计算时,须先假定若干滑弧,经试算后,以稳定性系数最小的滑弧为可能的滑弧。

当土坡内部有地下水渗流作用时,滑动土体中存在渗透压力,边坡稳定性计算时应考虑地下水渗透压力的影响。相关计算可参考土力学有关书籍。

(2)毕肖普法

毕肖普(Bishop)法与瑞典法不同的是考虑了土条间水平力的作用,如图 8-7 所示。稳定系数 K 可用下式计算:

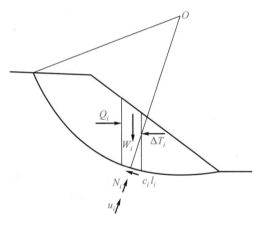

图 8-7 毕肖普法计算简图

$$K = \frac{\sum \left[c_i l_i + (W_i \sec \alpha_i - u_i) \tan \phi_i \right] \cdot \dfrac{1}{1 + \dfrac{\tan \phi}{K} \tan \alpha_i}}{\sum Q_i \cos \alpha_i + \sum W_i \sin \alpha_i}$$

式中:Q_i——土条间水平力合力,其他符号同前。

从上式可知,等式两边都有 K 值,所以,检算时要经过多次试算,方可确定临界滑面及边坡稳定系数 K。

(3)简布法

简布(Janbu)法又称普遍条分法,它适用于作用任意荷载、具有任意形状的滑裂面的土坡稳定问题。如图 8-8 所示土坡滑动的一般情况,坡面是任意的,坡面上作用有各种荷载,在条块的两侧作用有侧向推力和剪力,滑裂面形状也是任意的。

简布法推导出的计算公式中存在多余变量,只能用迭代法求解。因此简布法通常用来校核一些形状比较特殊的滑裂面,一般不必假定很多滑裂面来计算,迭代计算虽比较

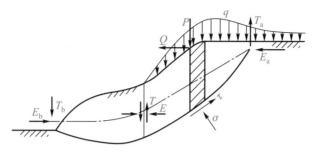

图 8-8　简布法计算简图

复杂和烦琐,但一般 3~4 轮迭代计算即可满足工程精度要求。相关计算可参考土力学有关书籍。

（4）不平衡推力传递系数法

在滑体中取第 i 块土条,如图 8-9 所示,假定第 $i-1$ 块土条传来的推力 P_{i-1} 的方向平行于第 $i-1$ 块土条的滑面,而第 i 块土条传递给第 $i+1$ 块土条的推力 P_i 平行于第 i 块土条的滑面,将各作用力投影到滑面上,其平衡方程如下:

$$P_i = (W_i \sin \alpha_i + Q_i \cos \alpha_i) -$$
$$\left[\frac{c_i l_i}{F_s} + \frac{(W_i \cos \alpha_i - u_i l_i - Q_i \sin \alpha_i) \tan \phi_i}{F_s} \right] + P_{i-1} \psi_{i-1}$$

$$\psi_{i-1} = \cos (\alpha_{i-1} - \alpha) - \frac{\phi_i}{F_s} \sin (\alpha_{i-1} - \alpha_i)$$

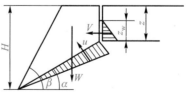

图 8-9　传递系数法受力图

式中 ψ_{i-1} 称为传递系数。计算时设定系数 F_s 值,从边坡顶部第 1 块土条算起求出它的不平衡下滑力 P_1（求 P_1 时,式中右端第 3 项为零）,即为第 1 和第 2 块土条之间的推力。再计算第 2 块土条在原有荷载和 P_1 作用下的不平衡下滑力 P_2,作为第 2 块土条与第 3 块土条之间的推力。依此计算到第 n 块（最后一块）,如果求得的推力 P_n 刚好为零,则所设的 F_s 即为所求的稳定系数。计算时要注意土条之间不能承受拉力,即当 P_i 出现负值时,取 $P_i = 0$。

传递系数法能够考虑土条界面上剪力的影响,计算也不繁杂,具有适用而又方便的优点,为我国的铁路系统采用。

二、岩质边坡稳定性的计算分析方法

岩质边坡破坏的形式主要为崩塌和滑坡。崩塌稳定性计算在本书第 5 章已详细介绍。在此,着重介绍极限平衡理论计算滑坡稳定性的几种分析方法。

（1）平面破坏的稳定性计算

由单一结构面构成的滑移破坏为平面破坏,其几何条件是结构面倾向坡外、倾角小于坡角,如图 8-10 所示。

图 8-10　岩质边坡平面破坏计算

其稳定系数 K 可采用下式计算：

$$K=\frac{(W\cos\alpha-u-V\sin\alpha)\tan\phi+cL}{W\sin\alpha+V\cos\alpha}$$

式中：u——滑动面上裂隙水产生的静水压力

$$u=\frac{1}{2}\gamma_w z_w(H-z)\csc\alpha$$

γ_w——水的重度；

V——垂直裂隙中的静水压力

$$V=\frac{1}{2}\gamma_w z_w^2$$

W——滑动岩体的重量

$$W=\frac{1}{2}\gamma H^2(\cot\alpha-\cot\beta)-\frac{1}{2}\gamma z^2\cot\alpha$$

L——滑面长度。

其他符号意义见图 8-10。

（2）楔形破坏的稳定性计算

由两组结构面和坡面构成的破坏块体因形如楔形，称为楔形破坏，如图 8-11 所示。

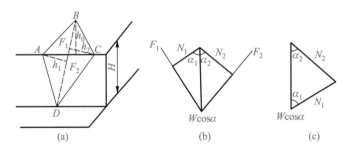

图 8-11　楔形破坏稳定性计算

其稳定性可由下式计算：

$$K=\frac{\gamma H\,\overline{AC}\cdot h_0\cos\alpha(\sin\alpha_2 tg\,\phi_1+\sin\alpha_1 tg\,\phi_2)+3L(c_1 h_1+c_2 h_2)\sin(\alpha_1+\alpha_2)}{\gamma H\,\overline{AC}h_0\sin\alpha\sin(\alpha_1+\alpha_2)}$$

式中：ϕ_1、ϕ_2——分别为两个滑面的摩擦角；

c_1、c_2——分别为两个滑面的内聚力；

α——两个滑面交线的倾角；

L——两个滑面交线的长度。

其他符号意义见图 8-11。

§8.4　边坡变形破坏的防治措施

当边坡处于不稳定状态，且对工程建设、交通设施甚至人们生命财产安全构成威胁时，需要对边坡的变形破坏进行处治，以增强边坡的稳定性。处治工程措施应根据边坡破坏形式、稳定性现状、处治后边坡稳定性目标值等按相应规范进行选择、设计。目前,增加边坡稳定性的工程措施主要有三类:改善坡体工程地质条件;被动加固措施;主动加固措施。

（1）改善坡体工程地质条件

该类工程措施主要通过改善边坡几何形状（如放缓边坡、削方减载、堆载反压等）、水文地质条件、岩土体力学参数、植被条件等,增强边坡的稳定性。

当边坡稳定性较差时,放缓边坡能有效降低坡脚应力,从而改善边坡的稳定性。放缓边坡（工程中又称为削坡或刷坡）是最简单有效的方法,对一般的简单岩土边坡,如果不受场地限制,总可以通过降低坡度满足边坡稳定的要求。

在边坡致滑段（下滑段）削方,减少滑体重量,从而减小下滑力;在阻滑段（抗滑段）堆载,从而增大抗滑力,也可快速稳定边坡,如图 8-12 所示。

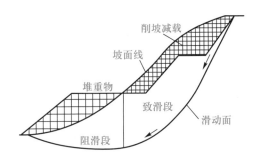

图 8-12　削方减载及堆载反压

边坡破坏几乎都和水的作用有关,因此,边坡处治工程中,排水往往是不可缺少的措施。排水工程主要任务是排除地表水和排出地下水。对于地表水采用多种形式的截水沟、排水沟、急流槽来拦截和排引;对地下水则用截水渗沟、盲沟、纵向或横向渗沟、支撑渗沟、汇水隧洞、立井、渗井、砂井-平孔、平孔、垂直钻孔群等排水措施来疏干和排引。通过这些排水措施,使水不再进入或停留在边坡范围内,并排除和疏干其中已有的水,以增加边坡的稳定性。

绿化可防止水对边坡的冲刷,抵御温度对边坡风化的影响,有效防止水土流失。因此边坡绿化不仅是环境保护的要求,也是边坡稳定重要措施之一。在边坡设计与处治过程中,必须综合考虑边坡地质与土质、坡高与坡度、降水与冲刷等因素的影响,选定适当的绿化方法。

注浆加固是一种改善岩土体物理力学性质的常用技术。该技术用液压或气压把能凝固的浆液注入岩土体的裂缝或孔隙,以改变其物理力学性质。随着注浆技术和相关技术的迅速发展,目前注浆法已成为解决各类工程问题的非常重要的手段,许多工程常借助注浆技术解决岩土体稳定问题,例如某些化学浆液可以注入 0.01 mm 的小裂隙,某些浆液的结石强度可高达 60 MPa。在边坡注浆加固中,注浆通过把浆液注入岩石的裂隙或土体的孔隙,待浆液凝固后,使岩层和土体的强度,特别是抗剪强度大大提高,从而增强边坡的稳定性。

（2）被动加固措施

该类加固措施不能主动对坡体施加作用力,而是靠自身重力或其在岩土体中的嵌固作用抵抗岩土体剩余下滑力或土压力。该类加固措施只有边坡岩土体产生变形时才能起到加固作用,故称其为被动加固措施。抗滑挡土墙、抗滑桩、非预应力锚杆均属于被动加固措施。

1) 抗滑挡土墙

抗滑挡土墙是目前整治中小型边坡滑动应用最为广泛而且较为有效的措施之一(如图 8-13)。根据滑动性质、类型和抗滑挡土墙的受力特点、材料和结构不同,抗滑挡土墙又分为重力式抗滑挡土墙、锚杆式抗滑挡土墙、加筋土抗滑挡土墙、板桩式抗滑挡土墙等类型。

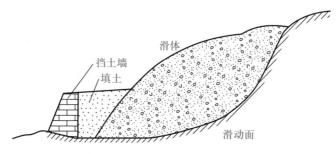

图 8-13 抗滑挡土墙

采用抗滑挡土墙整治边坡滑动,对于小型滑动,可直接在边坡下部或前缘修建抗滑挡土墙,对于中、大型滑坡,抗滑挡土墙常与排水工程、刷土减重工程等整治措施联合使用。其优点是山体破坏少,稳定滑坡收效快,适用范围广,尤其对于边坡因前缘崩塌而引起的破坏有良好的整治效果。缺点是当滑动岩土体体积较大时,挡土墙圬工量较大。在修建抗滑挡土墙时,应尽量避免或减少对滑坡体前缘的开挖。

2) 抗滑桩

抗滑桩是通过桩身将上部承受的坡体推力传给桩下部的侧向岩土体,依靠桩下部的侧向阻力来承担边坡的下滑力,而使边坡保持稳定的工程结构,如图 8-14 所示。

8.4-1 抗滑桩及挡土墙

抗滑桩也是边坡处治工程中常用的加固措施之一,目前在边坡工程中常用的是钢筋混凝土桩,断面形式有圆形和矩形,施工方法有打入、机械成孔和人工成孔等方法。抗滑桩的适用条件十分广泛,因而是边坡处治工程最常见的工程措施,但造价较高,对松散土、软土地基的适应性较差。

当边坡剩余下滑力较大(挡土墙不能有效加固)且坡体介质破碎(易从抗滑桩间失稳,如碎裂岩质边坡或土质边坡),或服务对象有美观等更严格要求时(如高速公路、高速铁路等),可同时采用多种被动结构,形成"被动+被动"组合加固措施,如交通工程中常见的桩间墙(图 8-15a)、桩板墙(图 8-15b)、桩间土钉墙(图 8-15c)。该类组合加固措施应用中应重视桩后土体的土拱效应,设计时应强调土拱在结构受力分配计算中的关键作用。

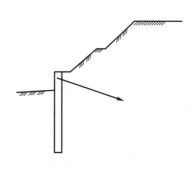

图 8-14 抗滑桩

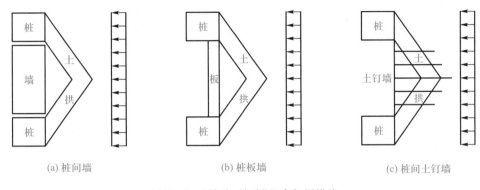

(a) 桩间墙　　　　　　　　　(b) 桩板墙　　　　　　　　　(c) 桩间土钉墙

图 8-15　"被动+被动"组合加固措施

（3）主动加固措施

主动加固措施主动施加预应力于边坡岩土体,恢复其三向受力状态,从而增强边坡稳定性。该类措施效果的发挥,不需要边坡的变形作为前提,而是主动限制边坡的变形。目前该类加固措施主要为预应力锚索。

其基本原理就是利用锚索周围地层岩土的抗剪强度平衡剩余下滑力以保持开挖面的自身稳定（图 8-16）。锚索一方面通过张拉施加大的预应力 P 于边坡岩土体,相当于在滑体上增加了一个有利于其稳定的外力,增大抗滑力;另一方面使锚固地层产生压应力区并对加固地层起到加筋作用,可以增强地层的强度,改善地层的力学性能。

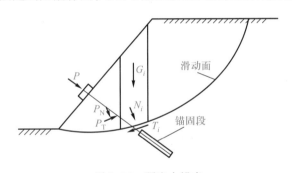

图 8-16　预应力锚索

预应力锚索工程中多采用格构框架梁作为反力结构（图 8-17）。框架梁一般与道路环境美化相结合,利用框格护坡,同时在框格之内种植花草可以达到美观的效果。这种技术在山区高速公路及铁路高陡边坡加固中被广泛采用,使护坡达到既美观又安全的良好效果。

值得说明的是,高等级铁路（公路）向山区的广泛延伸,造成了越来越多的路堑高陡边坡。为了保证工程安全,这种边坡多设计为多级边坡形式（图 8-18）。此时,采用单一的加固措施往往不能同时保证边坡的局部稳定和整体稳定。工程实践中,多采用主动结构与被动结构的组合应用,形成"主动+被动"组合措施。边坡上部坡面（二级及以上）预应力锚索与一级边坡坡脚抗滑桩的组合即是一种应用广泛的"主动+被动"组合措施。特别是在坡体位移限制要求高且工程空间有限（如坡顶有建筑物,无法缓开挖）的条件下,更具优越性。如图 8-18 所示,拟建线路受到左侧河流及右侧高压线塔的限制,空间有限,高陡边坡不可避免。为限制上部坡体变形,保证高压线塔的安全,在二、三级坡面施做

8.4-2　边坡被动组合加固措施

8.4-3　边坡被动组合加固措施

8.4-4　边坡主被动组合加固措施

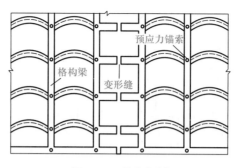

图 8-17 格构加固

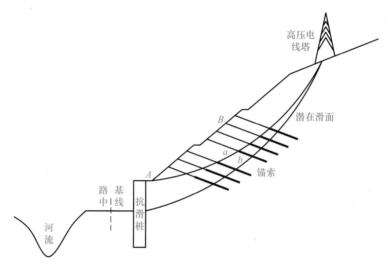

图 8-18 坡面锚索与坡脚抗滑桩组合加固边坡

预应力锚索;同时,为争取足够的空间、减少边坡开挖量,在一级边坡坡脚处施做抗滑桩。"主动+被动"组合措施应用中尤其要重视边坡中是否存在主破坏面之外的次级破坏面,并以被动措施的允许极限位移作为结构受力计算的控制条件。

思 考 题

8.5-1 第8章边坡工程地质问题知识点

8.5-2 第8章自测题

1. 何为路堑边坡和路堤边坡?

2. 岩质边坡和土质边坡变形破坏的主要类型有哪些?

3. 影响边坡稳定性的因素主要有哪些?

4. 边坡稳定性分析方法主要有哪些?

5. 边坡变形破坏的主要防治措施有哪些,如何分类?

6. 边坡稳定性分析中的"地质类比法"应用的前提为工程地质条件的相似性,如何理解并评价该相似性?

7. 边坡加固中的组合措施可分为"被动+被动"及"主动+被动"组合措施,这两种组合加固措施设计计算的关键各是什么?工程实践中如何把握?

第 9 章

工程地质勘察

✦✦✦

§9.1　工程地质勘察的目的、任务、　　§9.3　工程地质勘探
　　　　分级与阶段　　　　　　　　　　§9.4　测试及长期观测
§9.2　工程地质测绘　　　　　　　　　§9.5　编制工程地质文件

✦✦✦

　　工程地质勘察简称工程勘察(也称岩土工程勘察),是土木工程建设的基础工作。工程地质勘察的目的是通过勘察查明土木工程场地的原始工程地质条件,分析存在的工程地质问题,对建筑场地地质条件做出工程地质评价。

　　工程地质勘察必须符合国家、行业现行有关标准和技术规范的规定。工程地质勘察的现行标准,除水利、铁路、公路、核电站工程执行相关的行业标准之外,一律执行现行国家《岩土工程勘察规范(2009 年版)》(GB 50021—2001)。

§9.1　工程地质勘察的目的、任务、分级与阶段

9.1.1　工程地质勘察的目的、任务

　　各项工程建设在设计和施工之前,必须按基本建设程序进行工程地质勘察。工程地质勘察的目的,就是按照建筑物或构筑物不同勘察阶段的要求,为工程的设计、施工及岩土体病害治理等提供地质资料和必要的技术参数,对有关的工程地质问题作出论证和评价。通过精心勘察、详细分析,提出资料完整、评价准确的勘察报告。其具体任务归纳如下:

　　① 阐述建筑场地的工程地质条件,指出场地内不良地质现象的发育情况及其对工程建设的影响,对场地稳定性作出评价。

　　② 查明工程范围内岩土体的分布、性状和地下水活动条件,提供设计、施工和整治所需的地质资料和岩土技术参数。

　　③ 分析存在的工程地质问题,作出定性分析,并在此基础上进行定量分析,为工程的设计和施工提供可靠的地质结论。

　　④ 根据场地工程地质条件,对建筑总平面布置及各类工程设计、岩土体加固处理、不良地质现象整治等具体方案作出相关论证和建议。

⑤ 预测工程施工和运行过程中对地质环境和周围建筑物的影响,并提出保护措施的建议。

9.1.2 工程地质勘察分级

工程地质勘察等级划分的主要目的,是为了勘察工作量的布置及勘察深度的确定。

工程规模较大或较重要、场地地质条件及岩土体分布和性状较复杂者,所投入的勘察工作量就较大,反之则较小。工程勘察的等级,是由工程安全等级、场地和地基的复杂程度三项因素决定的。首先应分别对三项因素进行分级,在此基础上进行综合分析,以确定工程勘察的等级划分。

一、工程安全等级

工程的安全等级,是根据由于工程岩土体或结构失稳破坏,导致建筑物破坏而造成生命财产损失、社会影响及修复可能性等后果的严重性来划分的。在颁布的有关技术规范中一般划分为三级(表9-1)。

表9-1 工程安全等级

安全等级	破坏后果	工程类型
一级	很严重	重要工程
二级	严重	一般工程
三级	不严重	次要工程

二、场地复杂程度等级

场地复杂程度是根据建筑抗震稳定性、不良地质现象发育情况、地质环境破坏程度和地形地貌条件四个条件衡量的,也划分为三个等级(表9-2)。

表9-2 场地复杂程度等级

等级	一级	二级	三级
建筑抗震稳定性	危险	不利	有利(或地震设防烈度≤Ⅵ度)
不良地质现象发育情况	强烈发育	一般发育	不发育
地质环境破坏程度	已经或可能强烈破坏	已经或可能受到一般破坏	基本未受破坏
地形地貌条件	复杂	较复杂	简单

注:一、二级场地各条件中只要符合其中任一条件者即可。

三、地基复杂程度等级

地基复杂程度也划分为三级。

1. 一级地基

符合下列条件之一者即为一级地基:

① 岩土种类多,性质变化大,地下水对工程影响大,且需特殊处理。

② 多年冻土及湿陷、膨胀、盐渍、污染严重的特殊性岩土,对工程影响大,需作专门处理;变化复杂,同一场地上存在多种或强烈程度不同的特殊性岩土也属一级地基。

2. 二级地基

符合下列条件之一者即为二级地基:

① 岩土种类较多,性质变化较大,地下水对工程有不利影响。

② 除上述规定之外的特殊性岩土。

3. 三级地基

① 岩土种类单一,性质变化不大,地下水对工程无影响。

② 无特殊性岩土。

四、工程勘察等级

根据工程重要性等级、场地复杂程度等级和地基复杂程度等级,可按下列条件划分工程勘察等级(表9-3)。

表 9-3　工程勘察等级的划分

勘察等级	确定勘察等级的因素		
	工程安全等级	场地等级	地基等级
甲级	一级	任意	任意
	二级	一级	任意
		任意	一级
乙级	二级	二级	二级或三级
		三级	二级
	三级	一级	任意
		任意	一级
		二级	二级
丙级	二级	三级	三级
	三级	二级	三级
		三级	二级或三级

注:建筑在岩质地基上的一级工程,当场地复杂程度等级和地基复杂程度等级均为三级时,工程勘察等级可定为乙级。

9.1.3　工程地质勘察阶段

为保证工程建筑物自规划设计到施工和使用全过程达到安全、经济、合用的标准,使建筑物场地、结构、规模、类型与地质环境、场地工程地质条件相互适应。任何工程的规划设计过程必须遵照循序渐进的原则,即科学地划分为若干阶段进行。

工程设计是分阶段进行的,与设计阶段相适应,工程地质勘察也是分阶段的。一般建筑工程地质勘察可分为可行性研究勘察(选址勘察)、初步勘察、详细勘察及施工勘察。

一、勘察设计阶段划分

我国实行四阶段体制,与国际通用体制相同:规划阶段、初步设计、技术设计、施工设计与施工。

规划阶段的任务:区域开发技术经济论证,比较选择工程开发地段。定性概略评价。

初步设计阶段的任务:场地方案比较,选场址。定性、定量评价。

技术设计阶段的任务:选定建筑物位置、类型、尺寸。定量评价。

施工设计与施工阶段的任务:施工详图。补充验证已有资料。

二、勘察阶段的具体任务与目的

铁路新线工程地质勘察按行业规定也附在各相应勘察阶段中。

1. 可行性研究勘察(选址勘察)

搜集、分析已有资料,进行现场踏勘,工程地质测绘,少量勘探工作,对场址稳定性和适宜性作出工程地质评价,进行技术经济论证和方案比较。

铁路新线预可研阶段(踏勘)工程地质工作的任务是:了解影响线路方案的主要工程地质问题和各线路方案一般工程地质条件;为编制建设项目意见书提供工程地质资料。

铁路新线可行性研究阶段(初测)工作的目的是解决线路方案、铁路工程主要技术标准、主要设计原则等。该阶段工程地质勘察工作应根据建设项目审查意见,安排一次性工程地质勘察或在其前专门安排一段时间进行加深地质工作。

2. 初步勘察

建筑地段稳定性的工程地质评价,为确定建筑物总平面布置、主要建筑物地基基础方案、对不良地质现象的防治工程方案进行论证。

铁路新线初步设计阶段(定测)工程地质勘察的任务是:根据可行性研究报告批复意见,在利用可行性研究资料的基础上,详细查明采用方案沿线的工程地质和水文地质条件,确定线路具体位置,为各类工程建筑物搜集初步设计的工程地质资料。

3. 详细勘察

对地基基础设计、地基处理与加固、不良地质现象的防治工程进行工程地质计算与评价,满足施工图设计的要求。

铁路新线施工图设计阶段(补充定测)工程地质勘察的内容是:根据初步设计审查意见,详细查明线路条件需改善地段的工程地质条件,准确确定线路位置,并搜集该段工程建筑施工图设计所需的工程地质资料,为准确提供沿线各类工程施工图设计所需工程地质资料,补充进行工程地质勘察工作。

4. 施工勘察

施工勘察不作为一个固定阶段,视工程的实际需要而定,对条件复杂或有特殊施工要求的重大工程地基,需进行施工勘察。施工勘察包括:施工阶段的勘察和施工后一些必要的勘察工作,检验地基加固效果。

由于地质情况的复杂性,很多问题在设计阶段是无法很好解决的。因此,在工程施工阶段利用工程开挖继续查明地质问题,不但是工程地质勘察的一个组成部分,而且,对检验、修正前期成果,总结提高工程地质勘察水平也是一项十分重要的工作。

一般的工业与民用建筑和中小型单项工程建筑物,由于占地面积不大、建筑经验丰富,且一般都建筑在地形平坦、地貌和岩层结构单一、岩性均一、压缩性变化不大、无不良地质现象、地下水对地基基础无不良影响的场地,因此可以简化勘察阶段,采用一次性勘察,但应以能提供必要的数据、作出充分而有效的设计论证为原则。

各阶段应完成的任务不同,主要体现在工程地质工作的广度、深度和精度要求上有所不同。各阶段工程地质工作的工作程序和基本内容则是相同的。各阶段工程地质工作一般均按下述程序进行:准备工作;工程地质调查测绘;工程地质勘探;测试;文件编制。

准备工作包括研究任务,组织劳力,搜集资料,室内资料及方案研究,筹办机具仪器等。下面对调查测绘、勘探、测试及文件编制的基本内容及方法分别进行叙述。

§9.2 工程地质测绘

工程地质测绘是工程地质勘察的基础工作,一般在勘察的初期阶段进行。这一方法的本质是运用地质、工程地质理论,对地面的地质现象进行观察和描述,分析其性质和规律,并借以推断地下地质情况,为勘探、测试工作等其他勘察方法提供依据。在地形地貌和地质条件较复杂的场地,必须进行工程地质测绘;但对地形平坦、地质条件简单且较狭小的场地,则可采用调查代替工程地质测绘。工程地质测绘是认识场地工程地质条件最经济、最有效的方法,高质量的测绘工作能相当准确地推断地下地质情况,起到有效地指导其他勘察方法的作用。

9.2.1 工程地质测绘范围、内容

工程地质测绘是运用地质、工程地质理论,对与工程建设有关的各种地质现象进行观察和描述,初步查明拟建场地或各建筑地段的工程地质条件。将工程地质条件诸要素采用不同的颜色、符号,按照精度要求标绘在一定比例尺的地形图上,并结合勘探、测试和其他勘察工作的资料,编制成工程地质图。勘察成果可对场地或各建筑地段的稳定性和适宜性作出评价。

工程地质测绘是根据拟建建筑物的需要在与该项工程活动有关的范围内进行。原则上,测绘范围应包括场地及其邻近的地段。适宜的测绘范围,既能较好地查明场地的工程地质条件,又不至于浪费勘察工作量。根据实践经验,由以下三方面确定测绘范围,即拟建建筑物的类型和规模、设计阶段及工程地质条件的复杂程度和研究程度。

建筑物的类型、规模不同,与自然地质环境相互作用的广度和强度也就不同,确定测绘范围时首先应考虑到这一点。例如,大型水利枢纽工程的兴建,由于水文和水文地质条件急剧改变,往往引起大范围自然地理和地质条件的变化;这一变化甚至会导致生态环境的破坏和影响水利工程本身的效益及稳定性。此类建筑物的测绘范围必然很大,应包括水库上、下游的一定范围,甚至上游的分水岭地段和下游的河口地段都需要进行调查。房屋建筑和构筑物一般仅在小范围内与自然地质环境发生作用,通常不需要进行大面积工程地质测绘。

在工程处于初期设计阶段时,为了选择建筑场地一般都有若干个比较方案,它们相互之间有一定的距离。为了进行技术经济论证和方案比较,应把这些方案场地包括在同一测绘范围内,测绘范围显然是比较大的。但当建筑场地选定后,尤其是在设计的后期阶

段,各建筑物的具体位置和尺寸均已确定,就只需在建筑地段的较小范围内进行大比例尺的工程地质测绘。

一般情况是:工程地质条件愈复杂,研究程度愈差,工程地质测绘范围就愈大。铁路(公路)工程地质调查测绘一般沿路基中线或导线进行,测绘宽度多限定在中线两侧各 200~300 m 的范围。在测绘范围内,各种观测点的位置都应与线路中线取得联系。实际工作中,铁路(公路)工程地质调查测绘的主要任务之一,就是把已经绘好的线路带状地形图编制成线路带状工程地质图。对于控制线路方案的地段、特殊地质及地质条件复杂的长隧道、大桥、不良地质等工点,应进行较大面积的区域测绘。区域测绘时,可按垂直和平行岩层走向(或构造线走向)的方向布置调查测绘路线。

工程地质调查测绘应包括下列内容:

① 地形、地貌:查明地形、地貌形态的成因和发育特征,以及地形、地貌与岩性、构造等地质因素的关系,划分地貌单元。

② 地层、岩性:查明地层层序、成因、时代、厚度、接触关系、岩石名称、成分、胶结物及岩石风化破碎的程度和深度等。

③ 地质构造:查明有关断裂和褶曲等的位置、走向、产状等形态特征和力学性质;查明岩层产状、节理、裂隙等的发育情况;查明地震等新构造活动的特点。

④ 水文地质:通过地层、岩性、构造、钻孔、水系,以及井、泉等地下水露头的调查,判明区域水文地质条件。

⑤ 查明不良地质和特殊地质的性质、范围,以及其发生、发展和分布的规律、

⑥ 查明土、石成分及其密实程度、含水情况、物理力学性质,划分岩土施工工程分级等。

⑦ 查明天然建筑材料的分布范围、储量、工程性质。

9.2.2　工程地质测绘比例尺、精度

一、工程地质测绘的比例尺

工程地质测绘的比例尺大小主要取决于设计要求。建筑物设计的初期阶段属于选址性质,一般往往有若干个比较场地,测绘范围较大,而对工程地质条件研究的详细程度并不高,所以采用的比例尺较小。但是,随着设计工作的进展,建筑场地的选定,建筑物位置和尺寸越来越具体明确,范围愈益缩小,而对工程地质条件研究的详细程度愈益提高,所以采用的测绘比例尺就需渐渐加大。当进入到设计后期阶段时,为了解决与施工、运营有关的专门地质问题,所选用的测绘比例尺可以很大。在同一设计阶段内,比例尺的选择则取决于场地工程地质条件的复杂程度及建筑物的类型、规模及其重要性。工程地质条件复杂、建筑物规模巨大而又重要者,就需采用较大的测绘比例尺。总之,各设计阶段所采用的测绘比例尺都限定于一定的范围之内。

1. 比例尺选定原则

① 应和使用部门要求提供图件的比例尺一致或相当。

② 与勘测设计阶段有关。

③ 在同一设计阶段内,比例尺的选择取决于工程地质条件的复杂程度、建筑物类型、规模及重要性。在满足工程建设要求的前提下,尽量节省测绘工作量。

2. 比例尺一般规定

根据国际惯例和我国各勘察部门的经验,工程地质测绘比例尺一般规定:

① 可行性研究勘察阶段 1∶50 000~1∶5 000,属小、中比例尺测绘。

② 初步勘察阶段 1∶10 000~1∶2 000,属中、大比例尺测绘。

③ 详细勘察阶段 1∶2 000~1∶200 或更大,属大比例尺测绘。

二、工程地质测绘的精度

工程地质测绘的精度包含两层意思,即对野外各种地质现象观察描述的详细程度,以及各种地质现象在工程地质图上表示的详细程度和准确程度。为了确保工程地质测绘的质量,这个精度要求必须与测绘比例尺相适应。

1. 详细程度

指对地质现象反映的详细程度,比例尺越大,反映的地质现象的尺寸界限越小。

一般规定,按同比例尺的原则,图上投影宽度大于 2 mm 的地层或地质单元体,均应按比例尺反映出来。投影宽度小于 2 mm 的重要地质单元,应使用超比例符号表示。如软弱层、标志层、断层、泉等。

观测点的要求,与测绘比例尺相同的地形底图上每 1 cm^2 方格内,平均有一个观测点。复杂地段多布,简单地段少布,计算每平方公里的总点数。

例如:测绘比例尺 1∶10 000,地形图 1∶10 000,此时 1 cm 相当于 =100 m ,1 cm^2 相当于 =10 000 m^2,控制标准为 100 点/km^2。不同比例尺反映的地质单元体尺寸见表 9-4。

表 9-4 不同比例尺反映的地质单元体尺寸(按投影宽度 2 mm)

比例尺	1∶100 000	1∶50 000	1∶10 000	1∶1000	1∶500
尺寸	200 m	100 m	20 m	2 m	1 m

2. 准确度

指图上各种界限的准确程度,即与实际位置的允许误差。界限误差 ≤0.5 mm。不同比例尺反映的地质单元体允许误差见表 9-5。

表 9-5 不同比例尺反映的地质单元体允许误差

比例尺	1∶100 000	1∶50 000	1∶10 000	1∶1000
误差	50 m	25 m	5 m	0.5 m

一般对地质界限要求严格,大比例尺测绘采用仪器定点。

要求将地质观测点布置在地质构造线、地层接触线、岩性分界线、不同地貌单元及微地貌单元的分界线、地下水露头和各种不良地质现象分布的地段。观测点的密度应根据测绘区的地质和地貌条件、成图比例尺及工程特点等确定。为了更好地阐明测绘区工程地质条件和解决工程地质实际问题,对工程有重要影响的地质单元体,如滑坡、软弱夹层、溶洞、泉、井等,必要时在图上可采用扩大比例尺表示。

　　为满足不同的测绘精度要求,必须采用相应的测绘方法。在工程地质勘察中,预可行性研究、可行性研究和初步设计的勘测阶段,多使用地质罗盘仪定向、步测和目测确定距离和高程的目测法;或使用地质罗盘仪定向、用气压计、测斜仪、皮尺确定高程和距离的半仪器法。在重要工程、不良地质地段的施工设计阶段,则使用经纬仪、水平仪、钢尺精确定向、定点的仪器法。对于工程起控制作用的地质观测点及地质界线也应采用仪器法进行测绘。

　　工程地质调查测绘是整个工程地质工作中最基本、最重要的工作,不仅靠它获取大量所需的各种基本地质资料,也是正确指导下一步勘探、测试等项工作的基础。因此,调查测绘的原始记录资料,应准确可靠、条理清晰、文图相符,重要的、代表性强的观测点,应用素描图或照片补充文字说明。

9.2.3　工程地质测绘方法

　　铁路(公路)工程地质调查测绘一般沿线路带状范围内进行,调查测绘的宽度应以满足线路方案选择、工程设计和病害处理为原则,并根据区域地质构造的复杂程度,不良地质发生、发展和影响的范围,以及工程地质条件分析的需要予以扩大。

　　沿选定的测绘路线适当布置若干观测点,通过对这些观测点的地质调查、测绘,掌握一条路线的地质情况,通过对所有测绘路线的综合,掌握整个调查测绘范围的地质情况。因此,观测点的工作是最基础的工作。

　　根据调查测绘的内容,观测点可分为单项和综合两种。以测绘某一种地质现象为主的是单项观测点,例如地貌观测点、地层界线观测点、地层岩性观测点、地质构造观测点、水文地质观测点等;能综合反映多方面地质现象的是综合观测点。铁路(公路)工程地质调查测绘多采用综合观测点。

　　观测点的选择和布置,目的要明确,代表性要强。密度应结合工作阶段、成图比例、露头情况、地质复杂程度等而定。数量以能控制重要地质界线并能说明工程地质条件为原则。选择观测点的一般要求是:地层露头比较好,地质构造形态比较清楚,不良地质现象比较突出,在一定范围内有代表性。

　　综合观测点测绘内容一般包括:

　　① 观测点编号及位置(与中线相联系)。

　　② 地形、地貌。

　　③ 地层、岩性:地层年代、接触关系、岩性(颜色、成分、结构、构造)、岩层产状、岩层厚度、岩石风化情况。

　　④ 地质构造:各种倾斜岩层、褶曲、节理和断层的测绘和描述。

　　⑤ 水文地质情况:地下水天然和人工露头的水位、水质、水量,地下水类型。

　　⑥ 不良地质现象:不良地质的类型、规模、发育阶段、发展趋势、危害程度。

　　⑦ 已有建筑物稳定情况的调查。

　　⑧ 采取必要的土、石、水样,编号并作描述。

　　在野外记录本上,左页为方格纸,可绘制观测点剖面图及各种需要的草图、素描图;右页为横格纸,按上述内容认真进行记录。关于岩石性质、地质构造、地下水及不良地质现象的描述内容和方法,参看本书前述有关章节。

§9.3　工程地质勘探

当地表缺乏足够的、良好的露头,不能对地下一定深度内的地质情况作出有充足根据的判断时,就需要进行适当的地质勘探工作。因此,勘探工作必须在详细调查测绘的基础上进行,用勘探工作成果补充、检验和修改调查测绘工作的成果。

工程地质勘探方法很多,各有其优缺点和适用条件。应当结合不同工程对勘探目的、勘探深度的要求,勘探地点的地质条件,以及现有的技术和设备能力,合理地选用勘探方法。应开展综合勘探,互相验证,互相补充,提高质量。有条件时,应先进行物探,以指导布置钻探。下面简要叙述铁路常用的勘探方法。

9.3.1　勘探工作的布置

布置勘探工作总的要求,应是以尽可能少的工作量取得尽可能多的地质资料。为此,作勘探设计时,必须要熟悉勘探区已取得的地质资料,并明确勘探的目的和任务。将每一个勘探工程都布置在关键地点,且发挥其综合效益。在工程地质勘察的各个阶段中,勘探坑、孔要合理布置,坑、孔布置方案的设计必须建立在对工程地质测绘资料及区域地质资料充分分析研究的基础上。

一、勘探工作布置的一般原则

1. 勘探总体布置形式

① 勘探线。按特定方向沿线布置勘探点(等间距或不等间距),了解沿线工程地质条件,并提供沿线剖面及定量指标。用于初勘阶段、线形工程勘察、天然建材初查。

② 勘探网。勘探点选布在相互交叉的勘探线及其交叉点上,形成网状(方格状、三角状、弧状等),用于了解面上的工程地质条件。并提供不同方向的剖面图或场地地质结构立体投影图及定量指标。适用于基础工程场地详勘,天然建材详查阶段。

③ 结合建筑物基础轮廓,一般工程建筑物设计要求勘探工作按建筑物基础类型、形式、轮廓布置,并提供剖面及定量指标。例如:

桩基:每个单独基础有一个钻孔;

筏板、箱基:基础角点、中心点应有钻孔;

拱坝:按拱形最大外荷载线布置孔。

2. 布置勘探工作时应遵循的原则

① 勘探工作应在工程地质测绘基础上进行。通过工程地质测绘,对地下地质情况有一定的判断后,才能明确通过勘探工作需要进一步解决的地质问题,以取得好的勘探效果。否则,由于不明确勘探目的,将有一定的盲目性。

② 无论是勘探的总体布置还是单个勘探点的设计,都要考虑综合利用。既要突出重点,又要照顾全面,点面结合,使各勘探点在总体布置的有机联系下发挥更大的效用。

③ 勘探布置应与勘察阶段相适应。不同的勘察阶段,勘探的总体布置、勘探点的密度和深度、勘探手段的选择及要求等,均有所不同。一般地说,从初期到后期的勘察阶段,勘探总体布置由线状到网状,范围由大到小,勘探点、线距离由稀到密;勘探布置的依据,

由以工程地质条件为主过渡到以建筑物的轮廓为主。

④ 勘探布置应随建筑物的类型和规模而异。不同类型的建筑物,其总体轮廓、荷载作用的特点以及可能产生的工程地质问题不同,勘探布置亦应有所区别。道路、隧道、管线等线型工程,多采用勘探线的形式,且沿线隔一定距离布置一垂直于它的勘探剖面。房屋建筑与构筑物应按基础轮廓布置勘探工程,常呈方形、长方形、工字形或丁字形;具体布置勘探工程时又因不同的基础形式而异。桥基则采用由勘探线渐变为以单个桥墩进行布置的勘探型式。

⑤ 勘探布置应考虑地质、地貌、水文地质等条件。一般勘探线应沿着地质条件等变化最大的方向布置。勘探点的密度应视工程地质条件的复杂程度而定,而不是平均分布。为了对场地工程地质条件起到控制作用,还应布置一定数量的基准坑、孔(即控制性坑、孔),其深度较一般性坑、孔要大些。

⑥ 在勘探线、网中的各勘探点,应视具体条件选择不同的勘探手段,以便互相配合,取长补短,有机地联系起来。

总之,勘探工作一定要在工程地质测绘基础上布置。勘探布置主要取决于勘察阶段、建筑物类型和工程地质勘察等级三个重要因素。还应充分发挥勘探工作的综合效益。为搞好勘探工作,地质工程师应深入现场,并与设计、施工人员密切配合。在勘探过程中,应根据所了解的条件和问题的变化,及时修改原来的布置方案,以期圆满地完成勘探任务。

二、勘探坑、孔布置原则

按工程地质条件布置坑、孔的基本原则

① 地貌单元及其衔接地段:勘探线应垂直地貌单元界限,每个地貌单元应有控制坑孔,两个地貌单元之间过渡地带应有钻孔。

② 断层:在上盘布置坑、孔,在地表垂直断层走向布置坑、孔,坑、孔深度应穿过断层面。

③ 滑坡:沿滑坡纵横轴线布置坑、孔,查明滑动带数量、部位、滑体厚度。坑、孔深度应穿过滑带到稳定地层。

④ 河谷:垂直河流布置勘探线,钻孔应穿过覆盖层并深入基岩 5 m 以上,应防止误把漂石当作基岩。

⑤ 查明陡倾地质界面:一般使用斜孔或斜井,以相邻两孔深度所揭露的地层相互衔接为原则,防止漏层。

三、勘探坑、孔间距的确定

各类建筑勘探坑、孔的间距,是根据勘察阶段和工程地质勘察等级来确定的。不同的勘察阶段,其勘察的要求和工程地质评价的内容不同,因而勘探坑、孔的间距也各异。初期勘察阶段的主要任务是为选址和进行可行性研究,对拟选场址的稳定性和适宜性作出工程地质评价,进行技术经济论证和方案比较,满足确定场地方案的要求。由于有若干个建筑场址的比较方案,勘察范围大。勘探坑、孔间距比较大。当进入中、后期勘察阶段,要对场地内建筑地段的稳定性作出工程地质评价,确定建筑总平面布置,进而对地基基础设计、地基处理和不良地质现象的防治进行计算与评价,以满足施工设计的要求。此时勘察范围缩小而勘探坑、孔增多了,因而坑、孔间距是比较小的。

坑、孔间距的确定原则：

① 勘察阶段。初期间距大，中后期逐渐加密。

② 工程地质条件的复杂程度。简单地段少布，间距放宽；复杂地段、要害部位间距加密。

③ 参照有关规范。

四、勘探坑、孔深度的确定

确定勘探坑、孔深度的含义包括两个方面：一是确定坑、孔深度的依据；二是施工时终止坑、孔的标志。概括起来说，勘探坑、孔深度应根据建筑物类型、勘察阶段、工程地质勘察等级及所评价的工程地质问题等综合考虑。除上述原则外尚应考虑：

① 建筑物有效附加应力影响范围。

② 与工程建筑物稳定性有关的工程地质问题研究的需要。如坝基可能的滑移面深度、渗漏带底板深度等。

③ 工程设计的特殊要求。如确定坝基灌浆处理的深度、桩基深度、持力层深度等。

④ 工程地质测绘及物探对某种勘探目的层的推断，在勘探设计中应逐孔确定合理深度，明确终孔标志。作勘探设计时，有些建筑物可依据其设计标高来确定坑、孔深度。例如，地下洞室和管道工程，勘探坑、孔应穿越洞底设计标高或管道埋设深度以下一定深度。

此外，还可依据工程地质测绘或物探资料的推断确定勘探坑、孔的深度。在勘探坑、孔施工过程中，应根据该坑、孔的目的任务而决定是否终止，切不能机械地执行原设计的深度。例如，为研究岩石风化分带目的的坑、孔，当遇到新鲜基岩时即可终止。

9.3.2　简易勘探

1. 挖探

是最简易的勘探方法，常用的有剥土、槽探和坑探。

① 剥土：人工清除地表不厚的覆盖土层直到岩层表面。一般表层土厚不超过 0.25 m。

② 槽探：在地表挖掘宽 0.6~1.0 m，深不超过 2 m，即可到达岩层面的长槽。

③ 坑探：垂直向下掘进的土坑，常称试坑。试坑平面形状可为直径 0.8~1.0 m 的圆形，或为 1.5 m×1.0 m 的矩形；深度一般不超过 2~3 m。坑壁若能加以简单支撑，则可深达 8~10 m。坑探工程尤其对研究断层破碎带、软弱泥化夹层和滑动面（带）等的空间分布特点及其工程性质等，更具有重要意义。

挖探成本低、工具简单、进度快、能取得直观资料和原状土样。缺点是劳动强度大，勘探深度浅。因此，挖探适用于小桥涵基础、隧道进出口及大中桥两侧桥台基础的勘探；也可用于了解覆盖层厚度和性质，追索构造等。

2. 轻便勘探

使用轻便工具如洛阳铲、锥具及小螺纹钻等进行勘探。

① 洛阳铲勘探：借助洛阳铲的重力及人力，将铲头冲入土中，完成直径较小而深度较大的圆形孔。可以取出扰动土样。冲进深度一般土层中为 10 m，在黄土中可达 30 多米。针对不同土层可采用不同形状的铲头（图 9-1）。弧形铲头适用于黄土及黏性土层；圆形

铲头可安装铁十字或活页,既可冲进也可取出砂石样品;掌形铲头可将孔内较大碎石、卵石击碎。

②锥探:锥具见图 9-2,一般用锥具向下冲入土中,凭感觉来探明疏松覆盖层厚度。探深可达 10 余米。用它查明沼泽、软土厚度、黄土陷穴等最有效。

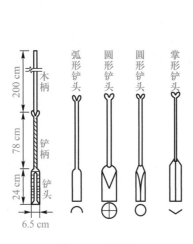

图 9-1　洛阳铲

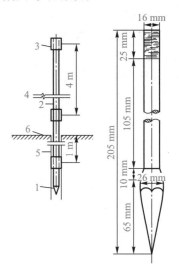

图 9-2　锥具

1—锥头;2—锥杆;3—接头;
4—手把;5—锥孔;6—地面

③小螺纹钻勘探:小螺纹钻(图 9-3)由人力加压回转钻进,能取出扰动土样,适用于黏性土及砂类土层,一般探深在 6 m 以内。

轻便勘探的优点是工具轻便、简单,容易操作,进尺快,成本低,劳动强度不大。缺点是不能取得原状土样,在密实或坚硬的地层中,一般不能使用。因此,轻便勘探适用于较疏松的地层。

9.3.3　钻探

9.3-1　土层地质钻探

在工程地质勘察中,钻探是最常用的一类勘探手段。与坑探、物探相比较,钻探有其突出的优点,它可以在各种环境下进行,一般不受地形、地质条件的限制;能直接观察岩芯和取样,勘探精度较高;能提供作原位测试和监测工作,最大限度地发挥综合效益;勘探深度大,效率较高。因此,不同类型、结构和规模的建筑物,不同的勘察阶段,不同环境和工程地质条件下,凡是布置勘探工作的地段,一般均需采用此类勘探手段。

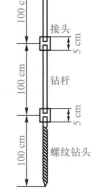

图 9-3　小螺纹钻

1. 钻探要求

为了完成勘探工作的任务,工程地质钻探有以下几项特殊的要求:

①土层是工程地质钻探的主要对象,应可靠地鉴定土层名称,准确判定分层深度,正确鉴别土层天然的结构、密度和湿度状态。为此,要求钻进深度和分层深度的量测误差范

围应为 ±0.05 m,非连续取芯钻进的回次进尺应控制在 1 m 以内,连续取芯钻进的回次进尺应控制在 2 m 以内;某些特殊土类,需根据土体特性选用特殊的钻进方法;在地下水位以上的土层中钻进时应进行干钻,当必须使用冲洗液时应采取双层岩芯管钻进。

② 岩芯采取率要求较高。对岩层作岩芯钻探时,一般岩石取芯率不应低于 80%,破碎岩石不应低于 65%。对工程建筑物至关重要需重点查明的软弱夹层、断层破碎带、滑坡的滑动带等地质体和地质现象,为保证获得较高的岩芯采取率,应采用相应的钻进方法。例如,尽量减少冲洗液或用干钻,采取双层岩芯管连续取芯,降低钻速,缩短钻程。当需确定岩石质量指标 RQD 时,应采用 N 型双层岩芯管钻进,其孔径为 75 mm,采取的岩芯直径为 54 mm,且宜采用金刚石钻头。

③ 钻孔水文地质观测和水文地质试验是工程地质钻探的重要内容,借以了解岩土的含水性,发现含水层并确定其水位(水头)和涌水量大小,掌握各含水层之间的水力联系,测定岩土的渗透系数等。按照水文地质要求观测,分层止水水位观测。

④ 在钻进过程中,为了研究岩土的工程性质,经常需要采取岩土样。坚硬岩石的取样可利用岩芯,但其中的软弱夹层和断层破碎带取样时,必须采取特殊措施。为了取得质量可靠的原状土样,需配备取土器,并应注意取样方法和操作工序,尽量使土样不受或少受扰动。采取饱和软黏土和砂类土的原状土样,还需使用特制的取土器。

2. 钻孔观测与编录

钻孔观测与编录是钻进过程的详细文字记载,也是工程地质钻探最基本的原始资料。因此在钻进过程中必须认真、细致地做好观测与编录工作,以全面、准确地反映钻探工程的第一手地质资料。钻孔观测与编录的内容包括:

岩芯观察、描述和编录:

对岩芯的描述包括地层岩性名称、分层深度、岩土性质等方面。不同类型岩土的岩性描述内容为:

① 碎石土:颗粒级配;粗颗粒形状、母岩成分、风化程度,是否起骨架作用;充填物的成分、性质、充填程度;密实度;层理特征。

② 砂类土:颜色,颗粒级配,颗粒形状和矿物成分,湿度,密实度,层理特征。

③ 粉土和黏性土:颜色,稠度状态,包含物,致密程度,层理特征。

④ 岩石:颜色,矿物成分,结构和构造,风化程度、风化表现形式及划分风化带,坚硬程度,节理、裂隙发育情况,裂隙面特征及充填胶结情况,裂隙倾角、间距,进行裂隙统计。必要时作岩芯素描。

9.3-2 钻探取出的岩芯

通过对岩芯的各种统计,可获得岩芯采取率、岩芯获得率和岩石质量指标(RQD)等定量指标。岩芯采取率是指所取岩芯的总长度与本回次进尺的百分比。总长度包括比较完整的岩芯和破碎的碎块、碎屑和碎粉物质。岩芯获得率是指比较完整的岩芯长度与本回次进尺的百分比,它不计入不成形的破碎物质。

钻探需要大量设备和经费,较多的人力,劳动强度较大,工期较长,往往成为野外工程地质工作控制工期的因素。因此,钻探工作必须在充分的地面测绘基础上,根据钻探技术的要求,选择合适的钻机类型,采用合理的钻进方法,安全操作,提高岩芯采取率,保证钻探质量,为工程设计提供可靠的依据。钻探工作还应当与其他各项工作,例如,与工程地质、水文地质、物探、试验、原位测试等工作密切配合,积极开展钻孔综合利用与综合勘探,以达到优化钻探工作量、降低成本、缩短工期、减轻劳动强度,提高勘探工作质量的目的。

在工程地质勘探工作中,常用钻机不同孔径可钻深度见表 9-6;常用钻探方法有回转钻探(又分硬质合金钻进、钻粒钻进和金刚石钻进)、冲击钻探及振动钻探等。钻机类型及钻探方法的选择,主要应根据勘探的目的和要求、勘探深度及地层地质条件而定。

表 9-6   常用钻机不同孔径可钻深度参考值

钻头直径/mm 钻机类型	172	150	130	110	91	75
XJ-100XY-100			15	40	80	100
XY-300		30	100	200	250	300
XY-600	40	100	300	450	600	

9.3.4 地球物理勘探

地球物理勘探,简称物探,是以观测地质体的天然物理场或人工物理场的空间或时间分布状态,来研究地层物理性质和地质构造的方法。物探是一种先进的勘探方法,它的优点是效率高、成本低、装备轻便、能从较大范围勘察地质构造和测定地层各种物理参数等。合理有效地使用物探可以提高地质工作质量、加快勘探进度、节省勘探费用。因此,在勘探工作中应积极采用物探。

但是,物探是一种非直观的勘探方法,物探资料往往具有多解性;而且,物探方法的有效性,取决于探测对象是否具备某些基本条件。限于目前科技水平,还不能对任意形状、位置、大小的地质体进行物探解释。例如,使用电阻率法进行电法勘探时,探测对象应满足下述三个基本条件:探测对象与围岩的电阻率有显著差异;探测对象的厚度或直径、宽度,与其埋藏深度之比需足够大;用电测深确定地层界面深度时,界面倾角以及界面间夹角小于 20°,界面延续长度数倍于埋藏深度。为此,必须实行地质与物探紧密结合的工作方法,把物探与钻探紧密结合起来。根据不同的地质条件和勘探要求,选择适当的物探方法,才能充分发挥物探的良好效果。

不断发展和改进物探方法,大量采用先进技术,提高物探质量是当前铁路(公路)工程地质工作中重要的努力方向之一。工程地质工作中当前常用的物探方法简介如下:

① 电法勘探:通过测定土、石导电性的差异识别地质情况的方法。电探是很多勘测部门应用较多的方法,经常使用的有电阻率法、充电法、激发极化法和自然电场法等。电探可用于确定基岩埋深,岩层分界线位置,地下水流向、流速及寻找滑坡的滑动面等。

② 地震勘探:是根据土、石的弹性不同,利用人工地震产生的地震弹性波穿过不同的土、石时,其传播速度不同的原理,用地震仪收集这些弹性波传播的数据,借以分析地下地质情况。

地震勘探适用于探测覆盖层厚度,岩层埋藏深度及厚度,断层破碎带位置及产状等;还可以根据弹性波传播速度推断岩石某些物理力学性质、裂隙和风化发育情况。

③ 磁法勘探:是以测定岩石磁性差异为基础的方法。可以用这种方法确定岩浆岩体的分布范围,确定接触带位置,寻找岩脉、断层等。

④ 声波探测:属于弹性波勘探的一种方法。它与地震勘探的区别主要是:地震勘探用的是低频弹性波,频率范围从几赫兹到几百赫兹;主要是利用反射波和折射波勘探大范围地下较深处的地质情况。声波探测用的是高频声振动,常用频率为几千赫兹到20 kHz,主要是利用直达波的传播特点,了解小范围岩体的结构特征,研究节理、裂隙发育情况,评价隧道围岩稳定性等,以便解决岩体工程地质力学等方面的一些问题。声波测试是近年来发展迅速的一种新方法,在工程地质工作中有广阔的发展前景。

⑤ 测井:是在钻孔中进行各种物探的方法,因此又有电测井、磁测井等之分。正确应用测井法有助于降低钻探成本,提高钻孔使用率,验证或提高钻探质量,充分发挥物探与钻探相结合的良好效果。

其他的物探方法还有重力勘探、放射性勘探及电磁波探测、钻孔电视、地质雷达探测等。

9.3.5 航空工程地质勘察及遥感技术的应用

航空工程地质勘察简称航空地质,是直接或间接利用飞机或其他飞行工具,借助各种仪器对地面做各种地质调查,通过野外核对工作,编制工程地质图的一种专门方法。

遥感技术是指从高空(飞机或卫星上)利用多种遥感器接收来自地面物体发射或反射的各种波长的电磁波,从而根据收到的大量信息进行分析判断,确定地面物体的存在及变化状态的一种方法。以飞机为搭载平台的称为航空遥感,以卫星为搭载平台的称为航天遥感。

这是两种比较先进的方法,特别是计算机的高速发展,实现了航测照片和遥感图像的数据处理及成图的自动化,使这两种方法的优越性更加突出。在工程地质勘察中应用航空地质方法始于解放初期,应用遥感技术则尚处于研究试用阶段。

航空地质和遥感技术在工程地质勘察各阶段均可使用;而以预可行性研究和可行性研究阶段应用最有成效。这两种方法在自然条件困难、交通不便、难以到达的地区成效最大。虽然目前不能靠它们完全代替必不可少的地面工程地质调查和勘探,但可使地面工作大大减少,使整个勘察时间大为缩短,工作质量有较大提高。

一、航空工程地质勘察

在工程地质勘察中应用航空地质方法主要是进行两项工作:航空目测及航摄像片判释。

航空目测是在飞机上对地面地质情况进行观察和记录,可在摄影前、摄影同时和摄影后进行。航空目测的目的是为了对测区地质情况进行全面了解,以便确定下一步摄影工作计划,或是为了补充摄影工作的不足之处以及寻找建筑材料等。

航摄像片判释是航空地质中的主要工作,是利用航空摄影所得像片进行内业判释和外业核对,根据各种地质现象在像片上的反映特点,把航摄像片判释并制成工程地质图。

航空地质可用于解决以下问题：

① 可将部分野外工作转为室内工作。

② 缩短勘察周期,保证勘察质量。例如,根据目测及航摄资料,不需地面工作就能准确定出水系网、地貌单元、不良地质现象分布范围等。

③ 可以确定露头情况,清楚地分辨小型地貌。

④ 能勾画出不同岩石分界线,如有一定地质资料作参考,还能确定岩石年代和类别。能确定某些水文地质情况。

⑤ 确定观测点、勘探点的大致位置与数量,确定调查测绘路线的方向。

⑥ 能正确确定地表形态发育阶段。

⑦ 初步确定建筑材料产地。

二、遥感技术的应用

遥感是一门新兴的技术,是在航测基础上发展起来的。从距物体远近来说有航空遥感和航天遥感之分,航空遥感距离较近,是从飞机上进行遥感,可高达 20 km;航天遥感则较远,是从人造卫星、火箭或天空实验室上进行遥感,卫星距离地面一般可达数百公里。

遥感技术的原理建立在电磁波理论的基础上。电磁辐射是自然界普遍存在的一种物质运动形式。一切物体包括各种土、石,由于成分、结构、温度等特性各异,对各种电磁波的发射、吸收、反射、透射特点均不相同。电磁波根据其波长不同可以分为很多种,肉眼可见的电磁波称可见光,它只占据电磁波中一部分波段(可见光根据波长大小又可细分为红、橙、黄、绿、青、蓝、紫)。比红光波长更大的有红外线、无线电电磁波等,比紫光波长更短的有紫外线、x 射线、γ射线等。除可见光外,其他波长电磁波肉眼都看不见,只能用仪器去"感知",遥感技术则用专门的敏感仪器去探测物体发射或反射某种波长电磁波的能力,把仪器接收到的电磁辐射能量经过一定的特殊转换和处理变成肉眼可见的形式。目前,已在使用的有应用多光谱照相机的光遥感技术,应用红外扫描仪的红外遥感技术,应用侧视雷达的微波遥感技术等。近来,正在大力发展效能更高的激光遥感技术。不同的遥感技术各有其效果较好的适用条件。

遥感技术摄像范围大,反映动态变化快,资料收集方便,不受地形限制;影像反映的信息多;成图迅速,成本低廉。因此,遥感技术在国外已广泛应用于政治、军事、经济各个部门。遥感技术在地质研究中可用于区域地质填图,研究地质构造、找矿、火山、地震、沙丘移动、河口演变等动态过程。

遥感技术在工程地质工作中的应用研究主要集中在两个方面:一是为地形、地质复杂地区的线路位置及重点工程位置的选择提供依据;二是为不良地质现象如泥石流、滑坡等的分布范围和动态,以及危害工程建筑的地质构造如大断层等,提供预测预报,作为设计和施工的重要参考资料。

§9.4 测试及长期观测

9.4.1 取样、试验及化验工作

取样、试验及化验是工程地质勘察中的重要工作之一,通过对所取土、石、水样进行各种试验及化验,取得各种必需的数据,用以验证、补充测绘和勘探工作的结论,并使这些结论定量化,作为设计、施工的依据。因此,取什么试样,做哪些试验和化验,都必须紧密结合勘察和设计工作的需要。此外,应当积极推行现场原位测试以便更紧密地结合现场实际情况,同时作好室内外试验的对比工作。

土、石、水样的采取、运送和试验、化验应当严格按有关规定进行,否则直接影响工程设计质量及工程建筑物的稳定。

1. 取样

土、石试样可分原状的和扰动的两种。原状土、石试样要求比较严格,取回的试样要能恢复其在地层中的原来位置,保持原有的产状、结构、构造、成分及天然含水量等各种性质。因此,原状土、石样在现场取出后要注明各种标志,并迅速密封起来,运输、保存时要注意不能太热、太冷和受振动。

取土、石样品,须工程地质人员在现场选择有代表性的,按照试验项目的要求采取足够数量,采样同时填写试样标签,把样品与标签按一定要求包装起来。

2. 土工试验

是根据不同工程的要求,对原状土及扰动土样进行试验,求得土的各种物理-力学性质指标,如比重、重度、含水量、液塑限、抗剪强度等。

岩石物理力学试验的目的,则是为了求得岩石的比重、重度、吸水率、抗压强度、抗拉强度、弹性模量、抗剪强度等指标。

这些试验为全面评价土、石工程性质及土、岩体的稳定性,为有关的工程设计打下基础。

试验目的不同,试验项目的多少、内容也不同。在试验前,应由工程地质人员根据要求填写试验委托书,实验室根据委托书对试验做出设计;对试验人员、设备及试验程序做好计划安排,然后进行试验。

3. 原位测试

包括静力触探、动力触探、十字板剪切、大面积剪切、荷载试验等。原位测试结果比室内试验结果更接近现场实际情况。但是原位测试需要较多人力、设备、经费和时间,因此,一般工程不做原位测试,重大工程应创造条件进行原位测试。

载荷试验是加荷于地基,测定地基变形和强度的一种现场模拟试验,可以求得地基土石的变形模量及承载力,以及荷载作用下土石体沉降-时间变化曲线。

土的现场大面积剪切试验是通过现场水平剪切或水平挤出试验取得地基土的内聚力及内摩擦角指标的方法。岩石现场剪切试验常用于求得岩石滑坡滑动面抗剪强度。

触探分静力触探和动力触探。静力触探是把装有电阻应变仪或电子电位差计的探头顶入或打入地下,根据探头进入地基土层时所遇到的阻力,直接得到地基承载力的方法。静力触探一般采用连续缓慢压入的方法,适用于一般黏性土和砂类土。对于卵石土、碎石土和块石土,静力触探无法压入,一般采用动力触探。动力触探是靠重锤自由下落冲击钻杆,将探头打入土中,根据探头进入土中每 30 cm 时所需要的锤击数,确定土层的密实程度,再结合土质类型,确定土层的承载力。其锤重、每分钟锤击数、每次提锤高度均必须符合相应规范规定。

十字板剪切试验是利用插入软黏土中旋转的十字板,测出土的抵抗力矩,换算其抗剪强度。可用于测定饱和软黏土的不排水剪切总强度。

近年来,在地下一定深度处进行地应力原位测试的工作已逐渐开展起来,原位地应力对分析岩质边坡和隧道的稳定性是重要的初始数据之一。

4. 水质化验及抽水试验

是为了确定水质和水量而进行的试验。采取一定数量水样进行化验,可以确定水中所含各种成分,从而正确确定水的种类、性质,以判定水的侵蚀性,对施工用水和生活用水作出评价,并联系不良地质现象说明水在其形成、发展过程中所起的作用。

抽水试验是一种现场水文地质试验,主要目的是为了确定地下水的渗透系数、计算涌水量及采取供化验用的地下水水样。

9.4.2　长期观测

在工程地质勘察工作中,常会遇到一些特殊问题,对这些问题的调查测绘往往不能在短时间内迅速得到正确、全面的答案,必须在全面调查测绘的基础上,有目的、有计划地安排长期观测工作,以便积累原始实际资料,为设计、施工提供切合实际的依据。长期观测工作根据其目的不同,既可在建筑物设计之前进行,也可在施工过程中同时进行,或在施工之后的使用过程中进行。

常遇到的长期观测问题有:

① 已有建筑物变形观测。主要是观测建筑物基础下沉和建筑物裂缝发展情况。常见的有房屋、桥梁、隧道等建筑物变形的观测,取得的数据可用于分析建筑物变形的原因,建筑物稳定性及应当采取的措施等。

② 不良地质现象发展过程观测。各种不良地质现象的发展过程多是比较长期的逐渐变化的过程,例如滑坡的发展、泥石流的形成和活动、岩溶的发展等。观测数据对了解各种不良地质现象的形成条件、发展规律有重要意义。

③ 地表水及地下水活动的长期观测。主要是观测水的动态变化及其对工程的影响。地表水活动观测常见的是对河岸冲刷和水库坍岸的观测,为分析岸坡破坏形式、速度及修建防护工程的可能性提供可靠资料。地下水动态变化规律的长期观测资料则有多方面的广泛用途。

§9.5　编制工程地质文件

外业资料应及时进行分析、整理,在确认原始资料准确、完善的基础上,编制图件及文字说明。图件绘制必须清晰整洁;文字说明要求言简意赅,结论明确,并附有必要的照片和插图。全线各类勘探、测试资料,应进行分析整理,装订成册。

工程地质勘察报告主要包括三部分:工程地质说明书,各种工程地质平面图及断面图,各种勘探、调查访问、试验、化验、观测等原始资料。

9.5.1　工程地质说明书

勘察报告是工程地质勘察的总结性文件,一般由文字报告(工程地质说明书)和所附图表组成。此项工作是在工程地质勘察过程中所形成的各种原始资料编录的基础上进行的。为了保证勘察报告的质量,原始资料必须真实、系统、完整。因此,对工程地质分析所依据的一切原始资料,均应及时整编和检查。

工程地质勘察报告的内容,应根据任务要求、勘察阶段、地质条件、工程特点等情况确定。鉴于工程地质勘察的类型、规模各不相同,目的要求、工程特点和自然地质条件等差别很大,因此只能提出报告基本内容。

一、报告的内容

① 委托单位、场地位置、工作简况,勘察的目的、要求和任务,以往的勘察工作及已有资料情况。

② 勘察方法及勘察工作量布置,包括各项勘察工作的数量布置及依据,工程地质测绘、勘探、取样、室内试验、原位测试等方法的必要说明。

③ 场地工程地质条件分析,包括地形地貌、地层岩性、地质构造、水文地质和不良地质现象、天然建筑材料等内容,对场地稳定性和适宜性作出评价。

④ 岩土参数的分析与选用,包括各项岩土性质指标的测试成果及其可靠性和适宜性,评价其变异性,提出其标准值。

⑤ 工程施工和运营期间可能发生的工程地质问题的预测及监控、预防措施的建议。

⑥ 根据地质和岩土条件、工程结构特点及场地环境情况,提出地基基础方案、不良地质现象整治方案、开挖和边坡加固方案等岩土利用、整治和改造方案的建议,并进行技术经济论证。

⑦ 对建筑结构设计和监测工作的建议,工程施工和使用期间应注意的问题,下一步工程地质勘察工作的建议等。

二、报告的内容结构

工程地质报告书既是工程地质勘察资料的综合、总结,具有一定科学价值,也是工程设计的地质依据。应明确回答工程设计所提出的问题,并应便于工程设计部门的应用。报告书正文应简明扼要,但足以说明工作地区工程地质条件的特点,并对工程场地作出明确的工程地质评价(定性、定量)。报告由正文、附图、附件三部分组成。

① 绪论,说明勘察工作任务,要解决的问题,采用方法及取得的成果。并应附实际材料图及其他图表。

② 通论,阐明工程地质条件、区域地质环境,论述重点在于阐明工程的可行性。通论在规划、初勘阶段中占有重要地位,随勘察阶段的深入,通论比重减少。

③ 专论,是报告书的中心,重点内容着重于工程地质问题的分析评价。对工程方案提出建设性论证意见,对地基改良提出合理措施。专论的深度和内容与勘察阶段有关。

④ 结论,在论证基础上,对各种具体问题作出简要、明确的回答。

三、岩土参数的分析与选取

1. 岩土参数的可靠性和适用性

岩土参数的分析与选定是工程地质分析评价和地质工程设计的基础。评价是否符合客观实际,设计计算是否可靠,很大程度上取决于岩土参数选定的合理性。岩土参数可分为两类:一类是评价指标,用以评价岩土的性状,作为划分地层鉴定类别的主要依据;另一类是计算指标,用以工程设计,预测岩土体在荷载和自然因素作用下的力学行为和变化趋势,并指导施工和监测。

工程上对这两类岩土参数的基本要求是可靠性和适用性。可靠性是指参数能正确反映岩土体在规定条件下的性状,能比较有把握地估计参数真值所在的区间。适用性是指参数能满足地质工程设计计算的假定条件和计算精度要求。工程地质勘察报告应对主要参数的可靠性和适用性进行分析,并在分析的基础上选定参数。岩土参数的可靠性和适用性在很大程度上取决于岩土体受到扰动的程度和试验标准。它涉及两个问题:

① 取样器和取样方法问题;

② 试验方法和取值标准问题。

通过不同取样器和取样方法的对比试验可知,对不同的土体,凡是由于结构扰动强度降低得多的土,数据的离散性也显著增大。对同一土层的同一指标,采用不同的试验方法和标准,所获数据差异很大。

2. 岩土参数的统计分析

由于岩土体的非均质性和各向异性及参数测定方法、条件与工程原型之间的差异等种种原因,岩土参数是随机变量,变异性较大。故在进行地质工程设计时,应在划分工程地质单元的基础上作统计分析,了解各项指标的概率系数,确定其标准值和设计值。

岩土参数统计分析前,一定要正确划分工程地质单元体。不同工程地质单元的数据不能一起统计,否则因不同单元体岩土的物理力学性质参数差异较大而导致统计的数据毫无价值。由于土的不均匀性,对同一工程地质单元(土层)取的土样,用相同方法测定的数据通常是离散的,并以一定的规律分布,可以用频率分布直方图和分布密度函数来表示。

3. 岩土参数的标准值和设计值

岩土参数的标准值是地质工程设计时所采用的基本代表值,是岩土参数的可靠性估值。它是在统计学区间估计理论基础上得到的关于参数母体平均值置信区间的单侧置信界限值。母体平均值 μ 可靠性估值 f_k(即标准值)按下式求得:

$$P(\mu < f_k) = \alpha$$

α 为风险率,是一个可以接受的小概率,符合上式的是单侧置信下限。当采用此下限值作为设计值时,意味着参数母体平均值可以推断为一个大概率大于设计值,而仅有一个小的风险率可能会小于此值。在工程地质勘察成果报告中,应按下列不同情况提供岩土参数值:

① 一般情况下,应提供岩土参数的平均值(f_m)、变异系数(δ)、数值范围和数据的个数(n)。

② 岩土参数标准值应按下式计算:

$$f_k = r_s f_m$$

r_s 为统计修正系数。当设计规范另有专门规定的标准值取值方法时,可按有关规范执行。正常使用极限状态计算需要的岩土参数宜采用标准值。评价岩土性状需要的岩土参数应采用平均值。

四、工程地质分析评价

工程地质分析评价是勘察成果整理的核心内容。它是在各项勘察工作成果和搜集已有资料的基础上,依据工程的特点和要求进行的。工程地质分析评价的内容主要包括:

① 场地的稳定性和适宜性。

② 为工程设计提供场地地层结构和地下水空间分布的参数、岩土体工程性质和状态的设计参数。

③ 预测拟建工程施工和运营过程中可能出现的工程地质问题,并提出相应的防治对策和措施以及合理的施工方法。

④ 提出地基与基础、边坡工程、地下洞室等各项工程设计方案的建议。

⑤ 预测拟建工程对现有工程的影响、工程建设产生的环境变化,以及环境变化对工程的影响。

为了做好分析评价工作规定的各项内容,要求做到以下各点:

① 必须与工程密切结合,充分了解工程结构的类型、特点和荷载组合情况,分析强度和变形的风险和储备。不仅仅是分析地质规律,而要切实解决工程实际问题。

② 掌握场地的地质背景,考虑岩土材料的非均匀性、各向异性和随时间的变化,评估岩土参数的不确定性,确定其最佳估值。

③ 参考类似工程的经验,以作为拟建工程的借鉴。

④ 理论依据不足、实践经验不多的工程地质评价,可通过现场模型试验和足尺试验进行分析评价。对于重大工程和复杂的工程地质问题,应在施工过程中进行监测,并根据监测资料适当调整原先制订的设计和施工方案,而且要预测和监控施工、运营的全过程。

9.5.2 工程地质图件

1. 工程地质图表

勘察报告应附必要的图表,主要包括:

① 场地工程地质平面图(附勘察工程布置)。

② 工程地质柱状图、剖面图或立体投影图。

③ 室内试验和原位测试成果图表。

④ 岩土利用、整治、改造方案的有关图表。

⑤ 工程地质计算简图及计算成果图表。

工程地质图是工程地质工作全部成果的综合表达,工程地质图的质量标志着编图者对工程地质问题的预测水平,工程地质图是工程地质学家(技术人员)提供给规划、设计、施工和运行人员直接应用的主要资料,它对工程的布局、选址、设计及工程进展起到决定性的影响。工程地质图一般包括平面图、剖面图、切面图、柱状图和立体图,并附有岩土物理力学性质、水理性质等定量指标。工程地质图除为规划设计使用外,还可为下一阶段的工程地质勘察工作的布置指出方向。

2. 工程地质图基本特点

① 工程地质图是针对工程目的而编制的地质图件,它不同于一般地质图,它应该提供具有鲜明工程特色的信息,并按照与比例尺相称的精度,反映对某一地区的工程地质评价。

② 综合测绘、勘探、试验、长期观测所获得的成果,反映区内综合的或某一方面的工程地质条件。

③ 图的类型、比例尺因工程对象和勘察阶段而不同。

④ 依据一系列基础图件(地质图、地貌图、水文地质图等),并结合各种勘探试验成果,综合分析“编制”而成。它不是基础图件的简单重叠,而是各种基础资料的重新组合。常以套图(系列图)的形式出现。

3. 工程地质图的编绘

工程地质图内容表达较复杂,其中心问题是工程地质条件的表示形式。

(1) 地形地貌

地形:用等高线及形态符号表示。

地貌:大中型单元圈出边界,小单元可用符号。

小比例尺:反映基本成因类型,如构造、剥蚀、侵蚀、堆积等。

中比例尺:反映形态成因类型,如山脊、斜坡、河谷、阶地、夷平面、岩溶等。

大比例尺:反映微地貌单元,如沼泽、洼地、古河道等。

(2) 地层岩性

地层:界限用线条表示,时代用代号和色谱(颜色)表示。

岩性:用线条、花纹、岩性代号表示。软弱夹层按比例尺或超比例尺表示。

物理力学指标:用附表、框图、特殊符号加数字、等值线等表示。

(3) 地质结构

产状、构造线、褶皱轴线、断层线(带):用符号和线条表示(比例尺、超比例尺)。节理裂隙用统计图等表示。

(4) 水文地质

用符号、化学分子式、等值线表示。

(5) 动力地质现象

小比例尺图用超比例尺符号,中、大比例尺图圈出实际范围,并由图例符号表示其类型、时代、活动程度。

(6) 天然建筑材料

圈出范围,用符号、颜色表示。

9.5.3 工程地质单项报告

1. 提交单项报告

除上述综合性工程地质勘察报告外,也可根据任务要求提交单项报告,主要有:

① 工程地质测试报告。

② 工程地质检验或监测报告。

③ 工程地质事故调查与分析报告。

④ 岩土利用、整治或改造方案报告。

⑤ 专门工程地质问题的技术咨询报告。

最后需要指出的是,勘察报告的内容可根据工程地质勘察等级酌情简化或加强。例如,对丙级工程地质勘察可适当简化,以图表为主,辅以必要的文字说明;而对甲级工程地质勘察除编写综合性勘察报告外,尚可对专门性的工程地质问题提交研究报告或监测报告。

2. 铁路全线工程地质总说明书主要内容

以铁路工程施工设计阶段的要求为例,全线工程地质总说明书应包括下列内容。

① 工作概况:内容包括任务依据、工作时间、人员分工、工作方法、完成工作量、资料利用等。

② 自然地理概况:内容包括线路通过地区地形、地貌、交通、气象、土的冻结深度等。

③ 工程地质特征:内容包括沿线地层岩性、地质构造、水文地质、岩土施工工程分级、地震基本烈度等。

④ 工程地质条件评价:内容包括不良地质、特殊岩土、各类重大工程的工程地质条件概况、评价及处理措施的主要原则等。

⑤ 有待解决的问题。

⑥ 全线各类工点及附件目录。

个别工点的工程地质说明书,也应包括上述基本内容,只是应当更加简明扼要,针对本工点的实际情况,突出本工点遇到的问题。

以铁路工程施工设计阶段的要求为例,全线性图件主要是详细工程地质图及详细工程地质纵断面图。个别工点工程地质图件应根据工点实际需要进行编制。

详细工程地质图的比例尺为 1:2 000~1:5 000。图的内容应包括:地层时代、界线;岩层产状及岩性分界线;节理、褶曲、断层等地质构造符号;不良地质范围界线及代表符号;地下水露头、地层小柱状图、勘探点、地震基本烈度线;地质图例及其说明等。

线路详细工程地质纵剖面图为横 1:10 000,竖 1:200~1:1 000。填绘地层、岩性、地质构造、岩土施工工程分级、代表性勘探点及对工程有影响的地下水位线、岩石强弱风化界线。用花纹符号或文字与花纹符号结合绘制。在工程地质特征栏内,将地质概况分段予以扼要说明。

此外,在必要时,可编制一定数量的局部地段工程地质横剖面图,以便用于该地段路基横剖面选线、计算土石方量及工程设计。横剖面图的比例尺为 1:200~1:500。

个别工点图件,一般主要编制工程地质纵剖面图和一定数量的工程地质横剖面图,只有在地质复杂地段和其他因素要求时,才编制工点工程地质图。不同工点对比例尺有不同要求,例如初测阶段,大中桥工程地质纵剖面图为横 1:500~1:5 000,竖 1:50~1:500;隧道工程地质纵剖面图为横 1:500~1:5 000,竖 1:200~1:5 000;滑坡工程地质平面图 1:500~1:2 000,竖、横剖面图为 1:200~1:500。

思 考 题

9.6-1 第 9
章工程地质
勘察知识点

1. 工程地质勘察的主要任务是什么?

2. 工程地质勘察划分了哪些阶段? 它与工程设计各阶段的对应关系是什么?

3. 工程地质测绘的主要内容有哪些?

4. 工程地质勘探的方法主要有哪些?

5. 岩土工程性质测试的内容主要有哪些?

6. 工程地质勘察中需要长期观测的内容主要有哪些?

7. 工程地质勘察报告中应包括哪些主要内容?

8. 空天地一体化勘察的概念和优势是什么?

参 考 文 献

[1] 胡厚田,白志勇.土木工程地质[M].3 版.北京:高等教育出版社,2017.

[2]《工程地质手册》编写委员会.工程地质手册[M].5 版.北京:中国建筑工业出版社, 2018.

[3] 中华人民共和国建设部.岩土工程勘察规范(2009 年版):GB 50021—2001[S].北京: 中国建筑工业出版社,2009.

[4] 中华人民共和国住房和城乡建设部工程岩体分级标准:GB/T 50218—2014[S].北京: 中国计划出版社,2015.

[5] 张倬元,王士天,王兰生,等.工程地质分析原理[M].4 版.北京:地质出版社,2016.

[6] 胡卸文,蒋爵光,赵晓彦,等.铁路工程地质学[M].2 版.北京:中国铁道出版社,2020.

[7] 陆兆溱.工程地质学[M].北京:中国水利水电出版社,2001.

[8] 李相然.工程地质学[M].北京:中国电力出版社,2006.

[9] 张忠苗.工程地质学[M].北京:中国建筑工业出版社,2007.

[10] 赵明阶,何光春,王多垠.边坡工程处治技术[M].北京:人民交通出版社,2004.

[11] 钟敦伦,谢洪,韦方强,等.论山地灾害链[J].山地学报,2013,31(3):314-326.

[12] Xiaoyan Zhao, R.Salgado, M.Prezzi.Centrifuge modeling of combined anchors for slope stability[J].ICE-geological engineering, 2014,167(GE4):357-370.

[13] 赵晓彦,吴兵.考虑桩间水平土拱效应的边坡桩间墙组合结构受力计算方法[J].岩 土工程学报,2016,38(5):811-817.

[14] 赵晓彦,张京伍.花岗岩类土质边坡主被动组合锚固设计方法[J].岩石力学与工程 学报,2013,32(3):633-639.

[15] 胡厚田,赵晓彦.中国红层边坡岩体结构类型的研究[J].岩土工程学报,2006,28 (6):689-694.

[16] 胡厚田,赵志明,赵晓彦.文家沟抛射型高速滑坡全程运动机理研究[J].工程地质学 报,2018,26(2):279~285.